中国机械行业
卓越工程师教育联盟

第六届毕业设计大赛
优秀作品案例集

中国机械行业卓越工程师教育联盟

重庆大学　重庆理工大学　　　　编著

重庆大学出版社

内 容 提 要

中国机械行业卓越工程师教育联盟毕业设计大赛在教育部高等教育司的指导下,由中国机械工程学会和中国机械行业卓越工程师教育联盟共同主办,是具有导向性、示范性的机械类专业毕业设计竞赛活动。大赛已举办至第六届,前五届冠名"恒星杯",第六届冠名为"精雕杯"。

本案例集为重庆大学、重庆理工大学和北京精雕集团联合承办的第六届"精雕杯"毕业设计大赛获奖作品集,旨在形成工程实践能力引导式的中国高校机械类专业本科毕业设计示范案例集。

本案例集收录了参加决赛的 87 篇优秀毕业设计作品,其中个人一等奖 9 项(金奖 1 项、银奖 8 项)、二等奖 7 项、三等奖 44 项;团队一等奖 2 项(金奖 1 项、银奖 1 项)、二等奖 4 项、三等奖 11 项;每篇获奖作品案例内容包括设计题目、设计目的、基本原理及方法、主要设计过程或试验过程、结论、创新点以及设计图或作品实物图等。

除获奖作品外,本案例集还收录了中国机械行业卓越工程师教育联盟毕业设计大赛章程、第六届大赛情况简介、区域赛实施办法、决赛实施办法、区域赛获奖名单、决赛入围名单及决赛获奖名单等相关文件。

图书在版编目(CIP)数据

中国机械行业卓越工程师教育联盟第六届毕业设计大赛优秀作品案例集 / 中国机械行业卓越工程师教育联盟,重庆大学,重庆理工大学编著. -- 重庆 : 重庆大学出版社,2023.10
ISBN 978-7-5689-3842-6

Ⅰ. ①中… Ⅱ. ①中… ②重… ③重… Ⅲ. ①机械设计-案例-汇编-中国 Ⅳ. ①TH122

中国国家版本馆 CIP 数据核字(2023)第 194186 号

中国机械行业卓越工程师教育联盟第六届毕业设计大赛优秀作品案例集
中国机械行业卓越工程师教育联盟　重庆大学　重庆理工大学　编著
特约编辑　郑　昱
责任编辑:苟荟羽　　　版式设计:苟荟羽
责任校对:关德强　　　责任印制:张　策

*

重庆大学出版社出版发行
出版人:陈晓阳
社址:重庆市沙坪坝区大学城西路 21 号
邮编:401331
电话:(023)88617190　88617185(中小学)
传真:(023)88617186　88617166
网址:http://www.cqup.com.cn
邮箱:fxk@cqup.com.cn(营销中心)
全国新华书店经销
重庆愚人科技有限公司印刷

*

开本:787mm×1092mm　1/16　印张:21　字数:527 千
2023 年 10 月第 1 版　　2023 年 10 月第 1 次印刷
ISBN 978-7-5689-3842-6　定价:98.00 元

编审委员会

为贯彻落实《国家中长期教育改革和发展规划纲要（2010—2020 年）》《国家中长期人才发展规划纲要（2010—2020 年)》以及"卓越工程师教育培养计划""中国制造 2025"的有关精神，扎实推进机械行业卓越工程师型人才培养计划的实施，培养面向未来机械行业发展的新型工程人才。中国机械工程学会在教育部的指导和支持下，联合高等院校、机械行业企业和相关协会等单位，组建了"中国机械行业卓越工程师教育联盟"（以下简称"联盟"），秉承"共建共享、互惠共赢、优势互补、共同发展"的宗旨，极力推动高校间、校企间关于机械行业卓越工程师教育的创新与合作。

中国机械行业卓越工程师教育联盟毕业设计大赛在教育部高等教育司的指导下，由中国机械工程学会和中国机械行业卓越工程师教育联盟共同主办，是具有导向性、示范性的机械类专业毕业设计竞赛活动（前五届分别由大连理工大学、西安交通大学、清华大学、上海交通大学、江苏大学承办，冠名"恒星杯"），被确定为联盟的主要工作之一，每年举办一届，已经成为"中国大学生机械工程创新创意大赛"三大赛道之一。2023 年大赛为第六届，由重庆大学承办、重庆理工大学协办，由北京精雕科技集团有限公司冠名为"精雕杯"。

大赛的目的：大赛所有参赛题目均源于企业，旨在通过结合机械行业工程实际，深入了解机械行业发展现状与趋势，培养学生解决工程问题的能力、运用综合知识的能力、掌握现代工具的能力，提高学生的创新意识，形成工程实践能力引导式的中国高校机械类专业本科毕业设计示范。

大赛的组织形式：高等学校机械及相关专业在校学生和合作企业，以个人或团队的形式，申报来源于企业的定向题目和开放题目，并在高校和企业导师的共同指导下完成毕业设计参赛；聘请专家通过函评、现场答辩等形式，评定具有较高学术水平、实际应用价值和创新意义的优秀作品，给予奖励。

本案例集精选大赛的优秀毕业设计作品向全国高校推广，以此形成面向工程实践能力培养的本科毕业设计示范，促进我国各高校机械类专业本科毕业设计整体水平的提升。

中国机械行业卓越工程师教育联盟

2023 年 6 月

CONTENTS

目录

一等奖 🏆

二等奖 🏆

三等奖

附 录

一等奖

YIDENGJIANG

面向取书应用的灵巧手设计与控制

郑子翼

Zheng Ziyi

浙江大学 机械工程

1. 设计目的

灵巧手是机器人末端执行器的一种,是直接执行任务的装置,对提高机器人的柔顺性和操作性有着重要的作用。在灵巧手取书应用中,如何在不同环境下稳定地抓取书本一直是灵巧手领域的研究难点,这对灵巧手的结构设计提出了较高的要求。然而,现有的通用机器人手无法完成书本的抓取任务,现有的取书机器人手存在抓取不稳定及应用场景受限的问题。因此,本课题基于抓取平铺在桌面上的书本和紧密排列的书本这两种应用场景,提出了一种可重构的欠驱动三指灵巧手,完成了灵巧手机电系统搭建,并根据人手取书的特点提出了灵巧手的抓取规划。

2. 基本原理及方法

现有的取书机器人手大多为两只夹持器,只能进行书架上书本的抓取任务,应用场景非常单一。本课题受人手取书过程的启发,在灵巧手的结构上进行创新。针对紧密排列的书本和桌面上的书本这两种常见的书本状态,提出了灵巧手的基本功能模块:

(1)平行夹取功能模块:书本是一种形状规则的薄物体,其上下表面互相平行,平行夹取可以保证手指与书本表面有较大的接触面积,降低了接触力要求,能够提高抓取稳定性。

(2)主动表面功能模块:灵巧手在接触书本时,由于结构限制,多数情况下手指只能接触书本较边缘的位置,这导致抓取后书本重心在手指外侧,不利于抓取稳定性。手指的主动表面可以在抓取过程中使书本的重心更靠近手掌,提高稳定性和抓取成功率。

(3)可重构功能模块:本课题设计的灵巧手需要抓取平放在桌面上的书本及紧密排列的书本,结构较为固定的灵巧手难以完成不同环境下书本的抓取任务,因此引入可重构功能模块,可以根据不同应用需求改变手指的构型,满足不同环境中的抓取任务。

基于这些功能模块,完成了灵巧手的结构设计,进行欠驱动手指运动学分析,并结合灵巧手的抓取任务,确定了主要结构参数,得到了灵巧手的工作空间及平行夹取范围,以验证结构的合理性。搭建了灵巧手的机电系统,上位机能够对灵巧手进行实时控制。最终,基于 UR5e 机械臂平台进行灵巧手的取书试验,实现了对不同环境下书本的稳定抓取。

3. 主要设计过程或试验过程

1)灵巧手结构设计

针对本课题提出的功能模块,进行灵巧手模块化结构设计,整体结构包含三大模块:欠驱动手指模块、主动表面拇指模块、底座模块。

欠驱动手指的运动由丝杆螺母结构实现，并通过曲柄滑块结构，将直线运动转化为旋转运动。手指含有上下两节指骨，下端指骨与连杆、基座组成平行四连杆结构，主要起到传动作用，实现平行夹取功能。上端指骨与书本直接接触，设计了一个滑块结构，可以根据不同接触条件给书本提供不同摩擦程度的接触面。此外上端指骨与下端指骨通过弹簧连接，形成欠驱动关节，使灵巧手具自适应能力。

主动表面拇指的主动面是一根同步带，在抓取过程中，同步带运动带动书本在手指上移动，这个过程结束后，书本的重心更加靠近手掌，能够实现更加稳定的抓取。

灵巧手的驱动器（直流电机）和齿轮传动机构集成在底座中，底座中的电机可以通过上下两层齿轮组，实现手指的重构功能和开合动作。灵巧手共 3 个主动自由度，两个欠驱动手指的运动同步，但手指的重构功能和开合动作独立分离。

2）灵巧手运动学分析与参数确定

灵巧手的欠驱动手指分为两个部分：曲柄滑块机构、RRP 型连杆机构。分别对这两个机构进行运动学分析，得到欠驱动手指的运动学模型。结合运动学模型与灵巧手的性能指标，确定了灵巧手的结构参数。所设计的灵巧手整体尺寸为 120 mm×90 mm×210 mm，拇指长 115 mm，欠驱动手指上端指骨长 50 mm，下端指骨长 60 mm。

根据所确定的参数，在 MATLAB Robotics toolbox 工具箱中利用蒙特卡洛方法求解灵巧手工作空间，并得到平行夹取范围。结果表明灵巧手具有较大的工作空间及平行夹取范围，满足性能要求，能进行复杂环境下的抓取任务。

3）灵巧手机电系统搭建与试验

本课题利用 3D 打印工艺完成了灵巧手样机的制作，整体质量约为 0.8 kg。此外，搭建了灵巧手控制系统，定义了一种指令包格式，并编写了下位机的指令解析程序，上位机能对灵巧手进行实时控制。

最终基于 UR5e 机械臂平台进行灵巧手取书试验。首先根据人手取书的特点，本课题分别提出了针对桌面上书本和紧密排列书本的抓取规划，结合所设计的灵巧手的结构优势，简化了人手取书过程的一些步骤，使取书过程更加简单可靠。试验结果表明，灵巧手在抓取桌面上的书本时能够有效地将书本下表面与桌面分离，主动表面拇指能够使书本重心向内移动，实现更稳定的抓取；灵巧手在抓取紧密排列的书本时能够将目标书本与周围书本有效分离，抓出目标书本的同时不影响周围书本的排列。在抓取对象方面，灵巧手最小能够抓取 0.1 mm 厚度的 A4 纸，最大能抓取 300 mm×200 mm×20 mm 的书本。灵巧手的抓取稳定性和环境适应性优于现有的取书机器人手。

4. 结论

（1）本课题进行灵巧手结构上的创新，提出了一种具有可重构功能的欠驱动三指灵巧手。提出的灵巧手共 3 个主动自由度，能平行抓取书本，并能根据不同的场景重构欠驱动手指，完成所需的抓取动作。

（2）对灵巧手进行运动学分析，建立单根欠驱动手指的运动学模型。根据性能指标确定结构参数，并得到灵巧手工作空间和平行夹取范围，验证了所设计结构的合理性。

（3）完成灵巧手机电系统搭建，基于 UR5e 机械臂平台进行取书试验，能分别对桌面上书本和紧密排列书本进行稳定抓取，抓取对象涵盖 0.1 mm 厚度的 A4 纸到 20 mm 厚度的书本，试验结果优于现有的取书机器人手。

5. 创新点

（1）通过连杆欠驱机构与基于滑块与同步带的主动表面结构,构建一种能够抓取薄状物体的灵巧手。

（2）基于可重构机构手掌,使灵巧手具有多种变形模式,实现多种抓取任务。

（3）通过模仿人类抓取薄物体的动作,提出灵巧手抓取薄状物体规划方法。

6. 设计图或作品实物图

灵巧手三维图与实物图如图 1 所示,桌面书本抓取效果图如图 2 所示,紧密排列书本抓取效果图如图 3 所示。

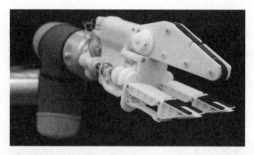

图 1　灵巧手三维图与实物图

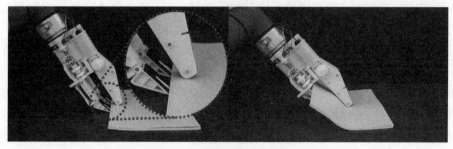

图 2　桌面书本抓取效果图

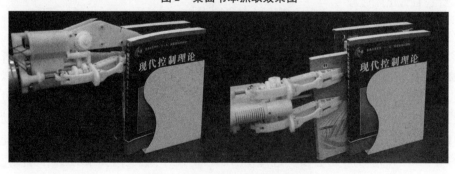

图 3　紧密排列书本抓取效果图

高校指导教师:董会旭;企业指导教师:翁敬砚

小行程平面刨削集成教学系统设计

王俊伟　潘星合　孙　同　林恩扬

Wang Junwei　Pan Xinghe　Sun Tong　Lin Enyang

杭州电子科技大学　机械设计制造及其自动化

1. 设计目的

本课题研发一种以学生为中心的机械原理的教学用具——小行程平面刨削集成教学系统。该系统能够实现平面机构结构展示分析功能,展示机构的设计过程,提供运动和动力分析的载体,在实际切削条件下,能够实现数据感知,实现结构参数变化与动力特性参数变化及加工质量的关联演示。学生可以观察和对比分析调整设计结构参数的影响,加深对知识的理解和感知,进而为优化设计提供方向。

2. 基本原理及方法

本课题对刨削主运动系统和进给系统进行了结构设计,通过设计曲柄长度可调节和曲柄回转中心可调节机构,实现了动力特性参数的变化调节。通过工作台的棘轮进给方案,合理地解决了实际切削加工的进刀问题,可以完成对蜡块的刨削,提供更真实的应用环境。对刨削装置电控系统和数据采集系统进行了设计,安装于小行程平面刨削装置的传感器,为小行程平面刨削装置的动力特性变化感知提供全面的数据支持。将数字孪生技术引入教具设计,能够对不同构件进行基于理论和动态真实数据的演示,学生可以据此给出优化设计方向;可以实现构件尺寸优化设计前后的动力特性数据的对比,给学生以直观感受,提供优异的数据展示效果。

3. 主要设计过程或试验过程

1)小行程平面刨削装置动力特性仿真及结构优化设计

对小行程平面刨削装置的国内外研究现状进行调查、分析。对小行程平面刨削装置的主运动模块,结构优化模块进行方案分析,总体结构设计。通过设计曲柄长度可调节,以及曲柄回转中心可调节机构实现动力特性参数的变化调节,学生可以在观察和实际操作的过程中了解机构的运作原理,加深对知识的理解。对小行程平面刨削装置的主运动模块进行动力特性仿真,并以压力角和速度波动为目标,进行了结构的优化设计,学生可以调整结构,对比分析两种结构的变化带来的影响。对各模块进行详细的结构设计,通过仿真来验证结构优化模块的对刨削过程产生的影响。制作机构并进行调试。通过机构的装配与调试,讨论了影响机构稳定刨削的原因。最后,成功搭建了一台小行程平面刨削机构,并且验证其合理性。

2)工作台进给装置的动力性能分析和结构优化设计

以 B665 型牛头刨床为参考范例,设计了小行程平面刨削装置和进给系统的结构。通过对连杆进行简化设计,实现了装置体积尽可能小以便于携带的目标。同时,通过对主运动的运动分析和传动结构的设计,实现了进给运动和主切削运动的工作节拍配合展示。采用了曲柄滑块机构、棘轮机构和螺旋机构这些机械基础结构结合的方案作为横向进给方案,实现了结构与知识点紧密联系,便于知识点的直接讲解。此外,对传动机构进行了结构优化,使得棘轮转动更加平稳,连杆装配更加方便。采用了棘轮机构作为间歇进给机构,完成了横向进给量可调的目标。通过工作台的纵向进给方案,合理地解决了实际切削加工让刀难的问题,可以完成对蜡块的刨削,提供更真实的应用环境。

3)小行程平面刨削装置的动力特性数据采集系统设计与制作

自主研发一套小行程平面刨削装置的动力特性参数采集系统,继而为小行程平面刨削装置的数字孪生系统提供关键部件的位置、速度等信号。小行程平面刨削装置的动力特性参数采集系统主要包括各部分测量传感器、IIC 通信、模拟量采集、串口通信、主控芯片。传感器采集到相应的物理量,并输出相应电信号,主控接收到电信号后,上传至上位机,通过滤波、微分,最终获得需要采集的各项动力特性参数,并通过串口发送到上位机,提供给数字孪生系统进行建模同步。小行程平面刨削装置的动力特性参数采集系统的主要信号处理功能包括信号的去噪、计算和数据传输。信号由相应的传感器采集并传送到主控芯片后,通过滤波算法,去除信号中含有的由传感器自身产生的高频噪声和低频噪声,获得相对准确的有用信号。最终通过串口通信,实现与上位机的通信,并由上位机绘制图像,用于与理论值的对比试验。该系统主要基于 Arduino-UNO-R3 单片机实现,使用 Arduino-IDE 编译器进行设计和调试完成。该动力特性参数采集系统实现了对小行程平面刨削装置动力特性参数的采集。与计算机的串口通信可以实现数据在计算机上显示、绘图、存储等功能,为学习机械原理课程的学生提供非常直观、准确的认识,有利于提高机械原理课程的学习效果。

4)小行程平面刨削装置的电控系统设计和数字孪生系统构建

基于工程教育背景,旨在改善机械原理课程教学效果,将数字孪生技术引入教具设计,构建针对机械原理课程的教具——小行程平面刨削装置的数字孪生系统。本课题设计的数字孪生系统基于 Visual Studio 和 Unity 两个平台联合开发,主要设计内容为:

(1)基于 Visual Studio 中的 WPF 技术完成人机交互层的设计。通过调用 Win32 API 将 Unity 程序嵌入 WPF 中,实现模型展示功能,同步展示虚拟模型的运动。借助 WPF 中的 TextBox 控件及 Data Binding 机制,将后台数据与前端展示层进行绑定,实现结构参数,如曲柄长度、机架高度、摇杆长度的数值展示功能。利用 Interactive Data Display 开源控件实现线图绘制功能,同步接收传感器采集的数据并绘制相应线图。借助 Canvas 控件实现机构运动简图绘制功能,同步绘制六杆机构动态运动简图。完成对比分析功能,实现对理论值与实测值的对比分析,实现对前后两次试验间的对比分析。

(2)利用 Visual Studio 编写 C#后台脚本完成数据处理层的设计。通过矢量多边形法对六杆机构进行运动学分析,并转换为 C#代码,完成动力特性参数计算,利用微分算法对采集的数据进行处理,计算得到各个构件的速度与加速度,实现数据处理功能。通过串口通信与 Socket 通信实现数据传输功能,完成各个模块间的数据联通。

(3)利用 Unity 完成模型驱动层的设计。将 Solidworks 中建立的模型导入 Unity 中,通过 Unity 将 C#脚本挂载到构件上,借助 C#脚本实现虚拟模型的实时运动。

(4)完成整体桌面应用程序的开发,进行联合调试,并对程序进行了完善。本课题将数字孪生技术应用于工程教具设计中,为工程教具设计提供了一个可行的方向,对提升工程教学质量具有一定的作用。

4. 结论

（1）实现了小行程平面刨削机构的总体设计。通过设计曲柄长度可调节和曲柄回转中心可调节机构实现动力特性参数的变化调节，给优化设计提供依据。

（2）实现了横向进给系统和纵向进给系统的机械结构设计。采用了曲柄滑块机构、棘轮机构和螺旋机构等机械原理基本结构作为横向进给方案，实现了结构与知识点紧密联系，完成对蜡块的刨削，提供更真实的应用环境。

（3）研制了一套小行程平面刨削装置控制系统和动力特性参数测试系统，并为数字孪生系统提供数据支持，同时完成实物的搭建。

（4）完成数字孪生系统人机交互层设计，实现了模型展示功能、结构参数展示功能、性能参数展示功能、机构运动简图绘制功能、运动线图绘制功能和对比分析功能。

5. 创新点

（1）设计了一种新型曲柄及机架结构，在可承受切削载荷的条件下实现曲柄长度及曲柄回转中心高度的自由调节，实现急回特性参数调整和传动性能参数调整。

（2）通过工作台的棘轮进给方案，合理地解决了实际切削加工的进刀问题，可以完成对蜡块及类似物块的刨削，提供更真实的应用环境。

（3）构建了控制系统和动力特性参数测试系统，将数字孪生技术引入教具设计，能够对不同构件进行基于理论和动态真实数据的演示，学生可以据此给出优化设计方向。

（4）给出一种连杆机构替代凸轮机构控制棘轮机构的创新设计方法，实现了机构简化，减小了机器的大小。

6. 设计图或作品实物图

三维模型如图 1 所示，实物如图 2 所示，数字孪生系统界面如图 3 所示。

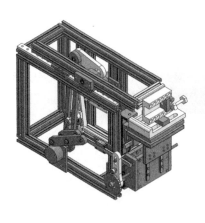

图 1　三维模型

图 2　实物

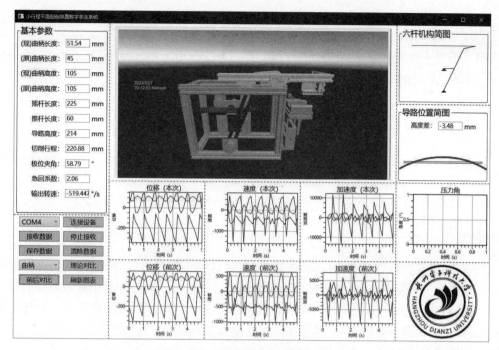

图3 数字孪生系统界面

高校指导教师:叶红仙,于保华;企业指导教师:张 尧

电喷推力器离子液发射多孔玻璃微锥阵列超快激光加工工艺研究

陆子杰

Lu Zijie

上海交通大学　机械工程

1. 设计目的

离子液电喷雾推力器具有比冲高、质量小、束流自中和等突出优势,结构上易于小型化和模块化,在微纳卫星姿态控制、变轨机动等方面具有应用前景。多孔介质微锥阵列发射极是电喷雾推力器的核心部件之一,其加工质量会影响推进效率与寿命。采用耐电蚀的多孔玻璃作为发射极材料可提高发射极寿命,但存在高脆性难加工的问题。超快激光加工精度高、材料适应性强、热损伤弱,有望成为多孔玻璃微锥阵列发射极高性能制造的可行方法。

本项目旨在:

(1)探索脆性难加工多孔玻璃材料超快激光去除规律。

(2)开展三维多孔玻璃微结构超快激光加工工艺规划。

(3)实现多孔玻璃微锥阵列发射极的高精度、高一致性超快激光加工与评估。

2. 基本原理及方法

研究采用的加工系统为皮秒激光振镜加工系统和飞秒激光显微聚焦加工系统。其中,振镜加工系统用于材料的高效加工,显微聚焦加工系统通过对激光紧聚焦可进行高分辨率的微细加工。所用的材料为 G5 级多孔硼硅酸盐玻璃,其平均粒径约为 $50~\mu m$,平均孔径为 $2\sim4~\mu m$,孔隙率约31%。首先研究了多孔玻璃的超快激光材料去除机制,并探索了多孔玻璃的超快激光去除规律。随后研究了多孔玻璃微锥阵列的超快激光加工工艺,获得了平均锥顶尺寸 $20~\mu m$ 的大面积高锐度微锥阵列。最后,利用超快激光一体化加工了多孔玻璃发射极,并组装成离子液电喷雾推力器进行了性能测试。

3. 主要设计过程或试验过程

本研究以 G5 级粉末烧结多孔硼硅酸盐玻璃为材料,开展离子液电喷雾推力器发射极超快激光加工工艺研究,在振镜加工平台上实现了离子液电喷雾推力器发射极超快激光一体化加工,并通过了地面测试验证,为离子液电喷雾推力器关键部件的制造提供了可行的加工方法。本研究主要包含如下三方面:

1)确定多孔玻璃超快激光材料去除机制

首先通过脉冲叩击试验,发现多孔玻璃的激光去除范围明显大于光斑尺寸,且随叩击脉冲数增加不明显,与致密 K9 玻璃在相同情况下出现孵化现象且材料去除极少的行为差异明显。进一步地,通过高速观测多孔玻璃超快激光去除过程并与致密 K9 玻璃对比,证明了多孔玻璃在加工过程中存在超快激光诱导颗粒剥落的材料崩碎性去除行为。该独特的材料去除行为导致多孔玻璃的平均单脉冲去除体积为致密 K9 玻璃的 23.5 倍,且激光加工表面明显比 K9 玻璃粗糙。多孔玻璃材料去除率高的特点可用于大面积材料的高效去除。此外,通过紧聚焦的超快激光研究了光斑尺寸对崩碎范围的影响规律,发现紧聚焦、尺寸远小于多孔玻璃颗粒粒径的光斑可抑制崩碎现象,实现崩碎范围小于 5 μm 的材料低损伤去除和几微米尺度的高分辨率加工。

2)获得多孔玻璃高效低热损伤加工窗口

分别探索单脉冲能量、扫描速度和光斑填充间距对多孔玻璃材料去除的影响规律,发现影响多孔玻璃热损伤的主要因素为光斑重叠率。在激光重频不变的情况下,通过改变扫描速度可控制光斑重叠率进而控制多孔玻璃热损伤程度。随着光斑间距逐渐增大至大于光斑直径,逐渐显著的激光诱导颗粒剥落去除行为使得加工表面的重熔颗粒和纤维从覆盖整个表面减少到几乎消失,可实现多孔玻璃的低热损伤加工和重熔层超快激光抛光去除。此外,光斑间距或单脉冲能量过大时,多孔玻璃单脉冲去除体积会出现饱和;在光斑间距和单脉冲能量适中时单脉冲去除体积与两者均近似呈线性关系。

3)掌握大面积高一致性多孔玻璃微锥阵列超快激光加工工艺,完成推力器组装测试验证

分析了扫描策略和加工余量对微锥阵列加工的影响规律,发现采用恒定进给方向的交错扫描策略时存在锥顶局部崩碎的现象,容易导致微锥偏心,因此最小加工余量约为 100 μm,对应的平均锥顶尺寸为 35.5 μm,锥高标准差为 43.1 μm。相比之下,由微锥边缘向中心进给的扫描策略可抑制锥顶的局部崩碎现象,提高微锥阵列的一致性。同时,相比于旋切扫描策略,由微锥边缘向中心进给的扫描策略虽然一致性稍差,但能获得尖端尺寸更小的微锥阵列。微锥阵列的尖端尺寸随加工余量减小而减小,但一致性随加工余量减小有所下降,在采用由微锥边缘向中心进给的扫描策略、加工余量 60 μm、能流密度从 8.75 J/cm^2 以 4.375 J/cm^2 的步长递增至 35 J/cm^2,每个能流密度下交错扫描 30 次的工艺参数下获得了平均尖端尺寸为 20 μm 的多孔玻璃微锥阵列。基于该微锥阵列加工工艺,利用 CCD 相机原位观测辅助在超快激光加工平台上一体化制备了 6 个发射极。每个发射极有 1 836 个微锥,数量密度为 2 174 个/cm^2,此外还有台阶、深槽、大高径比孔等多个特征。将 6 个发射极与提取极、安装底座、液体分配盘、绝缘外壳等部件组装成离子液电喷雾推力器进行测试,该推力器的尺寸为 86 mm×86 mm×34.5 mm,质量约为 300 g。以 1-乙基-3-甲基咪唑四氟硼酸盐(EMI-BF$_4$)为工质,测得起始工作电压约为 1.8 kV,在工作电压 3 kV 时测得推力约为 90 μN。采用多孔玻璃微锥阵列发射极的推力器计划在 2023 年 9 月参与发射并进行在轨测试验证。

本课题在多孔玻璃大面积高锐度微锥阵列超快激光加工工艺以及离子液电喷雾推力器发射极超快激光一体化加工方面的研究取得了阶段性的成果,但在多孔玻璃与超快激光作用的详细过程分析、微锥阵列一致性和推力器全方面性能测试方面还有待进一步研究。

4. 结论

本课题主要探究了离子液电喷雾推力器多孔玻璃微锥发射极的超快激光加工工艺,主要结论如下:

(1)粉末烧结制备的 G5 级多孔玻璃在超快激光加工中存在显著的激光诱导颗粒剥落去除行为。该材料去除行为导致多孔玻璃平均单脉冲去除体积为致密 K9 玻璃的 23.5 倍,并且材料去除表面具有更大的粗糙度。通过光斑紧聚焦至远小于颗粒粒径的方式可有效抑制崩碎

现象,实现多孔玻璃的高分辨率加工。

(2)光斑间距略大于光斑直径时可实现多孔玻璃超快激光高效低热损伤加工。通过探究单脉冲能量、扫描速度和光斑填充间距对多孔玻璃的材料去除规律发现,在光斑隔适中时,多孔玻璃单脉冲去除体积与扫描速度和光斑填充间距近似呈线性关系。单脉冲能量或光斑间隔过大时,单脉冲去除体积都会出现饱和。加工表面的微观形貌观测表明,当光斑间距大于光斑尺寸时可有效利用崩碎效应,减少重熔颗粒和纤维在加工表面的沉积,实现多孔玻璃的低热损伤加工,并可应用于加工表面的超快激光抛光。

(3)获得了加工大面积、高一致性、高锐度微锥阵列的超快激光加工工艺参数。基于多孔玻璃材料去除规律,比较了不同扫描策略和加工余量对微锥阵列几何特征的影响。采用由微锥边缘向中央进给的横纵交错扫描策略可有效抑制锥顶局部崩碎,提高锥顶的位置精度。微锥阵列的一致性随加工余量减小而逐渐下降,加工余量 60 μm 时平均尖端尺寸为 20 μm。相比于旋切扫描方式,采用由微锥边缘向中央进给的横纵交错扫描方式虽然高度一致性稍差,但可获得尺寸更小的尖端,因此选择后者进行发射极微锥阵列的加工。利用该微锥加工工艺在超快激光振镜加工平台上一体化加工了 6 个发射极并组装成离子液电喷雾推力器,以 EMI-BF$_4$ 为工质在 3 kV 电压下获得了 90 μN 的推力。

5. 创新点

(1)阐明粉末烧结多孔玻璃的超快激光诱导颗粒剥落的材料去除行为。通过脉冲叩击、切凹槽和高速观测证明了多孔玻璃在超快激光加工时存在显著的激光诱导颗粒剥落行为,导致其单脉冲去除体积相比于致密玻璃有数量级上的差距,利用该特性可高效地去除大面积多孔玻璃材料。通过不同光斑尺寸下的切槽试验得到了光斑尺寸对多孔玻璃崩碎范围的影响规律,证明了远小于多孔玻璃颗粒粒径的紧聚焦光斑可在加工过程中抑制崩碎现象,实现高分辨率加工。

(2)首次采用超快激光加工粉末烧结多孔玻璃制备大面积、高密度、高锐度发射极微锥阵列,并一体化加工了多孔玻璃发射极。通过探索多孔玻璃大面积微锥阵列超快激光加工工艺,发现采用由微锥边缘向中心进给的横纵交错扫描策略、加工余量 60 μm 时可获得平均尖端尺寸为 20 μm 的高锐度微锥阵列。

6. 设计图或作品实物图

玻璃毛坯如图 1 所示,多孔玻璃微锥阵列加工实物如图 2 所示。

图 1　玻璃毛坯　　　　　图 2　多孔玻璃微锥阵列加工实物

高校指导教师:胡永祥;企业指导教师:朱康武

大型星载可展开平面 SAR 天线形面精度在轨实时调整研究

陈雨欣

Chen Yuxin

西安交通大学　机械工程

1. 设计目的

星载平面 SAR 天线在深空探测、反导预警和对地观测中发挥着至关重要的作用,是我国高分辨率对地观测系统的战略利器。大型星载 SAR 天线在轨服役电性能直接取决于形面精度,对于天线在轨形面精度而言,其由地面的杆系装调误差与空间热变形误差耦合作用而成。然而,现有工程中大多仅以地面调整保障大型星载平面 SAR 天线形面精度,无法实现在轨主动调控,导致其形面精度在轨波动较大。因此,如何实现考虑空间热变形与装调误差的多源误差耦合影响下,在轨形面精度主动预测与实时调控,是大型星载平面 SAR 天线形面精度控制中亟须解决的工程难题,也是大型星载平面 SAR 天线口径与性能进一步提升的瓶颈所在。为此,从在轨主动调控出发,考虑空间热与杆系误差耦合影响,实现形面精度精准实时预测与主动优化调整,提高形面精度与天线口径级别,为我国大型及超大型航天机构/结构在轨精度保障提供方法借鉴。

2. 基本原理及方法

星载 SAR 天线形面精度主要受到这两方面的影响:(1)由于装配制造工艺不足,天线结构中存在几何尺寸、材料参数、间隙等不确定性问题所导致的形面装调误差。(2)由于高真空、强辐射、巨大温差等恶劣空间热环境,卫星在轨运行期间形面冷热交变产生不均匀的温度分布所导致的热变形。

空间热误差与杆系装调误差耦合作用于星载 SAR 天线形面精度,然而传统星载 SAR 天线依靠反复试凑装调,存在调整周期长、忽略多源误差耦合影响等问题。且目前控制方法均为被动措施,无法主动应对和调整在轨运行形面精度。星载 SAR 天线是多环闭链复杂杆系结构,本课题从传统几何传递误差模型向多源误差耦合模型突破,从 SAR 天线在轨实时温度场与天线杆系装调误差两方面研究其对天线面板形面精度的关系;并进行热力耦合进一步明确温度变化、装调误差对天线形面精度的影响规律,建立各误差要素与形面精度之间的快速预测模型;研究天线在轨实时调整的优化策略,对形面精度进行优化设计,通过利用作动器调整杆系误差以实现平面 SAR 天线形面精度的主动控制、优化调整,最后设计双目视觉快速测量系统进行试验对比验证。

3. 主要设计过程或试验过程

1)太空环境下的形面精度仿真模型建立

开展了考虑热环境的大型平面 SAR 天线形面精度仿真分析。以实际 SAR 卫星结构为基础,对卫星天线关键部位进行等效转化,构建了简化的卫星天线有限元分析模型。在此基础上,分析了SAR天线在轨温度场,建立基于温度等效的天线杆长误差模型,构建了考虑热变形与尺寸误差的SAR天线热力耦合变形场分析模型。最后,利用最小二乘法拟合建立起误差源与天线形面精度之间的映射关系,为后续快速预测模型构建与在轨实时优化调整奠定理论模型基础。

2)大型平面SAR天线形面精度快速预测模型建立

研究了大型平面SAR天线形面精度快速预测模型的构建。基于正交试验探究了天线杆系各个支撑杆杆长误差对天线形面精度的影响程度,明确了温度变化与装调误差对天线形面精度的影响规律。提出了一种基于序列采样的自迭代高保真动态Kriging模型,实现大型平面SAR天线形面精度快速预测、准确预测,为在轨形面精度优化实时调整提供支撑。

3)大型平面SAR天线形面精度在轨实时优化调整与验证

建立以形面精度为目标函数、以杆系误差调整量为约束条件的优化调整模型——首先调用隐函数(即快速预测代理模型)快速求解对应杆系误差和温度场条件下的形面精度,再调用优化算法求解输出使得形面精度最优的杆系调整量。通过杆系调整实现随着SAR天线在轨运行任意位置的形面精度“预测—优化—调整—再预测—再优化”。搭建基于双目视觉的测量系统,根据三角测量原理实现天线阵面靶标点快速测量与平面度误差高效求解,通过对比分析验证了理论模型正确性与形面精度优化可行性。设计数字化装调软件为天线形面形面精度快速装调提供科学有效的工具。

4. 结论

(1)建立了考虑热误差与杆系误差的多源误差耦合模型,建立起误差源与天线形面精度之间的映射关系。

(2)提出并构建了一种基于序列采样的自迭代优化Kriging代理模型,实现形面精度的高保真预测,且计算时间实时级别,为在轨形面精度优化实时调整提供支撑。

(3)构建了以形面精度为目标函数、以杆系误差调整量为约束条件的优化调整模型,经优化后天线形面精度可提高50%以上。

(4)设计数字化装调软件并应用于实际工程中,大幅提高装调效率与装调质量,降低天线形面精度在轨波动。

(5)发明专利:一种大型平面SAR天线形面精度在轨实时主动调整方法及系统。

(6)软件著作权:星载SAR天线可展开机构装配性能分析与优化。

5. 创新点

本课题的研究成果与方法框架可为大型星载SAR天线正向精度评估与反向优化调整提供技术支撑,实现形面精度在轨主动调控,大幅提高形面精度与天线在轨电性能,为在轨运行SAR卫星轨道姿态控制和形面主动调整提供相关的理论依据,并将为其他大型及超大型航天机构/结构在轨精度保障提供方法借鉴。

(1)解决了多源误差耦合形面精度的问题。同时考虑在轨温度场与杆系装调误差,既能保证天线几何精度又能保证天线可靠与稳定服役。

(2)构建了一种计算时间实时级别的形面精度“预测—优化—调整—再预测—再优化”模型。经优化调整后,大幅提高大口径天线在轨形面精度与在轨电性能,提升天线口径级别,满足我国战略工程需要。

（3）提高了现有地面形面装调效率与装调质量。设计数字化装调软件，为天线形面精度快速装调提供科学有效工具，为提高星载 SAR 天线装调效率、改善形面质量奠定基础。

（4）支撑未来技术发展及应用领域。为在轨形面精度主动控制提供了理论参考，将应用于全球最大口径级别天线形面调整，为航天 805 所及国内现有天线调控技术提供参考。

6. 设计图或作品实物图

平面 SAR 天线模型如图 1、图 2 所示。

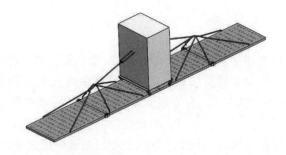

图 1　星载 SAR 天线缩比模型

图 2　星载 SAR 天线原比例实物模型

高校指导教师：洪　军，赵强强；企业指导教师：陈飞飞

兼顾动态避碰的移动机器人轨迹跟踪控制

王忠锐

Wang Zhongrui

华中科技大学　机械设计制造及其自动化

1. 设计目的

近年来,随着科学技术和相关产业的不断发展,移动机器人被广泛应用于生活中的各行各业。现实应用场景下,人机混杂的复杂场景对运行过程中的安全性和完成任务的效率提出了更高的要求。为了实现移动机器人在复杂场景下的自主移动,现有的解决方案通常采取的是"局部路径规划-轨迹跟踪控制"分层策略。然而,这种方案没有考虑到场景的特殊性对系统设计提出的不同的要求,即在不同的场景中采取的是相同的避碰控制策略,这可能会降低运动过程中的控制精度,并导致意外碰撞的发生。因此,本课题以移动机器人为研究对象,面向其典型应用场景,从提高动态避碰过程中的稳定性、跟踪精度以及实时性出发,研究局部路径规划和轨迹跟踪控制方法,为移动机器人在多种场景下的应用提供有益探索,解决人机混杂的复杂环境下移动机器人产业化所面临的技术瓶颈,从而推动无人工厂、智能仓储和智慧城市等项目的落地,以实现优质、高效、清洁、低耗的绿色生活。

2. 基本原理及方法

为了保证移动机器人在各种场景下均能实现安全高效的自主移动,本课题首先分析了其典型的封闭和开放两种场景的场景特征和任务需求:

(1)封闭场景是指移动机器人的运动场景是相对封闭的,如无人工厂、仓库等。在这种场景下,通常不存在或只存在少量的临时障碍物,如废弃的工件、掉落的货物等。为了完成相应加工、停靠和运输任务,移动机器人需要以较高的精度跟踪预先设定好的路径,同时在检测到临时障碍物时,规划出无碰撞的临时路径,并在轨迹跟踪控制器的作用下沿着参考路径运动。

(2)开放场景是指移动机器人的运动场景是相对开放的,如公共道路、行人通道等。在这种场景下,地图信息是动态变化、不固定的。与封闭场景下要求移动机器人较好的跟踪精度不同的是,这种复杂的动态场景对机器人的避障能力提出了更高的要求,需要保证局部路径规划的实时性,从而保证运行过程中的人机安全。

综上所述,本课题以提高封闭场景下的跟踪精度和开放场景下运行安全为目标,研究兼顾动态避障的移动机器人轨迹跟踪控制方法。

3. 主要设计过程或试验过程

为了实现移动机器人在复杂场景下的自主移动,需要使移动机器人在遇到障碍物后进行局部路径规划和轨迹跟踪控制,在避开障碍物后及时回到全局路径上,从而实现安全、高效的运行。针对这一目标,面向其典型的封闭和开放两种场景,本课题提出两种解决方案。

1）规划-控制分层方案设计

在封闭场景下，设计了基于改进动态窗口法和线性模型预测控制的规划控制分层框架，对传统的分层方案轨迹跟踪精度低的问题，提出相应的改进措施；对于局部路径规划层，针对传统规划方法没有综合考虑局部路径和全局路径的关系的问题以及在不同环境下规划成功率低的问题，设计了局部目标点在线选择策略；基于标准动态窗口法，修改了评价函数，从而提高了局部路径的平滑性。对于轨迹跟踪控制层，针对线性化后的模型在曲率突变的情况下跟踪精度下降的问题，提出参考点自适应改变策略，并在此基础上自适应调整预测时域和控制时域，提高了轨迹跟踪控制器的跟踪精度。

2）规划-控制耦合方案设计

开放场景下，针对其避障对规划控制算法的实时性要求较高，而分层方案可能会由于规划层的计算用时而造成意外碰撞的问题，采取基于非线性模型预测控制的规划控制耦合方案，在每个采样周期均能够计算出合适的控制量。同时，针对非线性模型预测控制中求解最优控制问题造成的计算量大的问题，设计了基于事件触发策略的时间优化方案，减少了求解最优控制问题的次数，并提高了计算结果的利用率，使得实时性能满足实际应用的需求。

3）试验验证

基于四轮移动机器人试验平台，在仓储场景（封闭环境，布局紧凑，运动空间受限）和走廊场景（开放环境，场景开阔，但存在密集、动态障碍物）中分别对本课题所提出的分层和耦合算法的有效性进行验证。进一步地，为了验证本课题所提方案的优越性，将其与现有算法进行了对比分析。

4. 结论

（1）仓储场景下，采取规划-控制分层策略，当移动机器人检测到原始的前进方向上出现了临时障碍物，阻挡了前进方向时，会由局部路径规划层规划出一条无碰撞局部路径，接着在轨迹跟踪控制层的作用下输出合适的前轮转角和速度，做出避障响应，并及时回到全局路径。相较于传统的分层策略，本课题所提出的算法分别将 x、y 两方向的平均跟踪误差降低了 90.26%、84.40%，实现更高的跟踪精度，从而在封闭场景下表现出更好的避障控制性能。

（2）走廊场景下，通过采取规划-控制耦合策略，当检测到障碍物时，会构建非线性障碍物约束，通过求解最优控制问题，计算合适的控制量，避免了因等待规划层结果而造成的意外碰撞。同时，通过判断实际状态与预测状态之间的差值是否超过阈值，实现将周期触发策略转化为非周期触发策略，对求解次数、总计算时间、平均触发间隔和计算结果利用率 4 个性能指标均实现了大幅度的改进，为移动机器人在开放场景下的安全应用提供了可靠的保障。

5. 创新点

（1）针对不同场景提出的不同任务需求，制订了两种兼顾动态避碰的轨迹跟踪控制框架。
（2）从路径规划和跟踪控制两方面出发，提高了移动机器人在封闭场景下的跟踪精度。
（3）通过将规划与控制二者耦合的方法，保障了移动机器人在开放场景下的安全运行。

6. 设计图或作品实物图

封闭场景下的规划-控制分层方案框架和开放场景下的规划-控制耦合方案框架分别如图 1、图 2 所示，两种场景下的试验过程如图 3 所示。

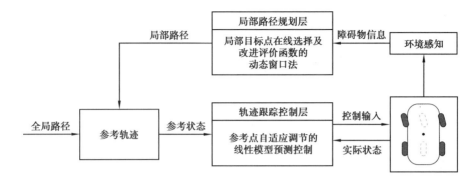

图 1　封闭场景下的规划-控制分层方案

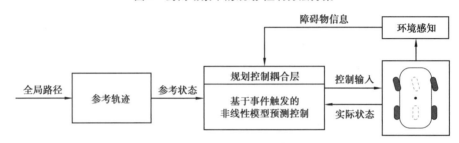

图 2　开放场景下的规划-控制耦合方案

图 3　两种场景下的试验过程

高校指导教师:谢远龙;企业指导教师:肖卫国

移动机器人测距传感器数字孪生设计与实现

王思杰

Wang Sijie

大连理工大学　机械设计制造及其自动化

1. 设计目的

在物理环境下，存在很多的复杂因素，无法对传感器的具体状态进行深入探究；同时，极端环境可能会对机器人或传感器造成不可逆的损害，因此，在物理世界搭建各类极端环境测试移动机器人与测距传感器会带来试验成本过高、不易实现的问题。

基于此，本课题通过对测距传感器的数字孪生建模，保证了在与物理世界相同的环境下对传感器特性进行研究，而且可有效避免传感器的物理损坏，降低研发经济成本；基于数字孪生技术模拟出多种抽象的典型的工厂环境，训练无人车完成路径规划和导航；同时，由于本研究是在 Quanser 公司的平台下对无人车 Qbot3 实现虚拟控制与传感器建模，这也为 Quanser 的数字教学平台丰富了内容，通过线上即可感受到与现实环境完全相同的传感器工作状态，从而培养学生线上学习的积极性、探索学生自主学习的创新模式和提升自主学习能力；同时提高学校的教学成效，避免学生由于线上教学导致的试验匮乏情况，让学生从课本与实践两个方面丰富知识储备。

2. 基本原理及方法

本课题采用了理论构建数字孪生模型和应用验证的总体研究思路，在详细而全面地综述传感器数字孪生的国内外研究现状的基础上，从物理世界传感器的特性出发，对物理读数与虚拟读数进行对比分析，并进行数字孪生建模。

本课题首先对传感器的特性进行分析与研究，分析超声测距传感器与红外测距传感器测量不同物体时的读数，并且根据试验数据总结提取传感器特性，设计并完成数字孪生传感器；同时，本课题对试验场景进行规划与设计，对其进行数字孪生建模，使无人车在虚拟与物理环境中有相同的运行环境，在此基础上对无人车移动进行设计，通过改变无人车速度、加速度等数据，使其运行更加流畅。

通过对物理系统的构建取得环境、无人车和传感器等数据信息，并对这些信息进行处理、对比和分析，构建传感器数学模型，最终实现测距传感器数字孪生系统的设计。

3. 主要设计过程或试验过程

1）传感器数字孪生建模

基于对超声和红外测距传感器的使用进行了特性测试，完成了数字孪生中物体信息的提取，实现了两种传感器的数字孪生。

首先，通过测量不同距离物体的读数，确定了本次试验传感器的测量量程与测量角度；在传感器测量范围内展开进一步研究,通过改变其与传感器夹角、表面粗糙度与颜色等变量,获得了传感器在测量不同物体时的读数曲线,并对曲线进行了比照分析,得出其各自的波动特点。

其次,结合 Simulink 程序,通过增添随机数等方式,实现改变物体特性时虚拟曲线也随之变化的目标,并将 Simulink 与 Python 程序相结合,将后者检测到的准确数据通过代码发送至 Simulink 并进行处理,形成与现实传感器相似的波动曲线,完成传感器的数字孪生。

2)测距传感器数字孪生系统在移动机器人中的应用验证

通过物理世界与虚拟世界传感器控制现实与虚拟无人车实现自由移动且不触碰障碍物。首先,结合对无人车移动原理的探究,通过程序设计,调整左中右 3 个传感器的测距阈值、转弯速度等数据,保证其运行平稳的同时实现自由避障。

其次,考虑到现实中工作环境的多样性,选取了工厂或日常生活中常见的物体,将其抽象为大小不一、颜色不同、表面粗糙度有差异的正方体和圆柱体,并且通过 Python 程序完成虚拟场景的建模,使其与现实场景保持一致,完成了现实与虚拟场景的搭建。随后,在场地中运行无人车,观察对比二者运动路线等数据,验证数字孪生的准确性。

4. 结论

(1)完成了超声测距传感器与红外测距传感器的特性测试,分别研究了两种传感器在测量不同表面颜色、表面粗糙度物体时的读数情况

(2)设计并完成了超声测距传感器与红外测距传感器的数字孪生。根据本论文特性测试结果,设计其数字孪生传感器,使其在测量不同的虚拟物体时,可以呈现与现实相似的读数曲线。

(3)设计了现实与虚拟场景。选取了大小不一、颜色不同、表面粗糙度有差异的典型物件,布置了现实场景,并通过代码使虚拟场景与现实场景保持一致。

(4)实现了无人车行进与避障功能。在实际的现实与虚拟场景中放置无人车,测试了无人车在复杂环境下的运行平稳性与传感器读数相似性,通过测距传感器实现数字孪生系统在移动机器人中的应用验证。

5. 创新点

(1)将移动机器人上的测距传感器与数字孪生相结合,为后续更深入研究传感器与无人车相互作用打下基础。

(2)实现了移动机器人在虚拟和现实环境下运行的高度一致性。

6. 设计图或作品实物图

设计思路及结果与 Qbot3 移动机器人如图 1、图 2 所示。

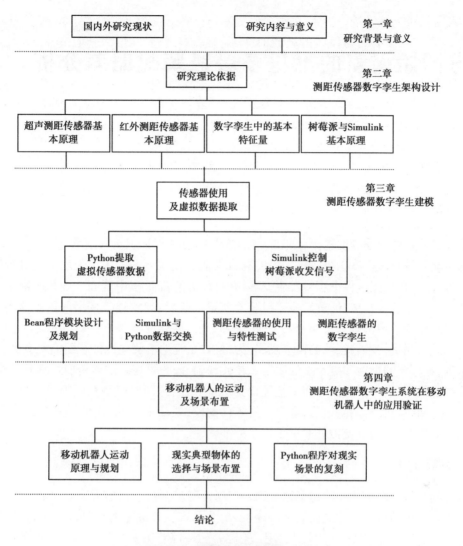

图 1　设计思路及结果

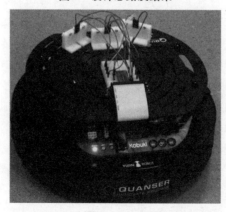

图 2　Qbot3 移动机器人

高校指导教师：孙晶；企业指导教师：王　薇、刘欣悦

考虑初始误差的卫星多层级装配偏差分析

孙冠宇

Sun Guanyu

南京航空航天大学　飞行器制造工程

1. 设计目的

隐身卫星对外形准确度提出了非常严苛的要求,作为保证卫星外形准确度的部件,骨架和舱板的装配质量很大程度上决定了卫星的服役性能和使用寿命。由于卫星零件具有壁厚薄、刚性弱等特点,在装配过程中容易发生变形,并且随着装配过程中紧固件数量不断增加,单钉连接造成的误差持续累加,严重影响卫星装配质量。此外,导致连接变形的因素众多,并且这些因素对变形的影响机理和耦合作用原理较为复杂,难以逐项孤立分析。近年来,有限元技术、弹性力学、测量技术等领域的快速发展,为科学、系统地求解柔性件装配偏差提供了坚实的理论基础、更广泛的思路和更丰富的手段。在此基础上,为了在装配前精准预测卫星柔性件的变形和装配偏差,进一步为设计和工艺优化作出指导,本课题以某型在研隐身卫星为对象,针对卫星骨架和舱板装配的全过程,融合卫星零件的刚、柔变形特性,提出了考虑初始误差的装配偏差求解模型,并研制模拟件验证了模型的准确性。

2. 基本原理及方法

考虑到卫星柔性结构装配过程繁琐、数字量传递过程复杂,目前现有的大部分装配过程模型仅关注装配体结构和零件间的装配顺序、装配关系或层级关系等产品和工艺设计的关键信息,没有聚焦于装配工作关注的装配工艺、关键装配特性与偏差表达等信息。因此,本课题首先建立了基于关键装配特性的卫星装配过程模型,主要内容包括基于齐次矩阵描述位姿变换方程的数字量传递模型和基于区间数的初始误差表达。然后,在单一零件调姿的基础上,对零件间定位协调过程引起的误差传递进行了描述,本课题认为误差传递的最终表达,即为装配的刚性偏差。然而,柔性件装配偏差最难预测的部分为柔性偏差,难点在于求解弹性力学复杂边界条件问题的偏微分方程及矩阵运算量过大。因此,本课题引入子结构技术缩减模型,提出面向多层级装配的广义子结构模型,该模型没有进行任何省略及其他几何限制,对于柔性件的多层级装配均适用。在子结构模型的基础上,建立了柔性变形引起的柔性偏差模型,并提出了基于影响系数法求解柔性偏差的程式化流程。

为了验证所提模型的有效性,首先,通过有限元仿真,验证了柔性偏差程式化求解流程的可靠性;然后,加工了卫星模拟件产品,应用课题组前期搭建的机器人卫星装配平台进行了卫星装配试验并测量得到了实际装配偏差;最后,应用本课题提出的融合刚、柔特性的柔性件装配偏差求解模型计算了理论装配偏差,通过对比实际测量结果和理论计算结果验证了所提模型的有效性。

3.主要设计过程或试验过程

1）基于关键装配特性的卫星装配过程建模

首先，提出了从关键装配特性到卫星产品性能的映射关系；然后，介绍了卫星装配涉及的坐标系和位姿，进一步地通过拆分旋转和平移，引入机器人学中的 RPY 角，建立了基于齐次矩阵的卫星装配调姿描述方法；最后，为了贴合实际工况，准确表达零件制造误差，引入了区间数模型表达不确定参数，为后文在未知初始误差分布规律的情况下准确表达初始误差与计算装配偏差提供支持。

2）卫星柔性件装配偏差建模

首先，明确了装配偏差的来源并通过数学进行表达；然后，基于此前提出的基于齐次矩阵的卫星装配调姿描述方法，建立了零件间定位协调引起的误差传递规律，误差传递引起的装配偏差视为刚性偏差；随后，建立了面向多层级装配的柔性件装配子结构缩减模型，在此基础上建立了柔性变形引起的柔性偏差模型并基于影响系数法进行了求解；最后，提出了一种基于 Abaqus 的刚度矩阵提取方法，并以 B1 横梁装配做了验证。

3）卫星多层级装配柔性偏差求解与验证

首先通过简单算例验证影响系数法的可行性，并提出了装配偏差求解与验证的程式化流程；然后，对卫星零件施加重力载荷并进行模型缩减，在此基础上应用影响系数法，通过缩减刚度矩阵和灵敏度矩阵，求解装配回弹，并进一步求解装配偏差；最后，根据卫星实际装配过程，基于区间模型引入随机初始制造误差，在 Abaqus 对存在初始误差的卫星零件进行装配回弹仿真，考察仿真结果是否落在基于影响系数法求解得到的理论回弹范围内，并计算仿真结果与基于影响系数法的确定性计算结果之间的相对误差。

4）卫星多层级装配柔性偏差求解与验证

首先，对卫星模拟件进行了逆向建模，为初始误差分析和后续的装配偏差求解提供了支持；然后，根据所提融合刚、柔特性的装配偏差求解模型，计算了理论装配偏差；最后，进行了模拟件的实际装配，测得了各关键装配特性点的装配偏差，通过实际偏差与理论求解偏差，验证了所提模型的有效性。

4.结论

本课题提出的融合刚、柔特性的卫星柔性件装配偏差求解模型能够准确预测卫星柔性件的装配偏差。

针对基于影响系数法的柔性偏差求解程式化流程有如下结论：

（1）刚性最差的连接点柔性装配偏差最大，且理论计算结果与仿真结果最接近。

（2）柔性装配偏差仿真结果普遍小于确定性计算结果，但相对误差均小于10%。

针对融合刚、柔特性的装配偏差求解模型有如下结论：

（1）骨架的刚性较强，在部分工程环境下，小跨度铝合金骨架可以被认为是刚体。因而，无论是基于本课题所提偏差求解模型计算得到的偏差值还是测量值，基本可以认为是刚性偏差的表现，柔性变形对装配偏差的贡献几乎可以忽略。

（2）仅考虑柔性变形引起的柔性偏差时，由于仅考虑了装配偏差的一部分，随着装配过程的进行，子装配体的刚度不断增加，刚性偏差对装配偏差的贡献随之增加，因此随着装配层级的生长，刚性装配偏差对装配偏差的贡献将越来越大。

(3)提出的装配偏差求解过程简化方案——理想化灵敏度矩阵法,能够在一定程度上满足工程应用的要求。

5.创新点

(1)考虑零件初始制造误差。
(2)提出基于子结构简化模型的影响系数法程式化计算流程。
(3)建立融合刚柔特性的装配偏差求解模型。

6.设计图或作品实物图

本课题的研究思路如图1所示。

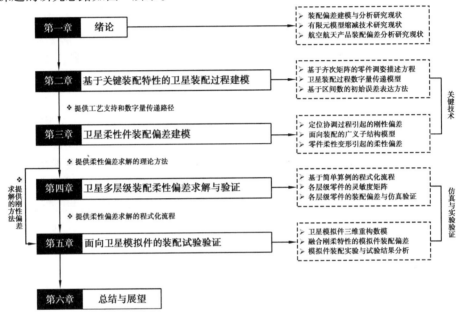

图1 研究思路

高校指导教师:齐振超;企业指导教师:赵长喜

陆空两栖仿生抓取机器人

朱科祺

Zhu Keqi

浙江大学　机械工程

1. 设计目的

近年来,无人机技术迅猛发展,其交互方式逐渐由红外遥感、图像检测等慢慢向空中抓取、空中操作这一类与物理世界有真实交互的方向发展,其中无人机空中抓取更是重中之重,有广泛的应用前景,如快递机器人、城市送药、机器人轧空作业等,但同样有不少的难点挑战,如抓取物体体积有局限,受限于旋翼的大体积,机器人狭窄空间适应性不足、楼宇内实用性较差,同时无人机能耗较高,高空长时间工作时间不足。面对这些挑战,我们做了相关的现状研究分析,陆空两栖机器人可以很好地解决狭小空间适应性的问题,在楼宇内可以切换为陆地移动模式,安全高效地完成货物的输送;枝头栖息则是从仿生领域找到的灵感,鸟类的双足大多都能同时完成抓取与枝头栖息的任务,结合太阳能板和储能装置,可以解决无人机高空作业续航时间短的问题,综上所述,本课题的设计目的:解决传统无人机与无人机空中操作痛点,设计一款兼顾陆空两栖与栖息功能的抓取机器人。

2. 基本原理及方法

本课题的主要研究方向将集中在两个部分:第一部分将着力设计制作一种欠驱动机械手,负责物体的抓取,同时针对栖息功能进行优化,主要灵感来自大多数鸟类,都可以用其双足完成飞行中抓取和枝头栖息的任务;第二部分集中在四旋翼飞行器的变结构设计上,正常工作环境当中,四旋翼和轮式(选用这两种驱动模式来达到两栖的效果)分别独立给飞行和地面移动提供动力,不会同时运行,用同一套电机驱动单元驱动两者可以提高整体紧凑度,提高效率。这就需要一种结构可变的四旋翼飞行器,使之可以自由地在两种模式当中切换。最终的机器人是上述两者的集合体。

3. 主要设计过程或试验过程

1)机械设计

(1)将着力解决设计制作一种欠驱动机械手,负责物体的抓取,同时针对栖息功能进行优化,主要灵感来自大多数鸟类,它们都可以用其双足完成飞行中抓取和枝头栖息的任务。

(2)另外,将集中在四旋翼飞行器的变结构的设计突破上,正常工作环境当中,四旋翼和轮式(选用这两种驱动模式来达到两栖的效果)分别独立给飞行和地面移动提供动力,不会同时运行,于是联想到用同一套电机驱动单元驱动两者以提高整体紧凑度,提高效率。这就需要一种结构可变的四旋翼飞行器,使之可以自由地在两种模式当中切换,同时要具有机械的可靠性和稳定性。

2）控制系统搭建

（1）陆空两栖抓取机器人需要完全用遥控器进行远程控制,需要自行搭建完整的飞控系统,其中包括姿态解算模块、通信模块、定位模块等,为后期机载电脑做机器端独立控制做好铺垫。

（2）地面移动与抓取的控制方案与飞行完全独立,需要设计完整的地面移动与抓取控制系统,并将控制系统烧录以供模式切换。

3）系统模型分析

（1）变结构后的地面移动,动力源为带倾角的四旋翼的水平分力,目前基于四旋翼变结构的地面移动数学建模仍为空白,需要着重解决这一块的动力学建模,探究电机与地面前后移动、左右转向的相互关系。建立电机转速与地面移动时速度、位移的关系,为上位机控制做好铺垫。

（2）变结构抓取方面,由于涉及多级连杆传动,这一块的运动学分析更是项目的重中之重,需要设计符合场景需求的连杆结构,最大化地利用其急回特性,希望能通过数学模型和梯度算法,来优化整体的抓取性能。

4. 结论

本课题设计了一种基于四旋翼无人机平台的陆空两栖抓取机器人,通过可重构与连杆机构将两栖切换与抓取相结合,相关的研究工作有：

（1）广泛阅读国内外有关可重构四旋翼无人机,陆空两栖无人机,欠驱动机械手相关文献,总结了相应的创新点及优缺点,由此提出了本课题的主要研究内容。

（2）自主完成了无人机平台的仿真、设计与搭建,包括四旋翼无人机机身、机架、抓手以及移动平台,其中创新性地将变结构机翼、起落架与移动平台相结合,以完成陆空两栖切换和抓取的设计目标。

针对陆空两栖及抓取的要求,设计了两组连杆机构,将舵机转角通过第一组连杆机构传递给机翼摆角,完成陆空两栖的模式切换,再通过第二组连杆机构将角度传递给末端抓手完成抓取,两组连杆联动来实现单自由度控制两者并行的效果。

（3）完成了陆空两栖机器人空中飞行与地面移动的动力学分析与抓取的角度映射计算。

针对四旋翼无人机的地面移动中,根据前后移动和左右转向是描述二维平面运动的两组线性无关的正交基,创新性地提出基于不平行旋翼的地面移动表示方法,最后给出了在已知四旋翼转速的前提下,无人机在地面移动时的坐标公式,为后期导航与避障做下铺垫。

（4）进行了多项试验验证陆空两栖无人机的飞行稳定性,两栖与抓取性能,为后期的迭代改进指出了方向。

通过"八字绕环"试验验证飞控与设计可靠性,同时对地面移动进行验证,抓取方面对被抓物体尺寸与抓取效果进行了分析,并用试验验证了抓取状态下地面移动的可行性,最后提出了用抓取实现枝头栖息的方法。

5. 创新点

本课题的创新点如下：

1）可重构无人机的创新

设计出一种高效、高稳定性与高可靠性的可重构四旋翼无人机,重点在可重构结构的运动副与力、力矩传递结构的设计上,在小体积、较少能量损耗的情况下,可以实现陆地模式与飞行模式之间的便捷切换。

2)控制方式的创新

地面行进模式下,需要设计使用不平行四旋翼控制算法,以达到地面上平稳运动的效果,这一块在相关领域内仍是空白,研发设计一套较高效、准确的控制算法具有较为广阔的应用前景,如军工场景和家用场景。

3)抓取与栖息的创新

传统的无人机抓取设计往往集中于将机械臂与末端执行器放置于四旋翼无人机下方,做快速动态抓取,本课题拟根据鸟类双足同时拥有抓取与枝头栖息的效果进行优化,在可进行抓取的前提下,优化抓手结构,尺寸与响应函数,使之相较于传统四旋翼无人机起落架,可以在不同表面进行栖息操作,这样加上太阳能板、机载电脑等装置,可以实现远距离自主决策完成任务,在工业,竣工场景下有不俗的应用场景。

6. 设计图或作品实物图

本课题设计的无人机的飞行模式、地面移动模式、栖息模式、抓取模式如图1—图4所示。

图1　无人机飞行模式

图2　无人机地面移动模式

图3　无人机栖息模式

图4　无人机抓取模式

高校指导教师:董会旭,毕运波;企业指导教师:翁敬砚

基于 GPU 并行计算的晶圆表面缺陷高精度、实时检测和识别

陈皓天

Chen Haotian

浙江大学　机械工程

1. 设计目的

近年来,随着半导体产业飞速发展,半导体元器件的生产工艺也不断进步,为保证半导体元器件的产品质量和生产效率,晶圆表面缺陷检测技术也在迅速发展。在实际生产过程中,半导体制造商会在光刻前对晶圆进行缺陷检测,防止不合格的晶圆流入光刻环节,及时发现并改进生产工艺上的问题。工业生产过程中,往往需要缺陷检测与识别满足高精度和实时性要求,但是晶圆表面缺陷形状复杂,存在与背景融合的崩边缺陷,这些问题会影响检测精度,晶圆表面图像尺寸较大,影响检测实时性,这些问题导致晶圆表面缺陷高精度、实时检测与识别的实现非常困难。

针对以上难点问题,本课题搭建了基于 GPU 并行计算的晶圆表面缺陷高精度、实时检测与识别系统,集成了晶圆表面图像采集平台以及缺陷检测与实时识别软件,实现晶圆表面缺陷的高精度、实时检测与识别。

2. 基本原理及方法

自动光学检测技术(Automatic Optical Inspection, AOI)是一种集成光学传感技术、信号处理技术和运动控制技术的新型科学技术,通常在工业生产过程中执行测量、检测、识别和引导等任务。利用该方法可以实现晶圆表面缺陷的高精度、实时检测。基于自动光学检测的晶圆表面缺陷检测方法使用光束照射晶圆表面,收集反射光信息进行缺陷检测。自动光学检测系统由数据获取模块、数据处理模块、待测区域识别模块和缺损状态检测模块组成。首先,通过数据获取模块获取晶圆表面图像;然后,将采集到的图像传至数据处理模块,该模块通过数字处理技术增强检测目标;接下来,待测区域识别模块通过图像处理算法、机器学习算法等算法进行特征提取,得到感兴趣区域;最后,由缺陷分类模块对检测到的缺陷进行识别和分类。

GPU 并行计算(Parallel Computing)是指将一个主任务拆分成多个子任务,并将其分配给多个处理单元同时处理的计算方式。该方法可以使工作效率成倍增加。与传统的 CPU 串行计算,即内核每次执行一条指令的计算方式相比,GPU 并行计算将计算任务分配给多个内核,同时执行多项计算。这种技术使得计算平台有更快的处理速度和更充分的资源利用,使其成为需要大量数据处理的应用的理想任务处理方式,如科学模拟、机器学习以及图像和视频处理。

3. 主要设计过程或试验过程

1）晶圆表面图像采集平台设计

在分析晶圆表面缺陷特征和实际生产需求的基础上，设计并搭建了晶圆表面图像采集平台，完成了图像采集平台的关键部件如相机、镜头、光源、运动模组的选型，实现了晶圆表面高分辨率图像自动化采集。

2）晶圆表面缺陷检测算法设计

算法包括缺陷检测和图像拼接两个模块。缺陷检测模块分别通过动态掩膜制作算法及动态阈值分割算法得到动态掩膜图像和动态阈值分割图像，将两张图进行按位与操作得到缺陷图像，再通过缺陷特征提取算法提取出所有晶圆表面缺陷，计算缺陷参数并保存缺陷区域图像。图像拼接模块对晶圆图像进行压缩，通过测量晶圆弦长完成图像拼接，并进行亮度均衡化，最后进行缺陷坐标转换与可视化。利用 GPU 并行计算技术对算法进行优化加速，实现了晶圆表面缺陷高精度、实时检测。

3）晶圆表面缺陷分类算法设计

针对 ResNet 网络模型的缺点以及晶圆表面缺陷的特点，对网络结构进行了相应的优化，改进了传统 ResNet 残差块结构，用 Leaky ReLU 函数替代了 ReLU 激活函数，并且引入 CBAM 注意力模块。设计了合适本课题实际情况的网络训练方法，采用 K 折交叉验证和迁移学习的模型训练方法，并设计了适合的训练参数。进行了消融试验和对比试验，验证了算法的准确性和高效性，实现了晶圆表面缺陷高准确率、实时分类。

4）晶圆表面缺陷检测与识别系统设计

系统集成了晶圆表面图像采集平台和晶圆表面缺陷检测与识别软件。其中，软件部分不仅集成了缺陷检测算法和缺陷分类算法，还实现了对硬件平台的控制以及与用户的交互。经过测试，该系统能实现晶圆表面缺陷高精度、实时检测与识别的完整流程，能满足实际生产需求。

4. 结论

（1）设计了一种基于 GPU 并行计算的晶圆表面缺陷检测算法，实现了晶圆表面缺陷高精度、实时检测，缺陷检测平均时间为 2.085 s，缺陷检测灵敏度 10 μm，检测成功率 100%。

（2）设计了一种基于 ResNet 网络的晶圆表面缺陷分类算法，实现了晶圆表面缺陷高准确率、实时分类，缺陷分类成功率达到 99.75%，平均分类用时为 0.0065 s。

（3）搭建了晶圆表面缺陷检测与识别系统，包括晶圆表面图像采集平台和晶圆表面缺陷检测与识别软件，实现了晶圆表面缺陷高精度、实时检测与识别。

5. 创新点

（1）解决了晶圆表面缺陷特征复杂，尺度大小不一导致的检测难点。
（2）解决了部分崩边缺陷与背景融合导致的检测难点。
（3）解决了晶圆表面图像尺寸大导致的检测速度慢的问题。
（4）解决了晶圆表面缺陷种类复杂，导致的分类难点。

6. 设计图或作品实物图

晶圆表面图像采集平台总体结构模型如图 1 所示，晶圆表面图像采集平台实物如图 2 所示。

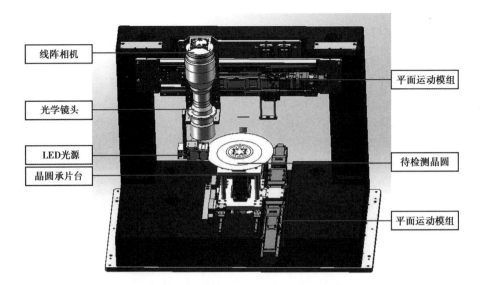

图1　晶圆表面图像采集平台总体结构模型图

图2　晶圆表面图像采集平台实物图

高校指导教师:杨将新;企业指导教师:张孝庆

多材料磁场辅助制造

黄妤婕

Huang Yujie

浙江大学　机械工程

1. 设计目的

实现复杂柔性结构的精确制造,并根据设计精准赋予其内部定向磁化排布性能,是目前开发新型高效磁柔性复合执行器亟待解决的难题。增材制造作为一种扩展能力强的制造技术,在外场辅助复合材料形性一体化制造方面应用广泛。其中,立体光投影技术在声、磁、电、热学等外场辅助下可有效实现微观性能的排布与宏观结构的精准制造,是制造磁柔性复合执行器的优选技术。

然而,现有制造磁柔性执行器的研究大多使用单一材料,在一定程度上限制了磁驱性能,使得应用效果不及预期。多材料制造技术具有集成多种功能性材料的优势,是一种可观的拓展磁柔性执行器结构和功能的方式,在基于光固化原理的增材制造技术中也相对易于实现。

2. 基本原理及方法

为磁软体机器人设计复杂的结构与内部磁排布,使其实现复杂多样的功能是目前该领域的研究趋势。而这种实现方式是由制造工艺决定的,主要包括折叠充磁、粘接组装和增材制造。其中折叠充磁制造方式会限制磁排布的设计;粘接组装法制造操作困难、生产效率低。在增材制造技术中,基于墨水直写的制造方法,限制磁排布方向在二维平面内。与之相比,基于光固化原理的制造具有复杂结构的制造能力,且在磁排布方向上更加自由。因此,本课题选择基于 DLP 光固化原理的制造方法进行打印。为了使硬磁颗粒排布均匀,可采用匀强磁场线圈进行磁排布。本课题的研究内容包括多材料磁场辅助制造装置的搭建,工艺流程的设计和应用案例的制造三部分。

多材料磁场辅助制造装置要实现具有产生三维排布磁场,实现材料更换以及固化-清洁功能的切换,实现多层打印的功能。基于亥姆霍兹线圈原理设计了三维辅助磁场方式。通过比较旋转切换和平移切换两种方案,最终选择直线滑台进行材料的平稳更换。在清洁方案的选择上,真空抽吸和空气射流方案受泵和抽滤瓶规格的限制,加上树脂的黏稠度高,硬磁颗粒体积小,对黏附在成型平台上的磁性浆料几乎没有清洁能力。而酒精射流方式占地面积大,不适合与其他装置进行耦合。因此,选择酒精浸泡方案进行清洁,但要注意酒精浸泡的时间,时间过长会损坏印刷特征。

多材料磁场辅助制造工艺流程的设计原理:在排布磁场的作用下,硬磁颗粒在打印过程中实时排布,通过 DLP 数字光处理系统的选择性固化,固定硬磁颗粒的位置和朝向,之后通过水平换液系统实现清洁和更换材料的功能,完成对具有复杂磁化结构的多材料执行器的快速制造。工艺流程包括原料的制备和打印两部分,通过软硬件结合,实现整体装置的运行。

多材料磁软体机器人的形变原理:样条的韧性树脂部分均匀分布了被预先排布的硬磁颗粒,将其置于匀强磁场环境中,若硬磁颗粒的排布方向与外部磁场不同,外部磁场会对嵌入的硬磁颗粒诱导转矩,这些磁转矩产生内部应力,共同导致复杂形状变化的宏观响应。因韧性树脂部分的弹性模量大,柔性树脂部分的弹性模量小,在磁转矩的作用下,柔性树脂部分更容易发生形变,起到类似"折痕"的作用。由上可知,含磁韧性树脂部分充当的主要是"驱动"职责,而柔性树脂部分则承担"执行"功能。基于上述原理,设计制造了一系列含磁样品。

3. 主要设计过程或试验过程

1)设计并搭建了多材料磁场辅助制造装置

设计并搭建了多材料磁场辅助制造装置,由 DLP 数字光处理系统、厚度控制系统以及水平换液系统三部分组成。基于亥姆霍兹线圈,设计了三维辅助磁场发生装置,并将其与普通料槽支架、清洁装置集成到水平换液系统中,通过水平平移机构实现各制造工位的切换。最终搭建的装置成形面积为 50 mm×50 mm,可以实现连续多层打印,层厚最小可达 100 μm,制造精度为 0.1 mm,能完成两种材料的成型,实现硬磁颗粒的可编程性排布。

2)开发了一种多材料磁控柔性执行器的制造工艺流程

为了实现具有复杂形状与磁化排布的多材料磁控柔性执行器的制作,提出了一种多材料磁场辅助制造工艺流程;通过软硬件开发,最终能实现多材料磁场辅助装置按照所设计的工艺流程成功运行。确定了硬磁颗粒含量为 20wt%,韧性树脂部分的固化时间为 20 s,柔性树脂部分的固化时间为 15 s 等工艺参数,保证后续试验的稳定性。此外,为了提高制造的成功率,需要提高多材料层间和层内连接处的强度。可以通过提高清洁度和选择性能尽可能相近的两种材料,本课题中选择 Formlabs 的韧性透明树脂和柔性树脂材料,来提高层间连接强度。可以通过增加搭接长度,层间边界交错以及边界膨胀的方式来提高层内连接强度。

3)设计了多材料磁控柔性执行器,并应用多材料磁场辅助制造工艺进行制作

为了体现多材料磁场辅助装置具有多材料打印和磁排布的作用,设计并打印了一系列不同结构的单向磁化分布的悬臂梁样品,通过观察它们在同强度匀强磁场下的形变效应,说明在设计多材料磁柔性执行器时,可以采用局部含磁结构。为了体现该装置具有可编程磁排布的能力,设计并打印了具有双向磁化排布的样品。此外,还设计了多足爬行机器人,分析该机器人在磁场下的运动形态,并使多足机器人在旋转磁场下实现向前爬行的动作。设计并打印了具有三维磁排布的立体折叠执行器,在外部磁场作用下,执行器能够实现折叠功能;设计打印了具有三维磁排布的磁柔性夹爪,在操控磁场作用下,可以实现夹取功能。

4. 结论

(1)基于 DLP 光固化制造原理,结合亥姆霍兹线圈,设计并搭建了一种多材料磁场辅助制造装置。该装置由 DLP 数字光处理系统、厚度控制系统以及水平换液系统三部分组成。其中换液系统包含了用于磁排布的三维辅助磁场发生装置、普通料槽支架和清洁装置。该制造装置可实现柔性光敏树脂与分布了硬磁颗粒的韧性光敏树脂两种材料的同时打印,并能够在制造过程中实现对材料内硬磁颗粒的实时排布。

(2)设计了多材料磁柔性执行器的磁场辅助制造工艺流程,并编写上位机(PC 端)与 Arduino 单片机控制程序,使多材料磁场辅助制造装置可以按照预期工艺流程实现磁柔性执行器的制造。通过试验以及装置调试,确定了制造过程中的工艺参数。

(3)设计了具有单、双向磁排布的多材料磁柔性执行器简单结构样品，并应用本课题制造设备与工艺流程进行制造。设计并制造了具有二维与三维磁排布的磁柔性执行器，并控制其在操控磁场作用下分别实现其特定功能，验证了多材料磁场辅助制造装置对具有复杂结构与磁化排布的柔性执行器的制造能力。

5. 创新点

(1)设计制造了多材料磁场辅助制造装置，其具有产生三维排布磁场，实现材料更换以及固化-清洁功能的切换，实现多层打印的功能。

(2)开发了一种多材料磁柔性执行器的制造工艺流程。

6. 设计图或作品实物图

多材料磁场辅助制造装置如图1所示，多材料磁场辅助制造的工艺流程如图2所示，多材料柔性磁结构的打印如图3所示。

(a) 多材料磁场辅助制造装置模型图　　　　(b) 多材料磁场辅助制造装置实物图

图1　多材料磁场辅助制造装置

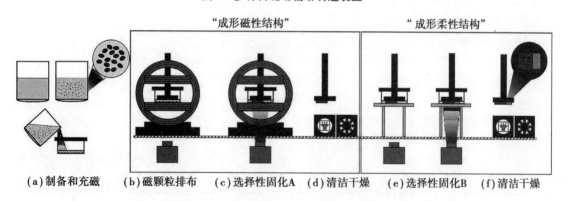

(a)制备和充磁　(b)磁颗粒排布　(c)选择性固化A　(d)清洁干燥　(e)选择性固化B　(f)清洁干燥

图2　多材料磁场辅助制造的工艺流程

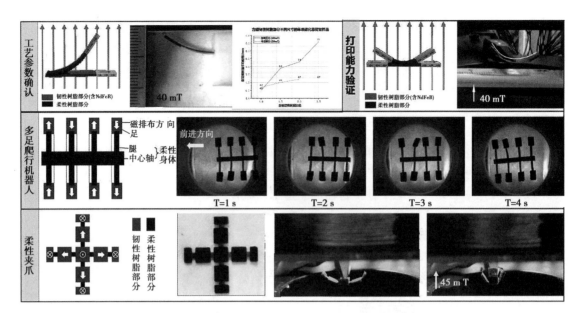

図3　多材料柔性磁结构的打印

高校指导教师:赵朋;企业指导教师:周宏伟

基于 PCB 技术的燃料电池在线诊断系统开发

李乐天　何奔洋　邹砚文

Li Letian　He Benyang　Zou Yanwen

上海交通大学　机械工程

1. 设计目的

质子交换膜燃料电池(proton exchange membrane fuel cell, PEMFC)将氢气和氧气的化学能转化为电能,具有高功率密度、高效率、零污染排放等优点,在交通运输、固定式电站和便携式电源等方面取得了长足的发展。为了满足实际电压和功率的需求,目前燃料电池通常由多节单电池串联叠装,单节电池的活性面积达到 $200 \sim 500 \ cm^2$。这种大面积的燃料电池内部温度、湿度、电流密度等多种物理场难以均匀分布,在启停、变载的过程中通常会出现积水、局部过热的现象,导致燃料电池的偶发性停机。为了探究燃料电池运行过程中的故障机制和预防策略,本课题构建了一种电池内部多物理场分布测试的诊断系统,实现对燃料电池内部电流密度、温度、湿度和阻抗分布的在线测量,对燃料电池故障进行了分析诊断。

2. 基本原理及方法

本课题选择以 PCB(印刷电路板)为集成平台,利用分段电池技术对燃料电池的反应面积进行区域划分,采用电阻阵列法和微型传感器法,设计了"电流密度测量板-隔板-温湿度测量板-流场板"的四层结构,完成了信号测量模块的结构设计,在保证燃料电池正常工作的同时实现了对燃料电池内部各分区多种物理场分布状况的在线测量。

通过 Abaqus 和 ANSYS 建立热-力-电耦合模型,开展联合仿真,探明测量板所测物理数据与原位点的真实物理量之间的数量关系,提高测试系统的准确性;通过仿真模型分析在线测试系统的引入对燃料电池反应性能的影响,通过建立相关函数关系来开展测量板的最优设计方案。

以 LabView 为基础平台,通过处理数据与写入文件并行的编程方式快速处理庞大的测量数据流,基于热力学和电化学方程建立了燃料电池故障分析模型,结合 Python 对系统的测量结果进行可视化处理,同时使系统具备故障诊断功能。

3. 主要设计过程或试验过程

本课题主要从以下三个方面开展 PEMFC 多物理场在线诊断系统的研究。

1)在线测试方法选择与测试系统结构设计

本课题针对大面积 PEMFC 内部的温度、湿度、电密密度等多物理场分布在线测量的需求,选择 PCB 作为整个测试系统的集成平台,通过铜线电阻阵列法作为电密的测量方法,通过微型温湿传感器来同时测量温湿度分布。为了满足电堆本身的导电需求和水气分配的需要,在多级测量板内部通过错位铺铜束来实现板层之间的导电,同时在特定板层内部设置翻转式水气流场来实现水气流动。

2）测试系统多物理场模型仿真

建立单个分区的力-电-热耦合预测模型，通过ABAQUS仿真拟合分区内铜电阻两端压降与实际电密的函数关系，电密测量误差控制在4.7%。基于建立的单个分区的力-电-热耦合预测模型，在6条流场上分别均匀选取8个点，将这48个点的电势标准差作为电势均匀性的评测指标，分析了GDL表面电势均匀性的影响因素，并进行优化设计，使GDL电势不均匀程度下降44.14%。针对温度测量原理建立相关模型，利用Fluent对测点温度与反应位点的实际温度进行仿真，提出了对应的校正方法，使温度测量精度平均提升10.08%。

3）在线测试系统软件设计与故障诊断

基于燃料电池电化学反应的基本方程，建立了基于多分区物理量数据与燃料电池活化损失、欧姆损失、浓差损失的关系，对水淹、膜干、缺气三种典型故障的发生原因及判断指标进行了讨论，指出湿度、电密、活化损失、浓差损失和欧姆损失的标准差及绝对值大小是判断电堆故障的重要标准。基于LabView编写了燃料电池在线诊断系统软件，提出优化的并行数据处理算法使系统能够满足燃料电池温、湿、电密和阻抗测试的需求，运行效率达到10 ms量级，建立了实现燃料电池多物理场数据可视化的方法，基于分区极化损失解析模型编写了软件算法及相应的故障判断方法。

4. 结论

（1）完成测量板结构设计，通过铜线错层布置与翻越式流场，兼顾了电流的导通与电阻测试，实现了水汽分配流通，确保了电堆正常运行。电密测量精度为±0.05 A/cm²，温度测量精度为+0.4 ℃，湿度测量精度达到+0.5%。

（2）建立独立分区的力-电-热耦合预测模型，通过Abaqus仿真建立分区内铜电阻两端压降与实际电密的函数关系，电密测量误差控制在4.7%。采用Fluent分析开展温度测试建模与分析，有效提高了温度测量精度。

（3）完成诊断系统软件设计，通过并行算法使程序效率提升27%。基于故障诊断模型编写极化损失算法，以热力图、云图形式显示电堆全生命周期多物理场数据，系统被实际应用于电堆测试中。

5. 创新点

（1）通过分区铜线错层和翻阅流场的结构设计，满足燃料电池运行需求，实现了对PEMFC内部温度、湿度、电流密度等多个物理场的同时在线测量。

（2）建立了考虑热-力-电耦合的在线系统电密测试和温度测试的分析模型，构建了测试数据与反应位点的映射关系，大幅提升了测量精度。

（3）基于热力学和电化学反应，建立了燃料电池故障分析方法，通过数据处理和写入文件并行的方式，大幅缩短了系统的响应时间，确保了实时测试和故障分析的顺利进行。

6. 设计图或作品实物图

本课题在线诊断系统结构如图1所示，实物测试如图2所示，测试系统界面如图3所示。

图1　在线诊断系统结构

装有测试系统的电堆

数据线缆

上位机

数采卡与机箱

水气管路

图2　实物测试

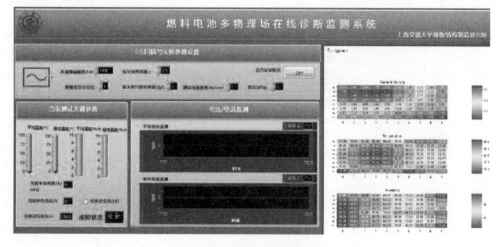

图3　测试系统界面

高校指导教师:邱殿凯;企业指导教师:邵　恒

二等奖

ERDENGJIANG

面向换轨作业的铁路Ⅲ型扣件快速拆装系统研究

郝子越

Hao Ziyue

北京交通大学 机械工程

1.设计目的

近年来,随着我国铁路事业的飞速发展,铁路交通速度、运载、运量、里程等方面快速提升。随之而来的是,铁轨及扣件更换维护的工作量和工作频率也在逐渐增加,根据各铁路局统计的数据,正常情况下铁轨大约每10年更换一次,即每年需要更换铁轨总量的10%,目前国内外对换轨作业中扣件的拆装回收等工作,仍然停留在人工作业方面,对每个单元铁轨的旧扣件回收需要12人以上。尤其针对铁路Ⅲ型这种新型扣件,人工作业效率低,人工成本高且存在很大的安全隐患,为解决相关问题,本课题将面向换轨作业过程,对过程中铁路Ⅲ型扣件快速拆装系统展开系列研究。具体为:进行合理的机械结构设计,设计针对Ⅲ型扣件的拆装装置,同时将铁路Ⅲ型扣件的抓取、拆装、回收等操作功能集成于一个系统,实现"一机多用";利用工业六轴机械臂及机器视觉技术,实现扣件拆装位置识别定位与精准拆装,提高作业精度;进而实现机械化、自动化作业,减少人力,提高工作效率,避免安全事故。为面向Ⅲ型弹条的换轨、检修、维护等领域提供参考案例。

2.基本原理及方法

本课题基于在铁路智能换轨作业领域的国内外研究现状及当前存在的问题和需求,在机械结构(包括取放、拆装、装载等)、视觉识别与定位以及运动控制规划等方面进行创新设计,实现扣件识别与定位、扣件拆除、新扣件安装等功能。具体研究内容如下:

(1)完成铁路Ⅲ型扣件快速拆装系统设计和三维模型建立,包括Ⅲ弹条及轨距块等取放与拆装机构、装载装置;完成拆装机构载体(轨道车)设计。

(2)完成铁路Ⅲ型扣件整体系统加工、组装与调试任务。

(3)完成基于三维视觉的扣件识别与定位算法研究,辅助拆装系统完成拆装定位操作。

基本原理及重点研究内容如下:

(1)基于三维视觉技术,利用高精度三维面结构光相机实现Ⅲ型扣件的识别与定位。

(2)设计制作基于三轴或六轴机械臂、电缸推杆装置且适用于Ⅲ型扣件及轨距块等的拆除与安装机构。

(3)基于C#等上位机编程,设计创新算法,实现Ⅲ型扣件及轨距块等更换收集与安装控制。

3. 主要设计过程或试验过程

1）大推力铁路Ⅲ型扣件拆装系统及底盘设计

对Ⅲ型扣件（包括Ⅲ型弹条和轨距块）的拆装是本课题重点研究内容之一。Ⅲ型弹条成型工艺复杂、标准要求高，制作工艺流程包括切断、倒角、加热、三序成型、淬火、回火、发黑等。因其不规则形状，对于Ⅲ型弹条的拆装，目前大多采用手工操作专用工具进行，费时费力。基于此，首先重点解决对Ⅲ型弹条的拆装问题，设计模块化拆装机构，达到功能要求；进一步完成扣件抓取装置的设计，创新设计二指平动机械爪，可同时实现对Ⅲ型弹条和轨距块的抓取；设计两功能模块的电气系统，根据实际作业空间要求，设计车架底盘及电气系统。

2）基于工业六轴机械臂的铁路Ⅲ型扣件取放操作研究

本课题所研究的快速拆装系统需要完成对扣件的精准抓取、搬运、摆放及回收等操作。通过防水、防尘、大负载设计的三轴操作机器人，操作末端可实现 x、y、z 三轴移动，安装操作简单，但无法根据实际情况灵活调整操作末端姿态以合理协助对扣件的拆装作业。因此选择六轴机械臂来进行相关作业。

针对工业六轴机械臂展开数学模型建立与运动学分析，并在仿真软件中进行轨迹规划等模拟验证，通过 C# 编程，基于远程通信协议，实现对机械臂的上位机远程控制，并对其进行手眼标定算法研究。

接着对Ⅲ型扣件定位的机器视觉技术做出研究，通过图像预处理、ICP 配准等，精准定位扣件拆装位置，以控制各执行模块完成既定任务。同时完善扣件的存储及回收装置，各功能复合，实现对扣件的精准抓取、拆装及回收。

3）铁路Ⅲ型扣件拆装工艺控制策略研究

机械装备控制系统是现代工业生产过程中至关重要的一部分，为提高工作效率和质量，需要对装备的控制系统进行合理的设计及优化，并对操作过程做实时监控和调节。对此Ⅲ型扣件快速拆装总控制以及各子功能模块控制系统做出设计，并根据系统的需求和要求，详细介绍了铁路Ⅲ型扣件抓取、拆装等关键操作步骤的工艺控制策略，并利用软件建模验证方案可行性，同时控制过程中采用多线程并行控制，大大提高了工作效率及装备自动化程度，进一步提高了工作质量及稳定性，为后续的样机调试试验奠定基础。

4）铁路Ⅲ型扣件快速拆装系统样机搭建

通过激光切割、焊接等方式对整体样机零部件进行制作加工，并利用 3D 打印等进行模型试验，结果验证了各功能模块机械结构的可行性。完成对底盘车架的设计加工，并将基于车架进行其他零部件的装配。此外，基于美观、安全、可靠、操作便捷等原则，对各个区域（控制、操作、储料/回收等）做出合理布局，并设计系统外观。

4. 结论

（1）对国内外弹条（主要针对Ⅲ型）、轨距块的拆装装置、扣件定位装置、扣件检测技术等做了充分调研与分析，总结此领域现阶段的发展现状以及存在的问题。发现目前针对Ⅲ型扣件的自动化快速拆装，总体还在人工作业或半自动化作业阶段，虽然有一些相关装置的专利，但大多停留在理论层面，未能进行实际应用，该领域空白还比较大，进一步确定了本课题研究的意义和必要性。

（2）通过对工作环境的实地考察以及对Ⅲ型扣件的实物测绘，对铁路Ⅲ型弹条及轨距块设计大推力拆装装置，解决了重难点问题，对扣件装载装置、一体化机械爪等功能模块提出多种设计方案,通过试验对比选出最优方案,并制作实物模块进行验证。各模块方案确定后,统一设计拆装系统的布局,包括底盘设计、应力分析、车轮选型、电机及减速机选型等,使用国标方钢与钢板,通过切割焊接等技术制作装备底盘。

(3)基于伯朗特机器人公司的 BRTIRUS1820A 型六轴机械臂进行扣件搬运的方案设计,利用 MATLAB 建立了该机械臂的运动学模型,并进行运动学正逆解;此外,基于蒙特卡洛法求解了机械臂在二维面和三维空间的工作空间,并且对机械臂抓取弹条的过程做轨迹规划。根据以上理论研究结果,对该机器人实物进行试验操作,学习使用了 Modbus TCP 协议,编写 C#程序对机械臂进行调试和开发,实现了对扣件的抓取、协助拆转以及回收等操作。结果符合预期。

(4)在机器视觉方面,借助 RVC-X 型高精度面结构光相机,利用三维结构光技术进行图像处理,相机拍摄图片后,对铁路Ⅲ型扣件图片进行预处理,继而提取特征点云图像,进而进行眼在手外的手眼标定解算,得出目标物体(扣件)在机器人坐标系下的位姿,进行了 ICP 精确配准,可以实现机械臂对扣件的精准抓取,满足任务要求。

(5)搭建了扣件拆装装备的电气系统,对扣件抓取装置、扣件拆装装置、车体移动装置等子装置的电气系统进行设计,确定整体电气系统构架以及整个系统的电路拓扑结构。

(6)搭建了扣件拆装装备的控制系统,对扣件抓取装置、扣件拆装装置、车体移动装置等子装置的控制系统进行设计,优化控制方案,提高系统工作效率及稳定性。

(7)在实际场景中,对此扣件拆装装备进行整机装配,并设计产品化外观。

5.创新点

(1)基于小负载电动推杆以及短杠杆装置,模块化创新设计针对铁路Ⅲ型弹条的一体化快速拆装装置。

(2)基于高精度三维面结构光相机,通过系列对扣件点云图的处理,准确获取扣件安装位置。

(3)基于 C#编程,通过远程通信的方式,将视觉处理结果发送至机械臂端,从而实现精准抓放及拆装。

(4)将铁路Ⅲ型扣件的装载、拆装、回收等功能装置集成到扣件拆装系统中,并设计优化控制策略,达到高效、准确、安全、可靠作业。

6.设计图或作品实物图

关键功能模块设计图如图 1 所示,Ⅲ型扣件快速拆装系统装配设计图如图 2 所示,Ⅲ型扣件快速拆装系统产品设计图如图 3 所示,Ⅲ型扣件快速拆装系统样机初步装配图如图 4 所示。

(a)弹条拆装模块　　(b)弹条装载装置　　(c)轨距块装载装置　　(d)机械爪

图 1　关键功能模块设计图

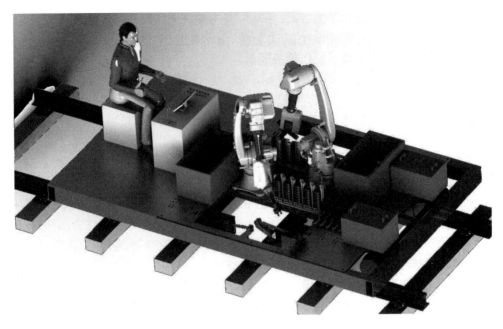

图2　Ⅲ型扣件快速拆装系统装配设计图

（a）左视图

（b）前侧视图

（c）后侧视图

图3　Ⅲ型扣件快速拆装系统产品设计图

图 4　Ⅲ型扣件快速拆装系统样机初步装配图

高校指导教师:刘笃信;企业指导教师:刘　景

基于三维点云视觉感知的机械臂智能协作控制研究

梁宜轩

Liang Yixuan

清华大学　机械工程

1. 设计目的

双机械臂机器人协作控制技术是通过将两个机械臂机器人协调起来进行协作控制来共同完成某项任务的技术,以其特有的高灵活性、高负载性以及处理复杂环境中任务的能力越来越受到学术界和工业界的广泛关注。目前,学术界和工业界在双臂机器人协作技术上已经有很多成熟的技术以及产品,不少已经在生产车间、医疗手术和服务业中得到广泛应用。然而,目前业界较为成熟的技术与机械臂实物绑定过深,同时很多是预先设定好的死程序,难以满足更高程度的实时性需求,简单而言,学术界和工业界尚缺乏一套成熟的能适应不同种类机械臂(或者不依赖于协作采取的机械臂种类)且能够实时响应的双机械臂机器人协作控制系统。而满足这样需求的控制系统对医疗手术(如生物修复材料打印手术)、智能制造柔性产线以及面向复杂场景的服务机器人又十分必要,因此具有较大的研究价值与商业价值。

本课题着眼于利用点云环境感知与层次长短程安全控制框架,开发一套适应不同种类机器人且能够实时响应的安全协作控制系统。

2. 基本原理及方法

本课题着眼于借助点云环境感知以及层次长短程安全框架来实现双机械臂机器人协作控制系统,具体来说包括四部分工作,点云环境感知算法的设计与实现是第一部分,针对层次长短程安全控制框架有三部分工作,该框架是将一个控制问题分解为三部分——针对长程任务的长程规划(提供安全轨迹参考)、针对短程实时避让的短程规划以及长短程协同调度算法,需要针对本课题面对的具体问题分别进行设计。

点云环境感知算法不仅要求感知正确的环境信息,即将噪声与机械臂本体从点云信息中分割出来,同时也要满足较高的实时性要求,否则机械臂无法得到实时信息而进行避让。为了得到更高的实时性,采取了基于机器学习的聚类算法以及匈牙利匹配算法对点云目标进行分割与识别,并根据这一基本思路设计了相应的点云预处理算法,得到方便进行点云聚类与识别的点云信息,最终获取带有标记的点云信息,将标记为噪声以及机械臂的信息滤除即可得到环境信息。

长程任务规划不仅要求能够在复杂非凸的环境下成功进行路径规划,同时由于其在控制过程中可能被触发,对其规划效率也有一定的要求。本课题对此进行了专门的调研,提出将点云环境信息以八叉图的形式注入规划环境中以加速碰撞检测,采取 RRT-Connect 算法高效地在复杂非凸环境下找到离散轨迹点,并对轨迹点进行优化和插值处理得到需要的等频安全参考轨迹。

短程任务规划需要对当前的轨迹进行实时修正,因此对其实时性要求很高,同时其修正结果应当具有良好的避开实时环境障碍的能力。本课题提出了基于优化的轨迹实时修正算法,通过将短程避让问题转化为优化问题并给出解析解,可以高效地(对计算机而言几乎不消耗时间)给出修正轨迹并进行执行。

长短程协同调度算法需要综合长短程的规划特点,对两者进行综合调度,以保证能够安全且高效地完成协作任务。本课题提出了基于令牌桶算法以及避让算法的长短程协同调度方法,基于此并综合前述的所有工作实现了一套适应不同种类机器人且能够实时响应的安全协作控制系统。

3. 主要设计过程或试验过程

1)点云环境感知算法

首先通过对比考察不同主流设备的帧率(实时性要求)、点云稳定性、设备支持性、深度有效范围等指标,选取综合性能最好的深度传感设备;接着进行预处理算法,利用 ROI 提取和相机模型理论将深度图转化为点云图,并且通过直通滤波、体素下采样策略将稠密点云稀疏化,保证实时性能;最后通过基于机器学习的 DBSCAN 聚类和基于 IoU 的匈牙利匹配算法实现点云的分割与识别,成功获取机器人、环境、噪声三部分的实时信息。通过将两个机器人来回移动的场景作为输入对算法进行验证,试验证明文章中提出的算法对于双臂协作机器人的感知是有效的。

2)面向协作控制的机械臂长程规划算法

首先将点云环境信息以八叉图的形式注入到规划空间中,再利用 RRT-Connect 算法获取面对当前静态环境可以安全避障的离散轨迹点,对离散轨迹点进行三次样条优化和插值获取具备安全性和光滑性的等频离散参考轨迹。最后,针对仿真环境对长程规划算法进行了试验验证,验证成功后在真实的静态机器人协作场景进行试验,最终证实了本算法具备为短程规划算法提供针对当前环境信息下具备安全性和光滑性的可行轨迹的能力。

3)面向协作控制的机械臂短程规划算法

首先对机器人进行动力学建模,并且通过手眼标定等方法了解世界坐标系与深度相机坐标系之间的转换关系,并基于此开发了从点云计算距离机器人最近的稳定位置信息以及相关的梯度信息的算法。基于位置信息、梯度信息、距离信息以及长程规划的轨迹参考,将避让问题转化为优化问题,基于优化理论给出了不同情况下短程规划算法的实时修正策略。最终让机器人执行一个简单的任务并人为进行高频干扰测试算法效果,试验证明本课题提出的短程规划算法具有良好的实时避让能力,可以为长程规划的轨迹参考提供有效的轨迹修正。

4)面向协作控制的长短程协同调度算法

本部分工作中提出了长短程协调控制器,利用令牌桶算法与避让算法实现了短程规划对长程规划的实时触发与现场保护,将长程规划与短程规划协调在一起对机器人进行控制。结合前述所有工作,将两台 Franka 机器人置于同一工作空间进行协作,通过试验验证,长短程协调控制器可以让机器人之间不发生相互干涉而协同工作,证实了本课题工作的可行性。

4. 结论

(1)本课题所提出的点云环境感知算法可以很好地分割与识别噪声信息、机器人本体信息以及环境信息,在两个机器人工作的场景中表现出良好的效果。同时通过统计算法的运行时间,得出其平均运行效率达到了 35 Hz 以上,有较好的实时性。

(2)本课题所提出的长程规划算法具备为短程规划算法提供针对当前环境信息下具备安全性和光滑性的可行轨迹的能力,无论在仿真环境下还是在实际物理环境下都能给出有效的安全避障参考轨迹。同时其规划时间均在 100 ms 左右,相比其他规划方法具有较高的效率。

(3)本课题所提出的短程规划算法具有良好的实时避让能力,在真实环境试验中成功避开了人为造成的高频干扰并最终成功完成所规定的任务,可以为长程规划的轨迹参考提供有效的轨迹修正。

(4)本课题所提出的长短程协调控制器可以让机器人之间不发生相互干涉而协同工作,在两台 Franka 机器人的协同工作中表现良好并最终完成目标任务,同样验证了本课题所有工作的有效性。

5. 创新点

(1)本课题提出了通过基于机器学习的 DBSCAN 聚类以及基于 IoU 的匈牙利匹配算法对点云进行分割和识别以获取机器人本体、环境以及噪声三部分信息的算法,不仅具有良好的识别效果,而且具备更高的实时性。

(2)本课题提出了基于优化的短程避让算法,通过将实时避让问题转化为一个优化问题并给出解析解,高效地为机器人提供了不同情况下的实时避让策略,并通过试验验证了其有效性。

(3)本课题提出了基于令牌桶算法以及协作避让算法的长短程协同调度算法,通过按一定规则维护一个令牌桶来决定对长短程规划的调用并进行现场保护,通过试验证实了其具备的有效性。

6. 设计图或作品实物图

本课题的整体设计图如图 1 所示。

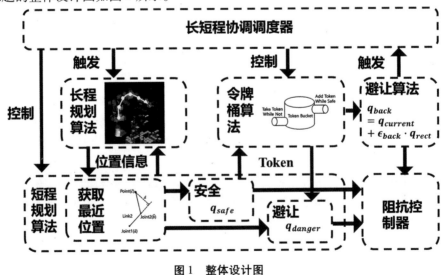

图 1　整体设计图

高校指导教师:胡楚雄;企业指导教师:丁　克

高品级单晶金刚石激光加工机理及工艺研究

田博宇

Tian Boyu

上海交通大学 能源与动力工程

1. 设计目的

单晶金刚石性能优异,却是典型的难加工材料,严重制约了相关基础及应用研究进展。近年来,脉冲激光加工技术已逐渐推广用于单晶金刚石的切割、抛光及微纳结构加工,但在加工过程中易出现石墨化、位错生成等问题,进而影响量子等功能特性,相关影响机理尚不明确,加工工艺有待优化。针对上述问题,本课题构建了脉冲激光加工金刚石的宏观、微观过程仿真模型,得出了激光加工过程中关键物理场的变化规律以及应力波传播、位错扩展的规律;将激光加工与材料性能表征试验相结合,系统研究了脉冲激光加工参数对单晶金刚石核心性能评价指标的影响规律,据此完成了加工工艺参数的优化。

2. 基本原理及方法

由人工合成金刚石加工得到器件需要经历切割、抛光、表面处理、缺陷处理4道工序。在这4道工序中,激光加工的应用十分广泛。纳秒激光可以用来切割单晶金刚石的外延多晶层;纳秒和飞秒激光也常用于抛光金刚石和加工表面的微纳结构;飞秒激光直写可以诱导金刚石内部 NV 色心的生成。为了探究激光加工对金刚石性能的影响机理并实现工艺优化,本课题采用的方法如下:

利用多物理场仿真软件 COMSOL 构建脉冲激光加工金刚石的宏观过程计算模型,模拟激光作用于样件时温度场、应力场、不可逆转变场的变化过程;利用分子动力学计算软件 Lammps 构建脉冲激光加工金刚石的微观过程计算模型,模拟激光作用于样件时晶体结构的变化过程;采用多种表征手段对激光加工前后的单晶金刚石样件进行性能表征,分析得出激光参数对金刚石性能的影响规律;设计最优激光加工参数并进行验证。

3. 主要设计过程或试验过程

1)脉冲激光加工金刚石的宏观过程仿真分析

在脉冲激光加工金刚石的过程中存在短时且局部的高温与高压。高温高压可对金刚石产生不可逆的影响,高温将导致金刚石石墨化以及汽化烧蚀,高压将导致金刚石出现位错与裂纹。采用有限元仿真软件 COMSOL 构建脉冲激光加工金刚石的宏观过程仿真模型。首先进行了网格无关性验证,随后分别研究了表面抛光、侧面切割与单点辐照3种典型工况下激光加工工艺参数对关键物理场的影响规律,深入对比分析了热模型与双温度模型在计算飞秒激光与物质相互作用时的差异。最后结合半无限大物体一维非稳态导热模型推导得出预测物质去除率的解析解模型。

2)脉冲激光加工金刚石的微观过程分子动力学计算分析

在脉冲激光加工金刚石的过程中,存在一系列复杂的机理:应力波的形成与传播、位错的形成与发展、残余应力的产生,这些微观过程难以通过有限元仿真进行准确建模。采用分子动力学计算软件 Lammps 构建了脉冲激光加工单晶及多晶(用于模拟外延多晶切除过程)金刚石的微观过程计算模型,分析加工过程中的应力场变化规律,并深入探讨了应力波及残余应力对位错的影响;此外还对比讨论了宏观仿真与微观计算的主要异同。

3)脉冲激光加工金刚石工艺优化

将激光加工与材料性能表征试验相结合,系统地研究了脉冲激光加工参数对单晶金刚石核心性能评价指标的影响规律,据此完成了加工工艺参数的优化(激光功率 $P = 10$ W,激光重复率 $f = 8$ kHz,光斑移动速度 $v = 10$ mm/s),并实现了从(1 0 0)到(1 1 1)晶面的高精度激光切割加工。

4. 结论

(1)双温度模型模拟了电子亚系统和晶格亚系统的温度变化规律以及相互影响规律。与热模型相比,有着比脉宽大很多的弛豫时间和显著变小的晶格最大温度,说明飞秒激光与材料相互作用时具有更小的非热作用。

(2)当激光作用于单晶金刚石样件时,样件内有应力波出现,计算得到的应力波波速与金刚石中的声速相近。应力波是样件内出现位错的主要原因。激光加工结束后,在激光加热区域与未加热区域的交界处存在残余应力,这是因为该处温度梯度大且同时存在金刚石、石墨、无定型碳 3 种物质。

(3)飞秒脉冲激光加工优化参数为:激光功率 $P = 9$ W,激光脉冲数 $N = 5$,激光脉宽 $t_0 = 200$ fs。纳秒脉冲激光加工优化参数为:激光功率 $P = 10$ W,激光重复率 $f = 8$ kHz,光斑移动速度 $v = 10$ mm/s。

(4)在相同工艺参数下加工(1 1 1)晶面的表面粗糙度较低,是因为(1 1 1)晶面的热导率高于(1 0 0)晶面,热量从(1 1 1)晶面输入样件后可以更迅速地向周围传播,样件内温度分布更均匀。

5. 创新点

(1)采用双温度模型准确地模拟了飞秒脉冲激光与金刚石材料的相互作用。采用半无限大物体一维非稳态导热模型推导得出样件最高温度、烧蚀深度的解析解模型,与采用有限元仿真得到的数值解相近。

(2)利用分子动力学计算软件 Lammps 构建飞秒脉冲激光加工单晶及多晶(用于模拟外延多晶切除过程)金刚石的微观过程计算模型,准确地计算出应力波的形成与传播过程、残余应力的分布规律,并深入探讨了应力波、残余应力对位错的影响。

(3)实现了从(1 0 0)到(1 1 1)晶面的高精度激光切割加工,并探讨了在相同工艺参数下加工(1 1 1)晶面的表面粗糙度较低的原因。

6. 设计图或作品实物图

采用飞秒脉冲激光单点辐照后的金刚石样件如图 1 所示,采用纳秒脉冲激光切割得到的单晶金刚石(1 1 1)晶面如图 2 所示。

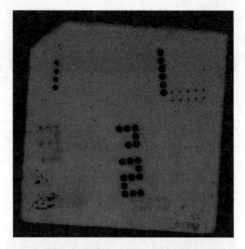

图1　单点辐照后的金刚石样件

图2　在优化参数下加工得到的样件(斜面为(1 1 1)晶面)

高校指导教师:王新昶;企业指导教师:褚洪建

多源信息融合的人形化身机器人系统

马文耀

Ma Wenyao

西安交通大学　机械工程

1. 设计目的

人形机器人在医疗、教育、娱乐等领域有广泛的应用前景,其机械结构和控制算法得到了学术界和商业公司的大量研究,但要实现人形机器人在非结构化和动态环境中完成复杂任务仍面临挑战。人形化身机器人技术是一种新式的机器人技术,该技术的目的是实现操作者与机器人的感觉同步与运动同步,由操作者做出行动判断,该技术具有远程完成复杂任务的潜力。然而,该技术的研究成果少,实现感觉同步与运动同步的技术还不成熟。因此,以实现多源信息融合的人形化身机器人系统为目标,对人形化身机器人的硬件、软件和算法进行了研究。

2. 基本原理及方法

本课题提出了一种由机器人终端、上位机和穿戴控制端组成的人形化身机器人系统,完成了操作者与机器人的运动同步、视觉同步和触觉反馈。在机器人终端,设计了具有 27 个自由度的人形机器人,其上半身具有仿人的关节配置,其搭载了摄像头用于图像采集,搭载了压力传感器用于触觉信号采集;在穿戴控制端,搭建了基于姿态传感器、体感手套和调速踏板的人体运动检测系统,完成了对操作者动作的精确采集;另外,使用 VR 眼镜和振动马达完成了对操作者的视觉反馈和触觉反馈。

基于 ROS2 实现了多节点的控制和反馈系统,完成了低延迟的数据跨设备传输,最终在各设备间形成了多模态的数据通信网络。设计了由 3 种不同交互方式构成的上位机交互软件系统:图形化界面软件实现了操作者与上位机之间的可视化交互;语音交互软件实现了非接触式、非视觉的指令发布和信息查看功能;仿真软件则具有离线仿真和在线运动监测功能。

通过对运动同步、视觉同步和触觉反馈的联合测试,证明了系统能够实现操作者与机器人的感觉同步与运动同步;通过将改进 DH 参数法应用于机器人完成了机器人身体和手臂的运动学模型的精确建立,并利用蒙特卡罗法实现了机器人末端执行器工作空间的可视化。

3. 主要设计过程或试验过程

本课题从人形化身机器人系统搭建、控制方案的设计与实现、交互式软件设计和系统测试与评估 4 个方面进行了研究。

1)人形化身机器人系统搭建

人形化身机器人系统由 3 个部分组成:机器人终端、上位机和穿戴控制端。机器人终端的硬件结构包括其机械结构和电路结构。本课题仿照人体关节结构,设计了机器人机械结构,其共有 27 个自由度。机器人头部搭载了摄像头用于完成图像采集;机器人各手指均搭载了压力传感器用于产生触觉反馈信号。机器人供电网络为树形拓扑结构,通过对各电路元件的电流和功率进行校核,证明了机器人的各电路元件能够在最大载荷条件下正常工作。

穿戴控制端通过姿态传感器采集操作者头部、身体、大臂和小臂的姿态,通过体感手套完成操作者手掌姿态、手指动作的采集和触觉反馈的实现,通过调速踏板实现操作者对机器人移动指令的发布,通过 VR 眼镜完成视觉反馈。

2)控制方案的设计与实现

人形化身机器人系统由 4 条数据链组成:姿态传感器与体感手套数据链、踏板数据链、图像数据链和压力传感器数据链。姿态传感器与体感手套数据链完成了操作者与机器人的运动同步,通过坐标变换得到了姿态传感器数据与机器人各关节转角之间的映射关系;踏板数据链完成了将调速踏板数据转换为机器人移动和转向;图像数据链完成了操作者与机器人的视觉同步,操作者可实时看到机器人的视角画面;压力传感器数据链完成了触觉反馈的功能,操作者可通过振动马达模拟触觉。4 条数据链都跨越了穿戴控制端、上位机和机器人终端,且通过ROS2 DDS 网络或 UDP 协议在上位机和机器人终端之间建立通信。

4 条数据链通过 ROS2 的分布式节点结构实现了功能分离,通过话题发布和订阅的方式在各节点间建立通信。为了在 4 条数据链之间建立联系,编写了辅助控制程序用于指令发布和信息显示。

3)交互式软件设计

设计了由 3 种不同交互方式构成的上位机交互软件系统:图形化界面软件,语音交互软件和仿真软件。

为了更直观地进行系统操作,设计了图形化界面软件,其可实现操作者与上位机之间的可视化交互,可完成指令发布、信息显示等功能;为了便于操作者穿戴传感器控制机器人时进行系统操作,设计了语音交互软件,其借助关键词语音唤醒、语音识别和语音合成技术实现了非接触式、非视觉的交互功能;另外,为了全局化地进行机器人的运动状态监测,设计了仿真软件,其可以在机器人终端与上位机未连接时提供仿真功能,在机器人终端与上位机连接时提供机器人全局动作监测功能。

4)系统测试与评估

人形化身机器人系统的总目标是要实现运动同步、触觉反馈和视觉同步,因此其同步效果是整个系统最重要的技术指标。通过评估系统的运动同步效果、机器人视角同步效果和触觉反馈成功率,并对运动同步、机器人视角同步与仿真机器人动作同步进行联合测试,证明了人形化身机器人系统能够完成视觉和触觉反馈,能够完成操作者、机器人和仿真机器人的同步运动。测算得到在局域网条件下,机器人的运动同步平均延迟约 100 ms,视觉同步平均延迟约30 ms,证明了系统的低延迟性。

机器人的工作空间是机器人末端执行器工作区域的描述,是衡量机器人性能的重要指标。通过将改进 DH 参数法应用于机器人完成了机器人身体和手臂的运动学模型的精确建立,并利用蒙特卡罗法绘制了机器人末端执行器(手部)的工作空间点云图,各执行器的工作空间约为 1/2 个半径为 640 mm 的球体空间,借助点云图可直观地评估机器人抓取物品和执行任务的活动范围。

4.结论

(1)通过对人体自由度进行简化,设计了具有 27 个自由度的人形机器人,其上半身具有仿人的关节配置,下半身为轮式结构。

（2）搭建了基于姿态传感器、体感手套和调速踏板的人体运动检测系统和基于摄像头和压力传感器的机器人反馈系统,通过对姿态、位置、压力、视觉等多源信息进行融合实现了操作者与机器人的运动同步、视角同步和触觉反馈。

（3）设计了图形化界面、语音交互和仿真软件 3 种形式的交互式软件系统,实现了指令发布、信息显示、离线仿真和在线状态监测的功能。

（4）机器人运动同步延迟约 100 ms,视觉同步延迟约 30 ms,具有低延迟性。机器人手部工作空间约为 1/2 个球体空间。

5.创新点

（1）设计了具有 27 个自由度的人形机器人。

（2）完成了姿态、位置、压力、视觉等多源信息的融合,实现了多种形式的同步系统。

（3）设计了图形化界面、语音交互和仿真软件 3 种形式的交互式软件系统。

（4）申请了一项软件著作权"化身机器人信息交互平台"。

6.设计图或作品实物图

机器人三维模型如图 1 所示,机器人实物如图 2 所示。

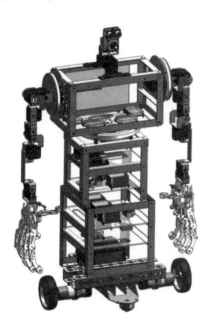

图 1　机器人三维模型图　　　　　　图 2　机器人实物图

高校指导教师:郭艳婕;企业指导教师:刘晋东

基于折纸的仿章鱼软体抓手

罗海波

Luo Haibo

重庆大学 机械设计制造及其自动化

1. 设计目的

传统的刚性机械抓手在工业领域得到了广泛的应用,很大程度上减轻了劳动者的负担。但传统的刚性机械抓手所固有的刚性大、柔性度低、环境适应能力差等特点,在非结构化的环境下受到了使用限制。硅胶、记忆形状材料和电活性聚合物等的软体材料具有柔顺性高等优点,适合应用于抓取易受损伤的物体。为了弥补传统机械抓手刚性大、适应性低而难以实现对软硬脆的物体的抓取,本课题设计了一种基于折纸的仿章鱼气动驱动的软体抓手。试验证明,本课题所提出的抓手具有良好的变刚度能力和负载能力。通过抓取不同形状和大小的物体,验证了本课题设计的软体抓手具有良好的抓取适应性。

2. 基本原理及方法

相比于拉线驱动、记忆形状材料驱动、电活性聚合物驱动这 3 种驱动方式,气体驱动有着结构简单、响应快、环保等优点,因此本课题计划使用气体作为软体抓手的驱动方式。由于软体材料有着杨氏模量低的固有特点,使得其受到较大的力时会产生过量的形变导致稳定性下降,因此在软体抓手的设计中会引入变刚度结构用于弥补自身刚度低而导致的不足。目前研究中常用的结构变刚度法主要是基于阻塞原理变刚度,分为颗粒阻塞变刚度和层阻塞变刚度两种。由于颗粒阻塞变刚度似乎需要较大的体积,本课题便采用层阻塞变刚度法。另外,该软体抓手有着类似章鱼的结构,能够做到像章鱼一样收缩和伸展,并且可以通过折纸结构提高收缩和伸展的速度,从而弥补软体抓手响应速度慢等问题。

软体抓手的制作方法主要有 3 种,分别是浇注成型、形状沉积制造、3D 打印。本课题采用的是浇注成型。浇注成型主要有 6 个基本步骤:(1)制造模具;(2)按特定比例混合 A 胶和 B 胶;(3)真空去泡;(4)将硅胶倒入模具;(5)静置;(6)固化后取出。

本课题设计的气动软体变刚度抓手采用的是分步浇注方式。这种方法可以有效保障装置的气密性和浇注的几何形状。模具使用的是未来工厂打印机和未来 R4600 树脂耗材进行 3D 打印,浇注用的硅胶是硬度为 20D 的人体硅胶。

3. 主要设计过程或试验过程

1)软体结构方案设计

软体结构的设计是否合理在很大程度上决定了软体抓手的性能好坏。本课题鉴于气动驱动的结构简单、响应迅速等优点选择了气体驱动作为软体抓手的驱动方式。由此,该软体抓手的主体部分便有了大致轮廓。该软体结构底部是一个边长为 145 mm 的正方形,4 个斜面与底面有特定的夹角,4个侧面内各包含一个侧腔室,中间有一个主腔室,各个腔室间互不影响,保持独立状态。各腔室的上部均开有一个圆孔以便插入气管,与外界控制的气泵联通。各个腔室前后左右的侧面壁厚均相同,上面壁厚略大。

2)折纸和变刚度结构的设计

由于折纸结构有着在二维和三维之间的快速转换能力,因此在设计时采用折纸结构可以提高结构变化时的响应速度。对于单个侧腔室,当处于初始状态时,侧腔室处于完全展开的平面状态;当主腔室接入负压时,整个结构受到大气压作用向内收缩,由于中部的折痕,其收缩速度提高。

在变刚度方面,本课题采用上文提到的层阻塞原理实现软体结构的变刚度。将多张砂纸裁剪成与侧腔形状相似的大小,然后该砂纸经过多次折叠并放入4个侧腔中,最后用粘贴剂将侧腔的底部封口粘牢。当侧腔内部经由真空泵抽气时,多层砂纸紧密贴合在一起,整体结构的刚度得到提升。

3)负压吸附结构的设计

负压吸附的主要原理在于抓手与被抓取物体之间形成密闭的腔室,使得该密闭腔室内的气压小于外部环境中的气压,利用两者的气压差来实现吸附功能。软体抓手的负压吸附多采用真空泵联通气管抽气的直接负压吸附方式,该方式结构简单,重复性高,但也需要较高的气密性。本课题设计的结构是由上部的硅胶层和下方的吸盘组成,两者之间挖了多个小孔以便于吸气和排气。

4.结论

(1)分析总结了现在的软体抓手的驱动技术和变刚度技术,提出了一种气动、层干扰变刚度、能折纸变形并具有吸附抓取功能的软体抓手的新设计方法。

(2)通过 SolidWorks 设计浇注软体抓手所需的模具,使用 3D 打印机打印模具,通过硅胶浇注制作软体驱动器,并设计固定夹具等其他零件,最后组装成一个完整的软体抓手。

(3)介绍了一些常见的非线性问题,列举了用于描述硅胶这种非线性材料的物理模型,详细叙述了有限元仿真的基本步骤,通过 ANSYS workbench 仿真了在主腔室抽气情况下,软体抓手整体的变形情况。

(4)通过搭建试验平台对软体抓手的变刚度能力、负载能力和适应性方面进行测试。试验证明,本课题所提出的抓手具有良好的变刚度能力和负载能力,通过抓取不同形状和大小的物体,验证了本课题设计的软体抓手具有良好的抓取适应性。

5.创新点

(1)结构多样,本课题设计软体抓手结合了仿生章鱼、折纸、层干扰变刚度、负压驱动和负压吸附,多种结构融为一体。

(2)与常见的指形驱动器不同,抓取的负载和适应性能力强。

(3)整体结构可作为末端执行器的一种直接安装在机械臂上,应用性强。

6.设计图或作品实物图

软体抓手的三维模型图如图1所示,实物装配图如图2所示,抓取适应性测试试验图如图3所示。

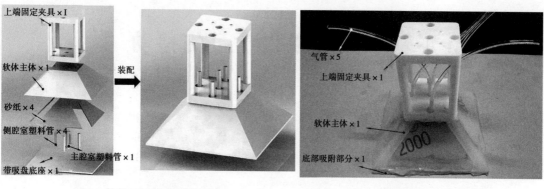

图1　软体抓手的三维模型图

图2　软体抓手的实物装配图

图1 标注：
上端固定夹具×1
软体主体×1
砂纸×4
侧腔室塑料管×4
主腔室塑料管×1
带吸盘底座×1
装配

图2 标注：
气管×5
上端固定夹具×1
软体主体×1
底部吸附部分×1

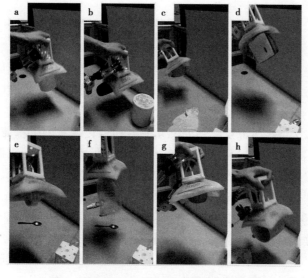

图3　软体抓手的抓取适应性测试试验图

高校指导教师:江　沛、李孝斌;企业指导教师:杨鑫凯

视觉引导下基于深度强化学习的移动机器人导航方法

程 祥

Cheng Xiang

华中科技大学　械设计制造及自动化

1. 设计目的

随着智能车间、无人工厂技术的发展,目前的基于 SLAM 技术的移动机器人自主导航方法难以满足高动态的生产需求,而基于深度强化学习的视觉导航方法的发展备受关注。仅根据视觉传感器输入就能完成动作输出的移动机器人在人机协同、物流运输以及智能化工厂等领域将得到广泛运用。

深度强化学习方法继承了深度学习的感知能力和强化学习的决策能力,且能够根据奖励函数设计达到适应不同环境的效果,能够大幅提高未知环境中的移动机器人导航能力。现有的基于深度强化学习的视觉导航方案主要是"端到端"的,这种方案训练困难且训练好的模型难以泛化运用到未训练的场景中。为了解决深度强化学习方法训练策略与训练环境强绑定的问题,核心是研究一种合理的泛化性训练与高效率移动机器人视觉导航方法。只依靠视觉导航的移动机器人能够突破传统导航技术对地图的依赖,实现未知场景下的无地图高效稳定的自主智能导航,对于生产生活中节约时间成本、提高生产效率、助力传统制造业的低成本转型升级和推动国民经济增长具有重要的意义。

2. 基本原理及方法

为了降低神经网络的训练难度,同时尽量避免在训练过程中产生过拟合,本课题放弃使用"端到端"方案,首先对实际环境图像信息进行抽象处理,提取其中对于智能体动作决策至关重要的信息,筛除大量的无关信息,这样有助于减小网络规模,能够有效降低算法整体的训练难度,还可以转移"重训练"的成本,节省了决策网络训练的时间。为了应对全局变动难以获得准确的全局信息,本课题放弃使用 SLAM 建图技术,而是引入序列记忆模块收集处理短时域跨度的信息,再引入注意力模块帮助信息的理解学习,然后再进行动作决策,这样能够避免智能体的决策网络与训练环境中产生过拟合问题,从而在训练过程中形成一种泛化性的导航策略。

本课题将导航问题的感知模块分为了主观感知和客观感知两个部分。客观感知部分是指对环境信息的抽象提取部分,这部分的主要功能是提取环境中对于动作决策至关重要的信息,如环境语义信息、深度信息和目标检测信息;主观感知部分主要功能是将抽象提取后的环境信息输入给智能体后,利用智能体的神经网络处理、理解、记忆环境信息,是智能体进行决策的基础。而导航问题的决策部分的主要内容是智能体根据当前状态的理解、环境奖励设置以及目标等各方面因素综合选择当前状态下的最优策略的过程,本课题采用基于动作信息熵的深度强化学习算法,这类算法本身具有强大的探索能力,适用于本课题所考虑的复杂动态室内未知场景。

3.主要设计过程或试验过程

1)环境多模态信息融合方案

针对视觉导航问题中导航策略难训练、难迁移的问题,提出了一种环境多模态信息融合方案。分析了训练环境中信息繁杂对训练难度与策略迁移的影响,提出了采用环境语义信息、深度信息以及目标检测信息融合的方案,保证了移动机器人在所有的环境中所接收到的信息具有同一性,在相同的信息基础上进行策略学习;针对环境语义信息、深度信息和目标检测信息融合问题,抛弃了简单的图像拼接,提出了基于图像变换和 Sigmoid 处理的融合方案,降低了算法的训练难度,达到了算法快速收敛的效果。

2)未知环境目标自主探寻

针对视觉导航问题中时域信息缺失的问题,提出了一种跨时域的无地图自主目标探寻方法。研究了部分可观测的马尔可夫决策问题中的时域信息缺失问题,给出了基于图像短时序列输入的时域信息补偿措施。分析了序列输入下存在的训练难度大,训练速度慢问题,针对深度神经网络在处理多维度信息时存在的不足,提出了使用注意力机制提高算法的训练效率;针对未知室内环境下的目标驱动导航问题,基于深度强化学习 SAC 框架提出了状态空间、动作空间、奖励函数设计和训练方案。

3)测试验证

进行深度强化学习算法的训练方案和试验方案设计。为了验证算法的可行性与先进性,本课题在基于 Unity 的 AI2-THOR 仿真软件基础上,利用 Python 语言进行了程序的二次开发,搭建了仿真试验平台;为了验证方法的可行性,本课题在仿真平台上设计了泛化性的训练方案,最终的训练结果表明本课题的观测空间、动作空间以及奖励函数的设计是合理且有效的,最终的试验结果表示,训练后的机器人能够在未知的室内场景中进行自主视觉导航任务,在遇到转角、长廊和目标时能自主调整步幅和转角,完成上述场景的安全通过和目标追踪;最后针对多模态信息融合与融合注意力机制的序列输入方法进行了方法先进性验证,结果表明本课题的方法相较于改进前具有可行性和快速收敛性。

4.结论

(1)本课题所提的环境多模态信息融合方案,对环境信息进行预处理,降低了策略学习难度,提高了学习效率,同时也转移了策略的重训练成本,提高了方法的泛化能力。

(2)本课题所提的未知环境中的移动机器人自主目标探寻方案,采用了融合注意力机制的短时序列拼接方法,结合具有内在探索策略的设计,实现了未知环境中的目标高效自主安全的目标探寻。

(3)本课题设计的基于深度强化学习的未知环境视觉导航方法框架,通过状态空间、动作空间、奖励函数与训练方案的优化设计,得到了一个训练代价小、泛化能力强的移动机器人导航模型。

5.创新点

(1)采用"非端到端"方案实现目标驱动导航任务,将智能体的感知部分拆分为主观感知与客观感知,转移了训练成本,提高了方法的泛化能力。

(2)运用短时序列拼接方法,为机器人提供了更加丰富的观测空间,融合了注意力机制,提高了移动机器人的学习效率。

(3)提出了基于深度强化学习的算法框架,设计了一种泛化能力强的训练方案和基于交叉熵和线性势场的奖励函数机制,提高了机器人的探索能力和安全性。

6. 设计图或作品实物图

作品整体方案框架如图 1 所示,软件结构与 UI 界面图如图 2、图 3 所示。

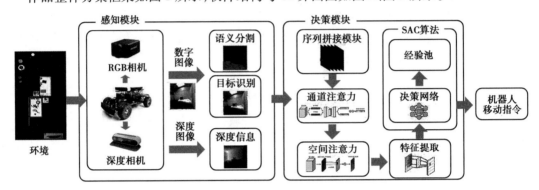

图1 整体方案框架图

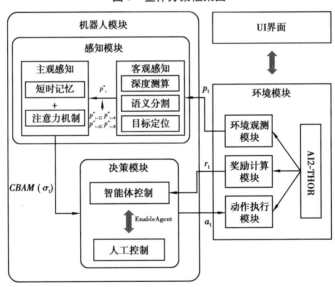

图2 软件结构图

观测空间区

显示图像，便于观察算法执行情况与数据集制作

人工控制区

用于监测环境的实时性以及环境客观感知结果的准确性

状态监测区

用于监测仿真环境动作执行情况与安全性

实时奖励区

显示实时奖励，与人工控制区配合用于验证奖励机制

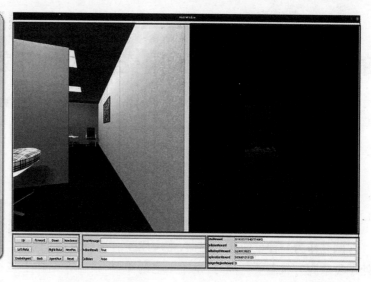

图 3　UI 界面图

高校指导教师：谢远龙；企业指导教师：肖卫国

航天用大开孔高压阀壳设计与开发

卢鹏旭

Lu Pengxu

北京化工大学　过程装备与控制工程

1. 设计目的

阀壳作为一种反应压力容器,常应用于有燃烧反应的场所,其工作时内部经常承受高压,处于复杂应力状态下。同时,由于工艺的需要,设备在结构上往往设置较大的开孔,且开孔处会接入接管,从而导致开孔处设备的应力分布和大小发生改变。本课题首先对航天用大开孔高压阀壳进行常规设计,然后在此基础上基于有限元法探究厚壁接管补强和整锻件补强方式下大开孔的应力变化规律,并基于分析结果对两种补强方式进行优化设计。

2. 基本原理及方法

(1)本课题在常规设计过程中主要采用的国家标准有 GB/T 150.1—2011《压力容器 第1部分:通用要求》、HG/T 20580～20585—2020《钢制化工容器设计基础规范等六项汇编》。为保证高压阀壳的密封性能,采用双锥密封结构,其在压力和温度波动下密封性能保持良好,且加工精度要求不太高,生产周期短,有良好的经济性。

(2)常规设计中开孔补强的方式有三种:等面积法、分析法与压力面积法。各标准中对其适用范围作了详细的规定。本次设计的阀壳,由于工艺参数的需要,超出了等面积法和分析法的适用范围,因此采用压力面积法进行开孔的补强计算与校核,通过加厚筒体壁厚和接管壁厚的方式,满足了补强的需要。

(3)本课题采用 ANSYS Workbench 参数化建模方法进行双大开孔结构的有限元数值分析,通过应力分析获得大开孔处的详细应力分布情况。此外,通过设置总质量和最大应力为目标函数,对厚壁接管补强和整锻件补强结构的关键参数进行了响应面优化设计(RSO)。

3. 主要设计过程或试验过程

1)航天用高压阀壳结构设计及强度校核

根据设备的工艺条件参数,综合考虑温度、压力和使用环境等因素的影响,对内压作用下径向双大开孔高压阀壳进行了结构设计和强度校核,基于压力面积法对大开孔进行了补强计算,并采用厚壁管补强方式,加大了筒体和接管根部的厚度,以满足补强的要求。使用这种补强方式,结构简单,便于制造,且抗疲劳性能好。

2)航天用高压阀壳密封及换热结构设计

采用双锥密封结构对此高压阀壳进行密封,所有的尺寸均按标准设计。同时为满足换热需求,在阀壳的外侧布置了冷却水夹套,对水夹套的开孔也进行了压力面积法的补强计算,所有补强结果均满足要求。各零件的制造检验均按照标准要求进行。

3)不同补强方法下大开孔应力分布规律研究

采用有限元分析软件 ANSYS Workbench 参数化建模方法,建立了内压双大开孔模型,对内外圆角、开孔率、接管间夹角与间距等参数进行了分析,明确了大开孔结构下厚壁接管补强和整锻件补强方法对开孔处应力分布的影响规律。在此基础上对大开孔补强结构的关键参数进行了响应面优化设计(RSO),分别获得了两种补强方法的最佳尺寸参数。

4. 结论

(1)对高压阀壳进行了常规设计,为满足大开孔的补强需求,将上筒体的壁厚增加到 80 mm,下筒体的壁厚增加到 50 mm。补强方法采用厚壁接管补强,因此将 DN800 接管增厚至 40 mm,长度为 330 mm;DN700 接管增厚至 30 mm,长度为 360 mm;DN600 接管增厚至 30 mm,长度为 220 mm。筒体端部及双锥密封结构按照 GB/T 150.1—2011 中的相关要求进行计算和校核,筒体端部螺栓螺母连接选用大直径双头螺栓和液压上紧螺母,可以满足密封的要求;法兰按照石化法兰标准选取。

(2)使用 ANSYS Workbench 软件,对径向双大开孔模型进行了相关参数的分析,发现接管根部的应力值会随着内外圆角的增大而减小;同时研究了 3 个无量纲参数,即 d/D,t/T 和 D/T 的影响,大量数值模拟结果表明,应力的最大值随 d/D 的增大而增大,随 t/T 的增大而减小,随 D/T 的增大而减小。3 个无量纲参数的变化规律与工程经验一致,表明建立的有限元模型具有高可靠性和准确性。

(3)采用 ANSYS Workbench 中的响应面优化模块,对此径向双大开孔模型的两种补强结构进行了优化设计,分别得出其优化尺寸,并对优化后的结构进行了应力评定,结果满足 JB 4732—1995(2005 年确认)中的强度要求。优化后的厚壁接管补强方式相较于优化前,应力值最大值降低了 1.48%,质量下降了 5%。优化后的整锻件补强方法较优化前,应力最大值降低了 18%,质量却上升了 3%。说明整锻件补强方法虽然能显著降低应力的最大值,改善接管根部的应力状况,但是会增大该处的质量,在设计一些对质量有需求的容器时要格外注意。

5. 创新点

(1)完成了航天用高压阀壳的常规设计,并采用双锥密封满足设备的高压密封性能要求;绘制了该设备的全套施工图纸,并建立了三维实体模型。

(2)建立了内压双大开孔参数化的有限元模型,系统分析了内外圆角、开孔率、接管间夹角与间距等参数的影响,明确了大开孔接管结构中厚壁接管补强和整锻件补强方法对开孔处应力分布的影响规律,并通过优化设计获得了两种补强方法的最佳尺寸参数。

6. 设计图或作品实物图

高压阀壳三维实体模型如图 1 所示,高压阀壳装配示意图如图 2 所示,双大开孔结构应力分析结果如图 3 所示,两种补强方法下内外圆角与应力最大值关系曲线如图 4 所示。

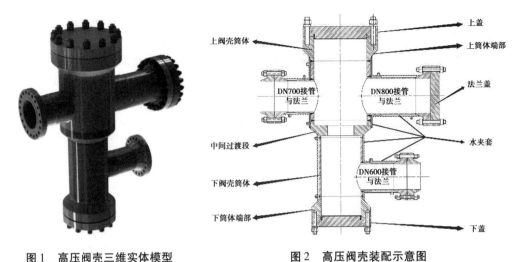

图1　高压阀壳三维实体模型

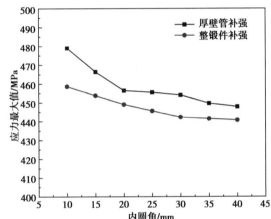

图2　高压阀壳装配示意图

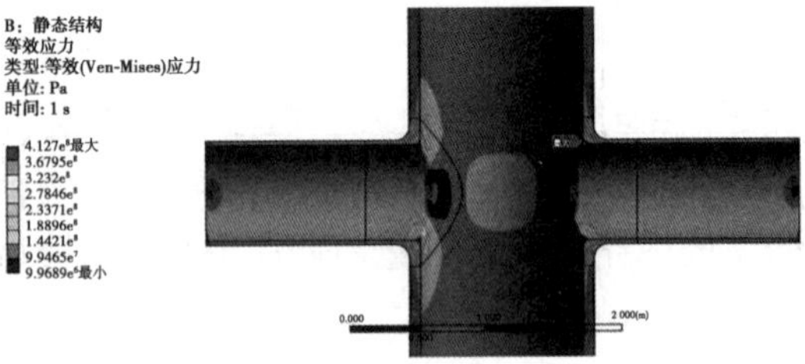

图中标注：上阀壳筒体、中间过渡段、下阀壳筒体、下筒体端部、DN700接管与法兰、DN800接管与法兰、DN600接管与法兰、上盖、上筒体端部、法兰盖、水夹套、下盖

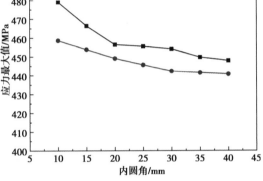

图3　双大开孔结构应力分析结果

图4　两种补强方法下内外圆角与
应力最大值关系曲线

高校指导教师：罗翔鹏；企业指导教师：王传志

双侧曲率可调的可展抓手机构构型设计和性能分析

仇 铮

Qiu Zheng

清华大学 机械工程

1. 设计目的

空间非合作目标捕获是当前空间领域亟待解决的重大问题,其应用价值在于地球轨道太空垃圾和太空碎片的清理、近地小行星的捕获、对失调卫星进行在轨作业,等等。解决该问题面临的主要挑战包括:(1)太空环境带来的经济问题;(2)非合作目标带来的定位和控制技术问题;(3)空间尺度、形状分布范围广带来的适应性问题。本课题尝试从可展抓手机构这一领域入手,设计一种能够兼具以下特点的可展抓手机构并提出一种泛用的设计方法:(1)高折展比。相对于其抓取目标,未展开状态下机构自身的体积和质量可以大幅减小,从而降低航天的经济成本。(2)形封闭抓取。通过多个抓手配合实现对抓取目标的形封闭,从而不需要目标上的特定特征来进行对接,也不需要与抓取目标完全实现同步,进而降低了控制难度,也提高了适应性。(3)自适应抓取。能够实现对目标的自适应或调节适应,通过调节单元体构型来调节抓取半径,提高机构对不同尺度、形状目标的适应性。

2. 基本原理及方法

提出了一种桁架式抓手机构生成方法,其流程图如图1所示。设计过程整体分为单元体构型设计和整体机构组合设计。首先是单元体构型设计,需要先设计单元体的空间几何形状,再完成单元体的形变机构设计和运动传递机构设计。形变机构设计是指单元体机构中包含的自由度以及实现这些自由度的方法,以及选用哪些机构来实现这些自由度;运动传递机构设计是指如何将单元体机构中包含的自由度转移到单元体边缘,从而便于实现单元体之间的传递。在这一过程中,还需要验证单元体的自由度数,为了完成折展和抓取两种运动,至少需要 2 个自由度。对于更高的自由度,则提高了设计难度和经济成本,但带来的灵活性、适应性收益难以考量,故不采用。

然后需要将单元体机构串联组成机械臂,并检查机构是否存在干涉、冗余等问题。串联的过程中还需要保证运动传递机构能够生效。最终,验证前述的设计目标是否得到满足,验证过程若出现问题则要回到单元体机构构型的步骤进行修正或调整。

通过该方法生成了一种案例机构,并使用基本几何原理分析了机构的运动学,使用牛顿运动定律和虚功原理分析了机构的静力学,使用 SolidWorks 对机构静力学进行了仿真,并使用拉格朗日方程对机构的运动学进行了分析,计算了其瞬时响应。

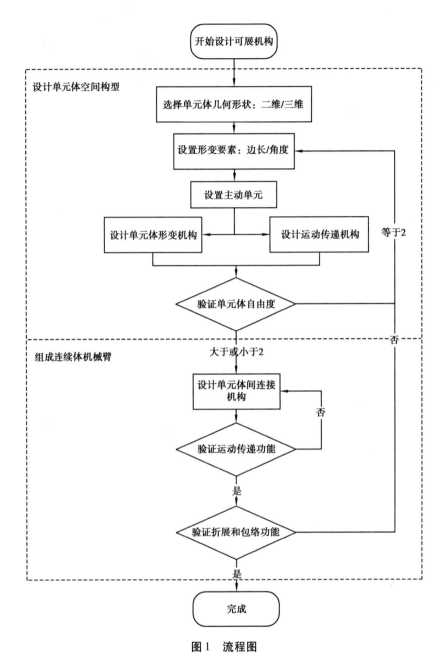

图1 流程图

3. 主要设计过程或试验过程

1) 案例机构的生成

首先完成单元体设计。单元体形状采用了平面四边形,四边形的两条边长度和四个角设计为可调节,如此这个简单的机构就能实现自身的伸缩和弯曲。由多个这样完全相同的四边形串联的整体就能实现伸缩和弯曲,两边长度同时增大或减小时单元体实现伸缩,当一边长度增大另一边不变时单元体实现向另一侧弯曲。但此时单元体的自由度大于2,为了满足自由度要求,在四边形的一个角上添加了额外约束,即约束一个角为直角,从而使单元体的自由度为2。即调整 AD、BC 两边长度就确定了单元体的构型,若每个单元体的构型完全相同则整体的构型也被确定。

接下来考虑形变机构和运动传递机构的设计。为了实现长度调节,即线性运动选择了较为常见的剪式机构。但是,直接将两个剪式机构串联将会导致两者平面夹角只能为180°,灵活性受限。因此让两级剪式机构末端通过滑块与共同的滑轨相连,再通过滑块之间的相互嵌套限制其在滑轨上的平动,进而可以使得两级剪式机构的平面可以自由旋转。由于要使用剪式机构实现线性运动,则其所处的平面与四边形平面垂直,因而将四边形拓展为空间四棱柱,在四棱柱的侧面上布置剪式机构。

在向平面四边形拓展的过程中,两条不变的边转化为了L形支架,为剪式机构的滑块提供导轨,滑块与剪式机构采用平面转动副连接,保证整个剪式机构与各个滑块始终处于同一平面内,从而构成平面四边形的两个活动边。L形支架的短边一侧有两个临近的导轨,两个导轨同时作用的目的是约束滑块在其上的转动,从而约束平面四边形的该顶角为直角。因此当整个单元体运动时,其侧视图仍为具有前述运动功能的平面四边形。

在此基础上将多个单元体串联成整个机构,采用了前述相互嵌套的上下滑块和共同的滑轨来完成运动的传递,上下滑块之间的平面副约束了对方在滑轨上的平动,从而使两单元体同侧的剪式机构状态相同,进而保证单元体的形状完全相同。

形变机构和运动传递机构如图2所示。

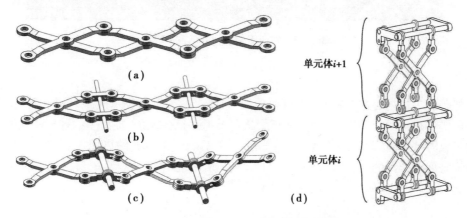

图2　形变机构和运动传递机构示意图

2)案例机构性能分析

分析了可展抓手案例机构的各项性能,为后续该机构可能的实际应用提供参考和借鉴。其中运动学分析的部分包括自由度分析,计算了完整机构的自由度,并确定机构自由度数等于输入运动自由度数;工作模式和工作空间分析,计算了机构工作的重要几何参数,以及机构末端点所构成的工作空间,绘制了工作空间图;抓取性能分析,分析了案例机构作为机械抓手工作的折展性能和抓取范围。静力学分析的部分包括检验了机构的力传递性能,确保其不会出现驱动力逐级放大的效果;分析了机构输入力与末端输出的抓取力关系;对机构进行了结构静力学仿真。动力学分析主要计算了机构的瞬时响应。

3)案例机构模型试验

使用3D打印制作了案例机构的示意性模型(图3),测试验证了其折展、抓取功能,并对不同抓取目标进行了测试。

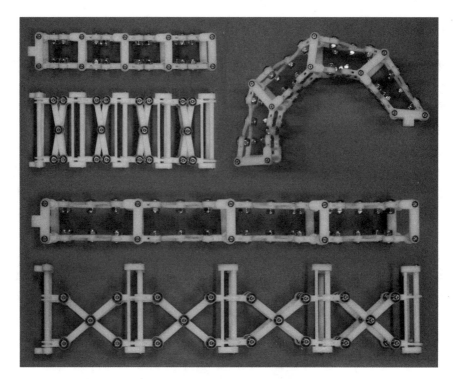

图 3　3D 打印案例机构的示意性模型

4.结论

本课题的工作内容主要针对空间非合作目标捕获这一重大技术问题,分析了其中的技术难度并调研了相关研究工作。进而,从桁架式可展抓手机构入手,提出了一种桁架式可展抓手机构的生成方法,并在此方法的基础上生成了一种两侧曲率可调的可展抓手案例机构。对该案例机构开展了详细的运动学、静力学、动力学分析,并搭建了示意性模型试验验证了其基本运动功能,希望为后续研究和应用提供借鉴。

5.创新点

与前人研究相比,本设计的主要创新点在于,提出了一种更为泛用的可展机构设计方法,其核心是基于单元体形状的机构设计和兼具形变功能和运动传递功能的机构选取,为后续新型机构设计提供了借鉴。此外,设计了一种双侧曲率可调的可展抓手案例机构并对其功能、性能进行了分析,该机构作为刚性机构,能够通过调节输入适应不同尺寸的抓取目标,具有良好的折展性能,与此前研究相比具有一定的优越性。

6.设计图或作品实物图

抓手机构构型模型如图 4 所示。

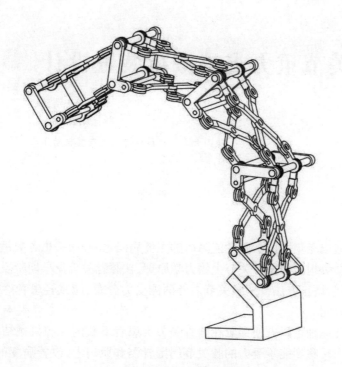

图4 抓手机构构型模型

高校指导教师:刘辛军;企业指导教师:吕春哲

可穿戴膝关节重力支撑减荷装置设计

齐浩楠

Qi Haonan

燕山大学　机械设计制造及其自动化

1. 设计目的

膝骨关节炎是造成老年群体下肢功能障碍的主要病因之一,相关患者数量逐年增加,造成了极大的经济和社会负担。根据膝关节生物力学原理,在膝骨关节炎早期阶段,借助膝关节外骨骼或支具,通过力学矫正方法改变膝关节内外两侧受力分布,能减轻患者疼痛,给关节软骨的修复提供一定的时间。

本课题旨在设计一种可以方便穿戴在膝骨关节炎患者下肢的无源机械结构,将本应作用在膝关节上的部分力转移到能承受力的膝关节周围骨骼和肌肉上,改善病变的膝关节受力情况,辅助膝骨关节炎前中期药物或运动治疗,提高使用者的行动能力,达到炎症的缓解治疗目的。

2. 基本原理及方法

本课题设计的可穿戴膝关节重力支撑减荷装置主要分为绑缚部分、活动关节部分、小腿滑移部分、弹簧减荷部分以及承力支架部分。主要完成的工作如下:

(1)资料收集。通过查阅大量文献,对装置的减荷方式、减荷动力、活动关节等部分进行方案设计,并通过分析评价选取了最佳方案,确定了装置需满足的物理参数和性能指标,并对各个部分进行初步设计。

(2)设计建模。对装置的总体和各个部件进行了结构和尺寸设计,形成了各部分的工作原理,并使用 SoildWorks 对装置整体建立了模型。

①绑缚部分:确定了装置与人体的接触方式,使用更贴合人体结构的柔性材料。设计时尽量缩小这部分的整体尺寸,在保证穿戴时不产生大幅度滑脱的同时尽量减轻质量。

②活动关节部分:确定关节的自由度和关节处的连接方式。能够保证在设计上不主动模拟膝关节运动 J 形曲线的同时,装置能从动配合膝关节的运动,不会造成装置失效。

③弹簧减荷部分:这部分是实现装置减荷功能的关键部分,使用者可以根据减荷目标的不同来更改弹簧的弹性模量和不同的弹簧初始拉伸长度,通过储存和利用运动时弹簧的弹性势能来克服使用者自身一部分体重,实现膝关节减荷的功能。

④小腿滑移部分:与活动关节部分一起配合保证装置的使用流畅性和舒适性。

⑤承力支架部分:装置减少的载荷通过这部分导入地面,可调节设计,保证了不同身体指标的患者都可以便捷地根据自身情况对装置进行调整适配。

(3)分析校核。对可穿戴膝关节重力支撑减荷装置的减荷比进行了分析计算,利用 ANSYS 软件对活动关节部分和承力支架部分的强度进行了校核,并对装置进行了经济性分析。

（4）装配调试。对加工完成的零件进行手工装配,最终完成可穿戴膝关节重力支撑减荷装置实物的装配与调试。

3.主要设计过程或试验过程

1）可穿戴膝关节减荷装置整体设计

膝关节以上部分的关节外侧板的长度设计为 210 mm,设计大腿绑缚外壳长为 200mm,宽为 130 mm,两者在完成装配后总长为 280 mm。设计的关节下侧板长为 274 mm,小腿承力板长为 280 mm,承力支架部分长为 142 mm。其中,小腿承力板和承力支架两者总长可以在 332 ~ 392 mm 调节,每 10 mm 为一挡,共有 6 个挡位可供调节。膝关节以下的部分一起装配的总长在 432 ~ 492 mm。

2）可穿戴膝关节减荷装置绑缚部分设计

大腿绑缚部分由尼龙制大腿绑缚外壳、柔性绑带和柔性内衬组成。大腿绑缚外壳使用尼龙材料制成,质量轻、体积小、方便加工塑形,其弯曲角度为 150°,长度为 200 mm。柔性绑带采用市面上常见的魔术贴进行粘贴定位,构造简单、成本低、调节简单、使用门槛低、绑缚效果好,适用于不同腿围的患者。

柔性内衬则使用软体硅胶防滑布料和柔性记忆海绵针织而成。而柔性记忆海绵则柔软弹性好,可增加装置的穿戴舒适性。柔性绑带长度为 75 mm,满足正常成年人大腿围 46 ~ 60 mm、小腿围 33 mm ~ 48 mm 的要求,并预留了一定的重叠部分方便魔术贴粘贴定位。

小腿绑缚部分的绑缚钣金件则使用可塑性强的镀锌铁板制成,材料耐磨耐用,方便手动弯折改变形状,使用过程中还具有一定的刚度。相比于大腿绑缚外壳的尼龙材料,其更容易贴合腿部轮廓,而更紧密的尺寸方便与小腿肚组合定位。

3）可穿戴膝关节减荷装置活动关节部分设计

活动关节部分由关节外侧板、关节内侧板、关节外壳、弹簧复位机构、关节轴、关节挡板、挡边轴承、两侧限位片、关节下侧板以及多组不同型号的螺钉、螺母组成的。

在人体行走过程时,膝关节的转动轴线轨迹呈 J 形,为了使活动关节部能够拟合这部分 J 形轨迹,采用了增加装置膝关节自由度的解决方法,在其原有的膝关节竖直滑移和大小腿于关节处相对转动两个自由度的基础上,增加了能使膝关节水平滑移的自由度。这 3 个自由度的设计可以保证运动过程中装置的关节轴转动副位置与膝关节轴线对齐,保证装置运动的流畅性。

4）可穿戴膝关节减荷装置弹簧减荷部分设计

弹簧减荷部分由小腿承力板、定位部件、调力部件和拉簧组成。

进行调力操作时,使用者从调力部件内侧按下调力按钮,解除了调力部件与关节下侧板的装配关系,使调力部件可以在定位部件上自由滑移,等到目标位置时再松开按钮,由于弹簧的作用按钮被推回,其完成调力部件与关节下侧板的装配,完成了对弹簧初始长度的改变,也就是改变了装置的初始减荷力。

运动时,装置下端先接触地面,随后患者脚后跟落地,承力板相对于足底向上移了一段距离,于是装置上端凹槽部分会牵引拉伸弹簧使其完成弹性形变,存储弹性势能,其弹力会经由调力部分的吊钩传导至关节下侧板,最终通过大腿绑缚外壳作用于大腿上,平衡一部分身体重力,实现减荷功能。在一侧完成承力后,足底离开地面,弹簧长度缩短,弹簧弹性势能释放,另一侧开始进入承力阶段,如此完成一个运动周期。

5)可穿戴膝关节减荷装置小腿滑移部分设计

小腿滑移部分包括小腿绑缚架和内侧定位板。它由螺钉固定在两个小腿承力板内侧。因为小腿的宽度小于大腿,所以两侧小腿绑缚架的位置要在大腿绑缚外壳的内侧20 mm处,这个设计会使小腿绑缚架更加贴合小腿,绑缚效果更好。小腿绑缚架则要确保能在内侧定位板上顺畅滑移,和活动关节部分一起配合可以避免因为膝关节运动轴线轨迹与转动副未对齐引起的装置运动卡死失效。

6)可穿戴膝关节减荷装置承力支架部分设计

承力支架部分主要分为长度调整板、调整固定轴、旋钮、垫块、拉压传感器和防滑万向脚垫这六部分组成。其中,长度调整板、调整固定轴、旋钮这三部分通过和小腿承力板下端的定位槽配合可以根据使用者的不同腿长调整装置相对于脚底的伸出长度,长度调整板和小腿承力板上各设计有长为80 mm的定位槽,通过调整固定轴的装配位置,可以调节这部分总长为332 ~ 392 mm,保证不同穿戴人群都能有30 mm长的减荷缓冲长度。而拉压传感器则是为了收集穿戴者运动过程中装置的减荷受力情况,方便根据穿戴者运动时的穿着体验进行装置的迭代优化。

4. 结论

(1)设计了一个具有3个自由度的可穿戴膝关节重力支撑减荷装置,能够良好地拟合人体膝关节运动轴线的变化。装置总高度为756 mm,总质量为2.82 kg,关节处最大回转角度为120°。

(2)本课题的设计将本应作用在膝关节上的部分载荷转移到大腿部位的骨骼和肌肉上,改善病变的膝关节受力情况,解决了市面上产品不宜长时间佩戴、减荷效果不好的问题,辅助膝骨关节炎前中期药物或运动治疗,提高使用者的行动能力,达到炎症的缓解和治疗目的。

(3)设计了一种全新的膝关节活动机构——三自由度轴线调整机构,有效地解决了单转动副无法拟合人体膝关节运动轴线的问题,更能贴合人体运动实际。

(4)利用SW软件对所有零部件进行了三维建模与三维模型装配,有效检查并排除了未知的干涉情况。

(5)成功安装并试穿了可穿戴膝关节重力支撑减荷装置实物。

5. 创新点

(1)巧妙利用人自身的重力,采用弹簧这一弹性元件来对膝关节进行减荷,对患者正常行走的影响较小。

(2)设计了一款全新的膝关节活动机构,设计巧妙,质量轻、体积小,无须定制,与膝关节运动轴线自动对齐。

6. 设计图或作品实物图

可穿戴膝关节重力支撑减荷装置的三维模型图如图1所示,装配实物图如图2所示。

图 1　可穿戴膝关节重力支撑
　　减荷装置三维模型图

图 2　可穿戴膝关节重力支撑
　　减荷装置实物图

高校指导教师:陈子明;企业指导教师:刘飞

自动进给钻高精度高稳定性导向结构设计

常万江

Chang Wanjiang

大连理工大学　机械设计制造及其自动化

1. 设计目的

航空航天飞行器制造的末端环节是装配,此环节中各零部件的装配质量直接影响飞行器的服役性能和安全。制孔加工是零部件装配的关键,然而装配现场制孔空间往往极为受限,传统机床、机器人都难以适用,同时涉及多类型难加工材料叠层结构加工,工况极为复杂,人工加工不动、质量不稳,因此目前装配现场采用了大量自动进给钻削装备对连接孔进行加工。此类装备多为进口,精度高、稳定性好,相比之下,现有国产设备精度与稳定性不足,严重影响其推广应用,性能亟待提升。

2. 基本原理及方法

1)自动进给钻主轴导向结构设计

该设备使用两个伺服电机分别控制主轴的进给运动和旋转运动,其中旋转电机通过同步带将动力传递给滚珠花键螺母,滚珠花键螺母又通过滚珠将动力传递给主轴,进给电机通过同步带将动力传递给在主轴两侧对称布置的滚珠丝杠,滚珠丝杠推动滚珠丝杠滑块轴向移动,对称的两个滚珠丝杠滑块与转接滑块连接,转接滑块通过角接触轴承与短轴连接,短轴通过螺纹与主轴连接,从而将轴向移动传递给主轴,实现主轴的进给运动。转接滑块固定在滑轨滑块上,滑轨滑块则安装在滑轨上,给主轴导向的同时增加主轴刚度。在短轴和主轴之间可以安装低频振子辅助装置,用以解决断削难的问题。两个电机安装在导向结构的上方,进给钻的前段则安装专用钻套。方便与钻模板快速安装固定,钻套侧壁开有孔排削,可以连接吸尘器,及时排削。钻的后方通过气路滑环等连接气泵,气体通过中空的短轴、低频振子辅助装置和主轴到达刀具,从而实现气冷刀具。设备工作时,将钻套插入钻模板的定位孔,然后旋转钻套,使钻套的螺旋面与拉钉的头部卡紧,从而将设备固定在钻模板上,然后根据要钻削的材料在自动进给钻控制箱的控制截面输入钻削参数,启动机器即可加工。加工完成后,反向旋转自动进给钻即可取下,继续安装进下一个定位孔就可进行下一次加工。

2)自动进给钻主轴精度检测系统设计

自动进给钻的回转运动和进给运动分别由两个伺服电机驱动。大伺服电机通过同步带传动驱动花键轴承内圈,花键轴承内圈则带动花键轴一起转动。5个传感器测量安装在花键轴末端的标准棒的跳动信号,然后通过数据拟合处理分析花键轴的回转精度并以此评估导向结构的性能。

自动进给钻按照实际加工状态安装在钻模板上,标准棒代替刀具位置安装在花键轴末端。采用5个特性非常接近的传感器,其中4个径向传感器安装在径向传感器支架上,轴向传感器安装在轴向传感器支架上。径向的两个传感器 S1 和 S3 在水平方向测标准棒不同位置处信号（分别测标准棒同一截面相差 90°处的信号），传感器 S2 和 S4 在竖直方向测标准棒不同位置处信号(分别测标准棒另一截面相差 90°处的信号)；传感器 S5 测标准棒端部的信号。

主轴回转的运动误差主要有轴向窜动、径向跳动和角度摆动 3 种形式,分别对加工造成不同影响。目前测试机床主轴回转精度的主要方法分为动态测试法和静态测量法。静态测量法是一种在低速旋转环境下测定主轴旋转精度的方法,又称打表法,实际参考价值小。动态测试方法是一种在主轴实际的工作转速之下,采用非接触式测量装置,测出主轴旋转运动精度误差的方法。

3. 主要设计过程或试验过程

本课题对标国际先进产品的技术指标,开展结构创新性设计。为满足钻削单元结构集成紧凑要求,设计分段式主轴与锥柱齿轮传动结构,实现狭小空间内主轴旋转与进给的匹配运动;为保证制孔精度,设计回转式导套结构,提高主轴结构刚度和回转精度;为加强钻削单元的便携性,对整机进行轻量化设计并精选大功率无刷电机进行切削与进给驱动;为适应多种制孔工况,对整机进行创新性的模块化设计,可快速更换主轴导向模块、动力单元模块、机头传动模块,以适应不同材料、孔径、孔深的加工需求。

基于上述创新设计,对各零部件进行三维建模、详细尺寸设计与配合精度设计,并采用理论与仿真相结合的方式对关键零件进行校核;绘制二维零件图和装配图,外协加工设计的结构件并购买标准件,同时搭建钻削单元电控平台,最终实现自动钻削单元的整体装配并进行加工试验测试。研制的紧凑型轻量化电动可控自动钻削单元能够很好地实现碳纤维复合材料样件的钻削制孔。

4. 结论

通过本课题的研究,对自动进给钻高精度高稳定性导向结构进行设计改进。改进后的进给钻加工孔径分布范围变小,可能是由主轴回转精度提高和主轴刚度提升共同造成的,精度的提升会使钻刀偏离平均回转轴线的程度下降,使得孔的直径更加接近刀具直径,刚度的提升则会减小钻头因外力产生的震动和偏移。改进后孔径数值普遍偏大,可能是刚度提升和精度提升共同导致的,刚度较低时,孔壁对刀具的约束作用会对主轴回转精度产生较大的影响,使得刀具径向跳动降低,随着主轴刚度的提升,孔壁对刀具约束作用和对主轴回转精度的影响逐渐下降,使得刀具径向跳动提高,从而使得孔径偏大。

5. 创新点

(1)统筹使用多种方法改良主轴运动精度,通过改进结构设计、改良加工方法和优化装配流程等方法共同提高自动进给钻运动精度。

(2)设计主轴回转精度测量系统,在装配中实时测量主轴运动精度,以便及时对装配过程进行调整。

(3)通过对比试验分析导向结构各个部分对主轴运动精度的影响,并以此指导导向结构的改进。

6.设计图或作品实物图

改进后自动进给钻实物如图 1 所示,装配精度在线测量装置实物如图 2 所示,改进前后进给钻精度及制孔效果对比如图 3 所示。

图 1　改进后自动进给钻　　　　图 2　装配精度在线测量与调整　　　　图 3　改进前后进给钻精度及制孔效果对比

高校指导教师:付　饶;企业指导教师:姜振喜

基于内置自加热的柔性兰姆波器件的气体流速测量研究

赵浩楠

Zhao Haonan

浙江大学　机械工程

1. 设计目的

流体(空气、水等)的流速是重要的检测参数,其技术重要性涉及许多领域。在流体研究与应用中,流速传感器有着不可或缺的地位。微机电(MEMS)流速传感器由于其小尺寸和低成本特性而备受青睐,但是传统的 MEMS 器件以硬质材料为基础,难以应对大曲率工作环境,例如飞行器表面的流场测量。这种大曲率工作环境要求传感器能够不干扰原始流场且能够共形贴附。为了解决这一挑战,柔性流速传感器逐渐进入人们的视野。柔性兰姆波器件对于解决传统流速传感器体积大、不便安装、不易集成、响应速度慢等问题有着很大的帮助。综上所述,对自加热的柔性兰姆波器件进行气体流速测量研究对流速传感器发展具有重要意义。

2. 基本原理及方法

本课题用到的兰姆波器件制作过程如下:采用微纳加工技术,在厚度为 50 μm 的铝箔上溅射 5 μm 的氧化锌并蒸镀 20/100 nm 的 Cr/Au 电极,指间距设计为 32 ~ 80 μm。基片左端的 IDT 通过逆压电效应将输入的电信号转变成声信号,此声信号沿基片表面传播,最终由基片右边的 IDT 将声信号转变成电信号输出。通过 IDT 之间的频率响应和传输光谱等实现滤波、传感等功能。该器件的工作原理是间接测量气体流速,通过测量温度来实现。以 Al 为衬底的兰姆波器件具有高的频率温度系数,因此温度对谐振频率偏移影响较大。我们给器件加上初始温度偏置,当有气体流过器件表面时,会改变热平衡,导致谐振频率偏移,从而检测流速。气体流速越大,器件温度越低,谐振频率越高。

为了使得结构简化,减小传感器厚度,本课题拟采用兰姆波器件微波加热的方式作为热源。在一个器件上刻画 4 个 IDT,将 IDT1 与 IDT2 作为传感单元,两端连接矢量网络分析仪(安捷伦 E5061B)测量器件的频率响应频谱,而 IDT3 接入一定强度的交变电流作为热源。衬底中介电损耗产生的热量可以加热整个器件,当气流从上方流动,改变器件温度使得 IDT1 与 IDT2 的频谱发生变化,从而测得气体流速。

3. 主要设计过程或试验过程

(1)研究了兰姆波器件的微波加热效应。首先设计了向兰姆波器件输入功率的射频电路并进行阻抗匹配。测试了在不同输入电压/功率情况下,兰姆波器件温度随时间的变化。兰姆波器件在 5.5 mV 输入下温度可达 47.3 ℃,平均加热速率达到了 2.63 ℃/s,平均冷却速率约为 2.88 ℃/s。测试温度变化对器件谐振频率的影响,验证了流速测量的可行性。

（2）进行了柔性兰姆波器件气体流速测量试验，包括灵敏度、响应时间、滞环曲线的测量。在 5.5 mV 输入下平均灵敏度为 87 kHz·min/L，增加流速过程中响应时间为 23 s，降低流速过程中响应时间为 19 s，滞环效应不明显。

（3）进行了贴附在曲面环境柔性兰姆波器件气体流速测量试验，包括灵敏度、滞环曲线的测量。贴附于曲面对器件的灵敏度影响不大，但是可能会影响滞环特性。尝试将柔性兰姆波器件应用于呼吸检测。兰姆波器件贴附在人中位置，在呼气时器件谐振频率降低，吸气时谐振频率上升。可以检测呼吸的频率与幅度大小。同时也验证了兰姆波器件在可穿戴设备和医疗领域的应用前景。

4. 结论

（1）兰姆波器件可通过输入 RF 信号加热，有快速的加热速率和冷却速率，在较低的功率下实现加热。谐振频率的瞬态响应随时间变化，遵循指数关系，与理论分析一致。与其他刚性对应装置相比，柔性装置在响应时间方面表现出显著优势，响应速度至少提高了 9 倍。随着初始温度偏移的增加，灵敏度增加，而响应时间没有显著差异。因为内置自加热的设计，器件在变轻薄的同时减小了滞环。

（2）由于其出色的灵活性，该装置可以完美地符合曲面，而不会干扰原始流场。柔性装置显示出在弯曲状态下工作的能力。弯曲声波装置不会引起流速测量性能的明显恶化，如噪声增加。弯曲产生内应力会使得器件谐振频率下降，但不会影响灵敏度等其他性能，在实际应用中可通过调零的方式消除内应力的影响。

5. 创新点

通过本次研究，成功地开发出了一种新型的流速测量方案，为解决大曲率工作环境下的流速测量问题提供了新思路和新方法。它具有两大优势：①自加热设计优势，体现在快速的加热冷却速率、较低功率输入、器件轻薄化、消除滞环；②柔性优势，体现在响应时间短、相比同类刚性器件提升了 9 倍、完美贴附曲面、不干扰原始流场、弯曲状态下性能没有发生明显恶化。

6. 设计图或作品实物图

ZnO/Al 兰姆波器件如图 1 所示。

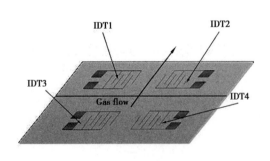
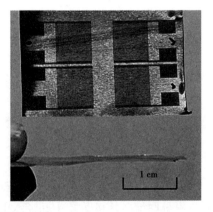

图 1　ZnO/Al 兰姆波器件

高校指导教师：谢　金；企业指导教师：朱　可

新能源汽车总质量实时辨识设计及实车验证

陈一萌

Chen Yimeng

西华大学　车辆工程

1. 设计目的

　　随着新能源汽车的发展与普及,对其要求也不仅仅在于动力性和低碳性,而是要求具备较好的综合性能,其中整车质量就是影响综合性能的一个重要指标。整车质量的实时准确获取,有助于监管部门进行实时监控,也有利于电动汽车实现更精准的驾驶历程的估算。同时如果车辆当前质量参数已知,许多车辆控制决策可以得到进一步改进。然而目前实际应用中关于质量的获取方法都过于传统,基本采用的是自动称重器如地磅来直接测量汽车质量,存在造价太高、安装复杂、影响车流量等诸多问题。也有极少数公司在研究辨识质量的有效方案,但仍然需要额外加装传感器,会进一步提升实际成本,精度也会受车轴的影响,导致应用受限。因此,本课题基于技术实际应用的成本最小化原则,并兼顾实时辨识及高精度的要求,研究出一种无须加装任何传感器的新能源汽车质量实时辨识设计方法。

2. 基本原理及方法

　　(1)首先根据质量实时辨识的研究文献,汽车纵向动力学模型在汽车质量估算中已被证明是一种非常合适的动力学模型。因此,无须使用较为复杂的汽车动力学模型,这样可以使算法更加精练,进而让最后的结果趋于稳态时间更加迅速。

　　(2)滤波算法中选择了优化后的递归最小二乘法,其原理是采用当前时刻的试验数据和上一时刻的辨识参数直接修正当前时刻的辨识参数,从而大幅减少计算量,并实现未知参数的动态辨识系统。特点是实时反馈和迭代,能够适应系统的变化和演化,不断提升参数估计的准确性和可靠性。同时也在滤波中添加了遗忘因子,以改善最小二乘法会对所有数据给予相同的信任度这一缺陷。

　　(3)基于动力学模型及递归最小二乘法,在 Simulink 中完成了相关的建模。经过调试发现没有逻辑错误后,利用 Simulink 里的代码生成功能将 Simulink 仿真模型转换成了 C 语言程序。最后利用 CAN 总线将质量辨识程序烧录到了一款新能源汽车中,进行了不同工况的验证。根据试验结果,还进行了一定的算法修正,最终的修正结果可使中低车速误差降低在 2%以内。

3. 主要设计过程或试验过程

　　本课题从以下 4 个方面完成新能源汽车质量实时辨识的设计过程。

　　1)汽车动力学方程设计

　　首先,在动力学模型上选择了汽车纵向动力学模型。滚动半径根据 ETRTO 协会推荐公式及德国橡胶企业协会制定的 WdK 准则来计算。考虑到滚动阻力系数会随着车速的变化而改变,因此选用了一项经验公式来完成估算以提高模型精度。对于加速阻力,在实际的结果获取中会出现对时间的微分以及旋转质量计算的问题,会进一步加大模型所产生的误差。所以在后续的汽车源程序中,会添加一项可以识别匀速工况的功能,即匀速行驶时才会执行质量辨识,非匀速条件下就停止,这样的处理可以进一步减少估算的误差。

2)滤波算法设计

滤波算法中选择了递归最小二乘法,根据其基本递归原理,构建出一个基本的递归求最小差值的模型。但考虑到其存在数据饱和的缺点,增加了遗忘因子类似于可变化的权重系数对递归算法进行调和。根据递归最小二乘法原理,在未达到稳定状态时,初始值可能与真实值存在较大偏差,因此需要选择较小的遗忘因子以降低当前较大的数据误差对下一时刻的影响;随着辨识结果逐渐收敛到真实值附近,误差也会减小,因此需要选择较大的信任度衰减因子,以最大限度地利用当前时刻的有效信息。基于上述分析,选取了随时间而发生相应变化的遗忘因子,结合汽车纵向动力学模型,完成了汽车质量辨识算法的一个初步设计。

3)Simlink 建模及嵌入式工作

根据已构建的带遗忘因子的递归最小二乘法,在 Simulink 中完成了建模。其中滤波算法主要是在 Fcn 函数中利用 m 语言来完成编写,汽车纵向动力学模型是采用模块来构建。整个模型将质量作为输出信息,将汽车的迎风面积、风阻系数、传动系数、传动比、自由半径及实时变化的转矩、车速作为输入信息。完成建模后,利用 Simulink 功能库中的 Embeded Coder 完成了 C 代码的生成。将转换后的代码添加进试验车辆,进行相应接口的配置,并添加了匀速辨识程序,通过 CAN 总线完成了新程序的烧录,即完成了质量辨识功能的添加。

4)4.5T 新能源汽车实车验证

在完成质量辨识程序的功能升级后,进行了实车验证。车型选择了成都壹为新能源汽车有限公司生产的 4.5T 自装卸商用车。试验道路选择在一条笔直且平坦,道路基本没有坡道的路段。在试验中共设置了 3 个低中高匀速车速,分别为 10 km/h、30 km/h、60 km/h。要求汽车达到 A 点时汽车开始以一定的油门开度匀加速,加速到目标车速时,保持该车速进而变为匀速行驶,直到到达 B 点时汽车减速至停止。并且每一组试验完成后会进行一次加载任务,以衡量该算法针对不同载荷的适应性。在试验结果中可以发现,本课题设计出的质量辨识方法,在中低速时响应较快、误差较小,具有可行性与适应性,但在较高车速时由于诸多模型中参数会发生变化,导致误差会变大。

4. 结论

(1)本研究提出的基于带遗忘因子的递归最小二乘质量辨识方法在汽车较高速时,估算误差较大。但在中低速时,误差均在 5% 以下,甚至经过修正可降低在 2% 以内。符合实际应用的要求,具有可行性。

(2)参考了一些新能源商用车的常见运行状态,由于中低速的运行状态是它们的大多数行驶工况,可直接适用于一些商用车进行质量辨识,进而检测商用车的超载违规行为。

(3)对于其他车辆仍然具有一定的适用性,可以增加限制让较低车速才执行辨识功能,较高车速则放弃读取,可提高该算法的适用性。

(4)总的来说,本研究只采取 CAN 总线进行数据获取,极大减少了传感器加装的成本,虽然只在中低速具有可行性,但仍然在实时辨识及成本减少的方向上提供了一个新策略。为未来智能及新能源汽车的发展,做出了一份研究贡献。

5.创新点

(1)设计出了无须安装任何额外传感器即可实现辨识功能的方案,只利用汽车原有的CAN总线通信技术就可完成整车质量辨识。

(2)改良了汽车纵向动力学模型,并且添加了带遗忘因子的递归最小二乘法作为递归算法。

(3)经过了实车试验,设计的有效性与可实现性得到了有力的证明。并且中低车速的辨识误差极低,为5%,甚至经过算法修正可以降低至2%,基本满足企业的应用需求。

6.设计图或作品实物图

在建立了基于带遗忘因子的最小二乘法的模型基础上,经过算法修正后得到不同匀速车速下的平均误差,如图1所示。

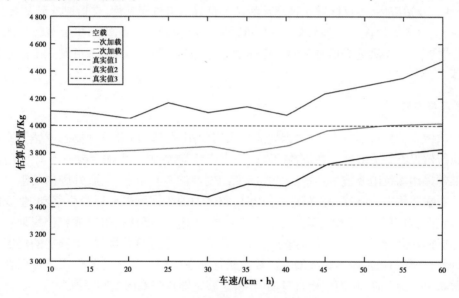

图1　不同匀速车速的平均辨识误差

高校指导教师:杨燕红;企业指导教师:夏甫根

姿态可调式变刚度软体末端执行器设计

吴萱雨

Wu Xuanyu

重庆大学　机械设计制造及其自动化

1. 设计目的

随着科学技术的高速发展,人类生产力也获得了大幅度的提升,软体末端执行器作为由柔性材料制作的一种新型末端执行器,相比于传统的刚性末端执行器,具有更高的黏弹性、柔顺性、安全性以及适应性,不仅能够实现高灵活性和良好的人机交互性,在抓取外形复杂、表面易碎物体时,具有先天的优势。但软体末端执行器刚度往往较低,无法承担负载较大的工作任务,并且结构单一,无法适应更复杂的工作环境,为此需要设计一款姿态可调式变刚度软体末端执行器。

2. 基本原理及方法

针对软体末端执行器的不足,本课题通过采用变刚度技术以及设计姿态调整方案使得软体末端执行器保有高柔顺性及适应性的同时可以在负载大、操作更加复杂的环境中工作。

本课题采用颗粒阻塞技术实现执行器的变刚度性能。在常态下,柔性腔内的阻塞颗粒松散均匀分布在腔体中,在受到外界压力作用时,腔体中的阻塞颗粒可自由移动,呈现出低刚度的流体状态,可以灵活变形。而在真空状态下,气腔内结构致密,阻塞颗粒密集地排列在一起,在受到外界压力作用时,颗粒间由于巨大压力导致摩擦力显著增强,阻塞层的刚度有明显提升,从而对变形的抵抗能力大大增强。颗粒状材料在受到外部环境的作用下可以在紧密状态和松散状态之间转换,从而改变自身的刚度,这就是颗粒阻塞的变刚度原理。

3. 主要设计过程或试验过程

1) 基于颗粒阻塞技术的变刚度软体末端驱动器的结构设计及制作

基于颗粒阻塞技术设计了软体末端驱动器的变刚度阻塞层以及气动驱动层,并且通过仿真试验优化得到最终的软体末端驱动器单元整体结构。此外,根据最终模型设计出了制作该软体末端驱动器的制作方案和注塑模具,最终完成了软体末端驱动器的实物模型制作。

2) 基于曲柄滑块结构的变姿态策略设计及执行机构制作

基于曲柄滑块结构设计了软体末端执行器的变姿态策略,具体分析了基本机构的运动,计算出了理论行程,并进行了软体末端执行器的整体计算机建模。此外,确定了该软体末端执行器的各部件加工方式及型号选择,并完成了整体模型的制作以及装配。

3) 软体末端执行器的弯曲测试及抓取试验

对软体末端执行器的弯曲能力、抓取性能以及变刚度能力进行了测试,结果表明所设计的软体末端执行器可以抓取不同形状的物体,抓取范围为 20 ~ 70 mm,在阻塞层抽取真空的状态下,最大可承载质量为 0.855 2 kg,试验证明该软体末端执行器具有较好的变刚度效果,可以满足基本要求。

4. 结论

本课题以软体末端执行器及软体末端执行器的变刚度方法为主要研究对象,设计了一款可变姿态的变刚度软体末端执行器,主要的工作及结论如下:

(1)分析对比了软体末端执行器的驱动方式及变刚度方法,选择气动驱动作为驱动方式,颗粒阻塞技术作为变刚度方法。此外,分析对比了材料种类及制作方法,选择了最合适的硅橡胶作为制作材料,并决定采用材料铸造完成模型制作。并基于颗粒阻塞技术设计了软体末端驱动器的变刚度阻塞层及气动驱动层,推导出阻塞层刚度与影响因素的公式,通过试验确定最合适的填充方案,推导出驱动腔的弯曲理论模型,通过仿真试验优化得到最终的执行器整体结构,并制作了软体末端驱动器单元的实物模型。

(2)基于曲柄滑块结构设计了软体末端执行器的变姿态策略,分析了机构的行程范围及各项参数,进行了软体末端执行器的整体计算机建模及装配,为整体机构选择了合适的制造方案与零件型号,并完成了整体模型的制作及装配。

(3)完成了软体末端执行器的弯曲测试及抓取试验。不仅测试了单个软体末端驱动器随气压变化的弯曲角度,并且完成了整体执行器的抓取测试以及负载能力测试,该执行器可抓取尺寸为 20 ~ 70 mm 的物体,最大可抓取质量为 0.855 2 kg 的负载,完成预期目标。

5. 创新点

(1)采用未抛光的玻璃砂作为阻塞颗粒,采用颗粒阻塞的方法设计了一款气动软体末端执行器,解决了传统软体末端执行器负载能力差、刚度较小的问题。

(2)提出了一种新型变姿态策略,解决了传统末端执行器抓取物体大小受限的问题,此外,该策略也适用于三指式、四指式末端执行器。

6. 设计图或作品实物图

软体末端驱动器完整结构模型如图 1 所示,软体末端执行器整体结构图如图 2 所示,软体末端执行器样机如图 3 所示,抓取测试如图 4 所示。

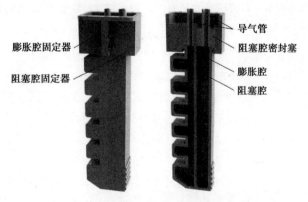

图 1 软体末端驱动器完整结构模型

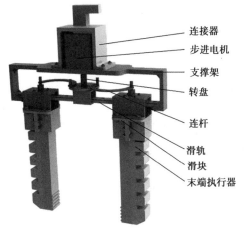

连接器
步进电机
支撑架
转盘
连杆
滑轨
滑块
末端执行器

图2　软体末端执行器整体结构图

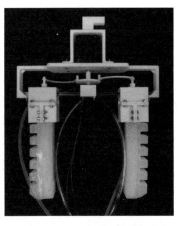

图3　软体末端执行器样机

（a）抓取毛绒玩具

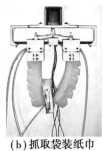

（b）抓取袋装纸巾

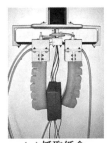

（c）抓取纸盒

（d）抓取纸胶带(轴向)

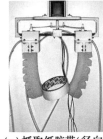

（e）抓取纸胶带(径向)

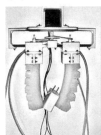

（f）抓取充电插头

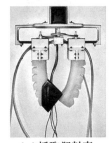

（g）抓取塑料壳

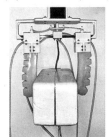

（h）抓取泡沫盒

图4　抓取测试

高校指导教师:陈锐;企业指导教师:彭鹏

数控转台的可靠性评估与优化设计

吴　琦

Wu Qi

重庆大学　机械设计制造及其自动化

1. 设计目的

数控机床作为制造业的工业母机,其发展水平对国家的强盛至关重要。自 2009 年起,我国就将"高档数控机床与基础制造装备"列为重大专项之一,并在《中国制造2025》行动纲领中进一步强调了数控机床和基础制造装备的重要性。近年来,在政策和市场的支持下,中国的数控机床行业迅速发展,市场规模逐年增长,但国内数控机床与国外相比,在可靠性方面还存在一定差距。

数控转台作为机床核心部件之一,保证其可靠性水平对数控机床的发展至关重要,但由于转台本身结构复杂且工作环境恶劣,导致其故障频发,严重影响机床的可靠性水平。因此,本课题以某型数控转台为研究对象,对其可靠性进行了评估并优化了转台的关键、薄弱环节。

2. 基本原理及方法

本课题基于某型数控转台的故障数据即故障间隔时间,建立三参数威布尔分布可靠性数学模型,评估转台的可靠性指标,然后采用 FMECA 方法分析出转台的关键、薄弱部位,基于 ANSYS Workbench 对关键部位(活塞)进行响应面结构优化和可靠性分析,并对薄弱部位(蜗杆副)进行分析优化和结构改进,以实现转台可靠性和稳定性的提升。

3. 主要设计过程或试验过程

本课题以某型数控转台为研究对象,通过评估转台的可靠性,优化设计转台的关键、薄弱部位以提高数控转台的可靠性。研究的主要内容包括数控转台的可靠性评估和数控转台的可靠性优化设计两部分。

1)数控转台的可靠性评估

在转台可靠性评估部分,本课题基于数控转台实体结构和功能原理绘制了其三维模型,统计分析其故障数据,利用 Excel 中的规划求解加载项参数估计并假设检验,建立三参数威布尔分布模型,得到数控转台的故障概率密度函数、故障概率分布函数,最后计算了数控转台的平均故障间隔时间等可靠性指标。

2)数控转台的可靠性分析和优化

在转台优化设计部分,本课题运用 FMECA 法首先对转台的结构和功能原理进行分析,得到转台的功能原理图,并划分转台系统功能层次,得到数控转台的组成层次图、转台功能-层次对应图、任务可靠性框图、系统可靠性数学模型。然后对转台进行故障模式统计分析,定义严酷度类别,并填写 FMEA 表。最后,采用危害性矩阵图确定转台的关键、薄弱部位,分析出数控转台的关键、薄弱部位,对关键部位(活塞)基于 ANSYs Workbench 进行响应面结构优化和六西格玛可靠性分析;对薄弱部位(蜗轮副)的材料和润滑油的选择进行了分析优化,并改进了组件的结构。

4.结论

通过对某型数控转台的可靠性评估和优化设计,发现了其存在的问题和不足,提出相应的优化方案和改进建议,提高了转台的可靠性。

(1)基于故障间隔时间建立的数控转台三参数威布尔分布数学模型如下:

故障分布函数 $F(t)$ 为

$$F(t) = \begin{cases} 1 - \exp\left[-\left(\dfrac{t - 1\,606}{953.019\,7} \right)^{0.913\,3} \right], & t \geqslant 1\,606 \\ 0, & t < 1\,606 \end{cases}$$

故障概率密度函数 $f(t)$ 为

$$f(t) = \begin{cases} 9.583\,1 \times 10^{-4} \left(\dfrac{t - 1\,606}{953.019\,7} \right)^{-0.086\,7} \exp\left[-\left(\dfrac{t - 1\,606}{953.019\,7} \right)^{0.913\,3} \right], & t \geqslant 1\,606 \\ 0, & t < 1\,606 \end{cases}$$

可靠度函数 $R(t)$ 为

$$R(t) = \exp\left[-\left(\frac{t - 1\,606}{953.019\,7} \right)^{0.913\,3} \right], t \geqslant 1\,606$$

失效率函数 $\lambda(t)$ 为

$$\lambda(t) = \frac{0.913\,3}{953.019\,7^{0.913\,3}} (t - 1\,606)^{-0.086\,7}, t \geqslant 1\,606$$

(2)评估得到数控转台的可靠性指标平均故障间隔时间 $MTBF = 2\,600.9$ h,平均修复时间 $MTTR = 11.65$ h,可用度 $A = 0.995\,5$。

(3)数控转台的故障模式、影响及危害性分析(FMECA)结果表明,转台危害性最大的故障模式为活塞拉断(052-01)、小活塞拉断(053-01)等,属于转台刹紧系统,可定为关键的故障模式和故障部位。另外,转台的传动系统中与蜗轮、蜗杆相关的故障类型较多,且发生概率高,例如蜗轮的拉伤磨损(033-02)等,所以将转台的蜗轮蜗杆传动部定为薄弱部位。

(4)关键部位(活塞)基于 ANSYS 响应面优化的仿真可靠性优化优化后,活塞各个尺寸有不同程度的增加和减小,等效应力减小 20%,总变形量减少 9.2%,质量仅增加 7%。

活塞优化前后的六西格玛可靠性分析表明,优化前最大等效应力小于 125.2Mpa 的可靠度约为 37.35%,优化后的可靠度为 100%,优化前活塞变形小于 0.008 7 的概率为 35.8%,优化后为 99.9%。

(5)针对薄弱部位(蜗杆副)优选的材料为:蜗轮 ZQSn12-2、蜗杆 S16MnCr 或 20CrMnTi;优选的润滑油为昆仑 L CKE 320 或道达尔 EP 320。

5.创新点

(1)建立数控转台的三维实体模型、三参数威布尔分布数学模型,并评估转台可靠性指标。

(2)基于 FMECA 方法发现转台的关键部位为活塞,薄弱部位为蜗杆副。

（3）基于 ANSYS 对活塞进行响应面优化并对比优化前后的可靠性。

6. 设计图或作品实物图

数控转台实物模型及综合性能试验台展示如图 1、图 2 所示。

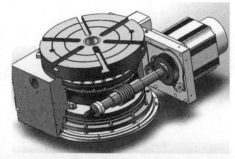

图 1　某型数控转台实物（左）及三维模型（右）

图 2　某型数控转台的综合性能试验台

高校指导教师：冉琰；企业指导教师：胡建亭

一种小型草方格固沙机的设计与制作

蔡杰川

Cai Jiechuan

西南大学　机械设计制造及其自动化

1. 设计目的

我国是世界上受沙漠化危害最严重的国家之一,沙漠化地区的生态治理是我国生态建设的重点。在各种固沙防治方法中,草方格沙障固沙是最具有代表性的,但目前草方格沙障铺设工程多由人工进行,面对偏远的作业地点和恶劣的环境,人工铺设劳动强度大、成本高、效率低,无法完成高质量的铺设任务。现有的机械固沙设备成本高,适用范围有限,无法大面积推广使用。针对上述问题,本课题设计了一种能适应沙漠环境铺设草方格的固沙机器,建立了草方格固沙机的三维模型,搭建并试验了实物样机,实现了机器底盘、取草、压草、播种等各部分功能。高效率、低成本的固沙设备能够减少人工铺设强度,加快沙漠绿化速度,扩大机械化设备治沙面积。在配备远程控制所需传感器后,能够为网络远程控制、无人值守等智能化方案提供固沙机器基础。

2. 基本原理及方法

本课题设计的草方格固沙机可一次作业铺设草方格两边,主要由底盘和两个集成铺草、压草、播种的铺设单元体构成。每个铺设单元体由草箱、散草输送装置、压草升降装置、压草装置、播种装置组成,可独立实现单路散长草的铺设。两个铺设单元体和底盘通过光轴导轨连接,在铺设单元体间设置有推杆机构,可以通过驱动推杆调节铺设草方格的间距。整机作业方式为:工作开始前,使用压草机构中升降机构将压草刀一端埋入沙中,底盘向前移动,取草机构动作并铺设一定距离散长草,然后底盘停止运动,压草机构动作将铺设好的散长草压入沙中形成沙障,压刀压完抬起后即为一个工作周期,整机如此往复作业,不断压制散长草。

取草模块:主要由草箱、输送带、勾爪组成,草箱储存散草,经由安装有勾爪的输送带取草后,将散草输送到末端,抛落至底面,完成取草过程。输送带为链传动形式,采用每隔三普通链节安装一带耳弯板链节,通过将蒙皮和勾爪固定在带耳弯板的链节上形成输送带,由步进电机驱动。

压草模块:主要由升降机构和压草机构两部分组成,升降机构由步进电机、同步带、梯形丝杠组成,丝杠一端固定在机架上,螺母固定在压草机构上,在压草作业时,升降机构先将压刀插入沙中;压草机构为八杆机构,由直流蜗杆减速电机驱动曲柄,带动压刀,完成压草作业。

底盘模块:主要由电机及轮组、矫正器、联动四杆机构、框架四部分组成,其中矫正器作为轮组与框架连接的独立转动副,充当悬挂支撑草方格固沙机并提高整机稳定性;联动四杆机构为双摇杆机构,摇杆末端为球铰滑块机构,四杆机构同侧放置,将固沙机同侧轮组联动,与矫正器相互配合来限制底盘的转动范围并提高底盘支承强度;底盘动力来源为 57 伺服电机,使用行星齿轮减速器减速,提高输出转矩。

播种模块:储存在料仓的种子,落入表面带有凹槽的转子中,被电机驱动的转子产生的离心力播撒出去,从而完成播种作业。

辅助模块:有推杆机构和阻尼装置,推杆机构为类剪式千斤顶结构,其中传动丝杠由步进电机驱动,用来调节铺设草方格间距。阻尼装置由阻尼杆加支座构成,为推杆机构提供保持力,减弱振动与反力带来的影响。

本课题在设计小型草方格固沙机中,使用了如下四种设计方法:

(1)试验法。在设计初期,使用不同厚度与长度的铝板模拟压草作业,得到当压草长度为35 cm时,垂直静压散长草临界压力约35 kg;在草箱设计中,为提高草箱出料口稳定性,使用不同斜度斜板测试散草滑动情况,得到斜板斜度为45°时,散草滑动最为顺滑;为得到最佳钩爪形状,对钩爪进行一次次的试验迭代优化,最终确定钩爪形状。

(2)虚拟样机法。在整个设计过程中,为保障设计的结构具有可实现性,对所有结构均建立了虚拟样机,通过对样机的参数调试,最终确定实物样机的模型。

(3)优化法。为得到八杆压草机构最佳的杆长参数,对八杆机构各杆列写投影方程,以曲柄压力角为优化目标,约束滑块位移距离等参数,计算出符合要求的杆长参数,最终确定传力效果最佳的杆长参数。

(4)仿真法。将安装有四杆机构的底盘布置在 Adams 中进行运动学仿真试验,来测试联动四杆机构效果;将压草机构布置在 Adams 中进行运动学仿真,验证了八杆压草机构的静压效果,并得到了滑块与曲柄压力角间的关系,为后续优化提供仿真基础;将简化后的压草机构置于 SolidWorks 中进行静力学仿真分析,优化了连杆结构,并选择了合适的材料。

3. 主要设计过程或试验过程

本课题设计的草方格固沙机作业方式模拟了人工铺设草方格模式,首先将散草铺设到地面,再将散草压入沙子中,形成沙障。因此,以下将从取草、压草及底盘三个方面进行介绍。

1)取草机构设计

目前铺设草方格的草料有散草与草帘两种,草帘为散草用绳子编制的加工品,但考虑到草帘加工成本高,更换、拆卸麻烦,因此采用散草作为固沙机铺设草料。设计的草箱由松木复合板拼接制成,底部有斜的出料口,为保障散草的连续输送,底部斜面倾角设计得较大,并且在草箱内壁覆盖光滑的塑料膜。草箱出口处设置由 5 mm 厚橡胶挡板,限制钩爪勾出过多草料。钩爪形状为 L 形,内部角度为80°,末端略向内弯折。钩爪固定在有带耳弯板的链条上,中间覆盖由橡胶制成的蒙皮,蒙皮能够防止散草被卷入链条中。

草箱内斜面是影响出草连续性的关键因素,为得到较好的出草效果,本课题进行了不同斜度下草料滑动试验,最终斜度为45°的斜面最为合适。挡板对于钩爪取出过多草料的效果也非常重要,通过测试不同柔性及形状的挡板材料,最终确定选用厚度为 5 mm、柔性较低的橡胶板。钩爪的形状对勾取草料的效果至关重要,本课题从多齿直角钩爪到 L 形平面钩爪,进行了多次试验,一步步迭代,最终确定了形状样式。

2)压草机构设计

压草机构的作用是将已铺设的散草压入沙中,本设计相较于对心曲柄滑机构,采用了机械增益更好,静压效果更好的八杆压草机构,其可分为上侧的六杆机构和静压机构,利用六杆机构滑块的位移带动压刀运动。

为得到一定条件下六杆及静压机构的最佳杆长，将各杆矢量化列写投影方程，由此计算各杆的位移、速度及加速度。然后建立静压机构传动角和压力角与对应杆长的关系，通过设定约束条件，计算出满足符合要求的杆长参数。在建立三维模型后，将模型分别导入 Adams 和 SolidWorks 中进行运动模拟和静力学仿真分析，确定了各零件材料，并对部分杆件进行了参数优化。

压草模块中升降机构参考了普通滑台结构，八杆压草机构两侧安装有滑块，与升降机构的固定机架配合滑动。利用梯形丝杠自锁能力，保障在压草过程中压刀压草深度不变。

3）底盘

沙漠中地面连绵起伏，具有小坡度，而且机器设计空间有限，因此采用矫正器作为单独的转动副。矫正器内部设计有末端分瓣的两转子，相互配合能够将轮胎的转动转化为直线移动，直线移动侧的转子内置压缩弹簧，因此轮胎转动使压缩弹簧压缩，压簧压缩后提供反作用力作用于轮胎，使其紧抓地面。

联动四连杆机构为双摇杆机构，摇杆与底盘机架铰接处安装有扭簧，能够将摇杆保持水平，摇杆末端为球铰滑块，球铰滑块能保证摇杆始终处于同一平面。四连杆机构与矫正器相互配合，用来限制底盘转动范围和提供底盘支撑强度。将安装有四连杆机构的三维模型导入 Adams 中进行运动分析后，在高度 120 mm 的土丘地形测试中，能够保证底盘四角高度差保持在 30 mm 左右。

4. 结论

为提高草方格沙障铺设效率，降低人工劳动强度，设计了一种小型草方格固沙机，结合样机试验、建立虚拟样机、结构优化、动力学与静力学仿真等方法，对草方格固沙机进行研究，得出如下结论：

1）小型草方格固沙机参数确定

根据相关文献，确定了设计的小型草方格固沙机使用散草长度为 20～23 cm，草沙障压入沙土中深度为 5～7 cm，露出沙面高度为 5～7 cm，带宽小于 30 cm，作业效率为 200 m²/h。通过在沙坑测试不同铺设长度散草被插入沙中所需压力，测得压制深度为 8 cm、铺设长度为 35 cm 散草沙障，所需压力约为 350 N。对压草机构进行力学仿真，得到曲柄所需转矩为 19.7 N·m。

2）小型草方格固沙机机总体方案设计

完成了对小型草方格固沙机整体结构和关键部件的设计，并阐述了该固沙机的工作原理。通过对草沙障铺设过程的理论分析，得到了模块化机械铺设方式：草料从草箱中被勾爪取出铺设到地面上，再经由被升降机构降下的压草机构动作后压入沙中，完成铺设作业。影响铺设过程的主要因素有草箱斜板角度、勾爪形状样式、压草机构运动效果。通过草料滑动试验，确定斜板斜度为 45°时，散草下滑最为顺畅，进行不同柔性及形状的挡板材料测试，最终选择厚度为 5 mm、柔性较低的橡胶板，全面考虑不同压草机构特性，最终选择八杆压草机构。

3）仿真及试验优化设计分析

通过在 SolidWorks 中建立虚拟样机，应用 Adams 软件和 SolidWorks Simulation 插件，对压草机构、底盘进行仿真试验设计。

通过测试不同材料下压草机构各杆受力、位移等情况，选择了最佳杆件材料，并对杆件结构进行优化，改进后的曲柄末端位移量约为初始状态的 1/3；对底盘进行不平路面通过性仿真,测得底盘框架各角变化量,验证了底盘的稳定性。

4）小型草方格固沙机性能试验

通过在实验室搭建小坡度障碍地形对小型草方格固沙机底盘进行试验,验证了仿真设计结果的准确性;对取草机构进行取草试验,测试不同取草速度对铺设效果的影响,确定勾取电机转速为35 rpm;采用搭建的压草试验平台,成功压制出5~7 cm高度的草方格沙障,压制深度为6~7 cm。

5. 创新点

(1)分解人工草方格铺设方式,设计了一种小型草方格固沙机,建立了整机三维模型。

(2)设计了一种能自适应沙漠地区小坡度的移动底盘,提高整机在沙漠环境的通过性,增强草方格铺设质量。

(3)制作并测试了各个功能模块,完成了整机的实物模型搭建。

(4)利用机构极位的增力效果,设计八杆压草机构,降低固沙机的行走阻力及功耗,并申请了一项实用新型专利。

6. 设计图或作品实物图

草方格固沙机三维模型与样机实物图如图1、图2所示。

图1　草方格固沙机三维模型

图2　草方格固沙机实物样机

高校指导教师:何辉波;企业指导教师:罗雄彬

绳驱柔性仿生机器鱼的控制系统与结构设计

罗一波

Luo Yibo

贵州大学 机械设计制造及其自动化

1. 设计目的

与传统水下航行器相比,仿生机器鱼具有高稳态、高推进效率和多姿态控制等优势,提高了水下工作的机动和灵活性,能够实现高精度控制;仿生机器鱼的研究和应用前景很广,可以实现复杂的危险水下作业、军事侦察、水下搜救、水下考古、海洋生物观测和水下装备检修等方面的研究。

柔性鱼体能显著提升仿生机器鱼的推进性能,现阶段,设计制造仿生结构的柔性鱼体、实现智能控制、制造成本低的仿生机器鱼是众多学者研究的方向。

2. 基本原理及方法

结合目前研究的 BCF 仿生机器鱼,实现 BCF 仿生机器鱼更加贴近真实鱼类,基本原理及本课题解决方法如下:

1) 基本原理

仿生机器鱼模仿真实鱼类游动特性,如细长体理论提出机器鱼摆幅在鱼体总长的 0.2 倍时,游动速度最快;反卡门涡街越强其推进力越大,其强度由斯特鲁哈尔数表示,与鱼体尾部摆动频率及摆幅成正比,与鱼体平均游动速度成反比,根据研究,其强度在 0.3 ~ 0.4 时,鱼体推进效率最高。此外还可以通过在机器鱼游动时在线改变刚度的方式以提高机器鱼游动性能。其整体关节在关节上一点的刚度计算的刚度方程为

$$K = \sum_{i=1}^{n_s} \left(K_i - \frac{\tau_i}{l_i} \right) \boldsymbol{J}_i^{\mathrm{T}} \boldsymbol{J}_i + \sum_{i=1}^{n_s} \frac{\tau_i}{l_i} \begin{bmatrix} \boldsymbol{I} & (\boldsymbol{r}_i^{\times})^{\mathrm{T}} \\ \boldsymbol{r}_i^{\times} & \boldsymbol{r}_i^{\times}(\boldsymbol{r}_i^{\times})^{\mathrm{T}} \end{bmatrix} - \sum_{i=1}^{n_s} \tau_i \begin{bmatrix} 0 & 0 \\ 0 & \boldsymbol{s}_{ni}^{\times} \boldsymbol{r}_i^{\times} \end{bmatrix}$$

式中 K_i、τ_i、l_i——第 i 根绳索的刚度、弹性力和长度;

$\boldsymbol{s}_{ni}^{\times}$——第 i 条绳索的单位向量;

$\boldsymbol{r}_i^{\times}$——向量的反对称矩阵;

$\boldsymbol{J}_i$——第 i 根绳索对应的雅可比矩阵。

通过求解刚度方程便可计算出各个关节旋转中心点的刚度。

2) 基本方法

通过改变张拉整体网络结构中拉簧的刚度、数量、预紧力及分布以调整整个鱼体的刚度,以刚性绳索代替鱼类持久性优异的红肌肉、拉簧代替鱼类爆发性强的白肌肉组成的张拉整体结构,结合绳驱动方式,通过改变机器鱼内驱动鱼尾摆动舵机的摆幅控制鱼尾摆动使得其摆幅在鱼体总长的 0.2 倍左右,以此可测出机器鱼游动速度,改变舵机摆动频率及尾鳍的形状以达到提高机器鱼良好的性能。

3. 主要设计过程或试验过程

基于机器鱼领域存在的问题,本课题从建筑学 Snelson's X 张拉结构上得到灵感,提出了一种绳驱柔性整体张拉可变刚度的仿生机器鱼,设计出了具有可变刚度的张拉整体鱼体关节结构,并对其进行了固液耦合运动特性推进力仿真及关节强度校核,然后研究了仿生机器鱼的控制算法,其内容如下:

(1)机器鱼鱼体的关节结构设计。基于 BCF 游动模式的鲔科鱼类游动特性,借鉴建筑学 Snelson's X 张拉结构,设计出绳驱柔性可变刚度鱼体关节结构,根据 BCF 鲔科鱼类生物学数据设计出了鱼头,对其内部空间进行了合理的布局,并运用 Solidworks 进行结构仿真。

(2)机器鱼的运动特性仿真。此部分对 BCF 鲔科鱼类的生理结构及推进模式进行阐述,并对搭建出的仿生机器鱼鱼体利用 Fluent 对机器鱼在水中稳态游动的应力应变情况及推进力进行仿真,然后取出易损关节利用 ABAQUS 对关节机械结构进行强度校核。

(3)对机器鱼的程序及控制元件系统进行设计。该部分对机器鱼的控制鱼体推进、上浮下潜及各传感器进行控制代码的阐述和硬件系统集成。

(4)机器鱼试验研究。根据设计特点,采用 3D 打印技术、硅胶铸模,加工鱼体主体及尾鳍。然后,针对设计出的机器鱼特点,对机器鱼的游动速度试验平台进行搭建,并进行水下游动测试,对仿生机器鱼的可行性、直行、转向速度及转弯半径进行测试。

4. 结论

(1)采用 3D 打印技术制造模块化的斯内尔森张拉整体柔性仿生鱼体结构,满足鱼体强度要求,提升了游动性能,缩短了仿生机器鱼的设计周期。

(2)通过智能化的游动控制方案,配合胸鳍的摆动速度,提升了机器鱼水下的灵活性、游动速度及转向的稳定性,提升了直线游动和稳定转向的能力。

(3)设计的绳驱柔性变刚度仿生机器鱼,通过改变鱼体的摆动频率,可实现鱼体游动速度的提升,当摆幅为鱼体的 0.2 倍左右时,具有最快的游动速度,在 1Hz 频率下,游动速度为 0.48 BL/s,转弯半径为 500 mm,转弯速度为 18.12°/s。

5. 创新点

(1)本设计结合串并联刚性结构及连续柔性仿生机器鱼结构优劣,采用刚柔耦合可变刚度结构进行仿生机械鱼设计,利用 BCF 推进模式,结合仿生学、机械学及信息技术等学科,实现较高游动性能的水下机器鱼设计。

(2)基于仿生学原理,设计制造了可模块化配置的斯内尔森张拉整体柔性鱼尾,通过仿生鱼类的生理结构,以张拉网络代表肌肉,关节平台代表脊骨,提升了仿生机器鱼的推进性能。张拉关节演化如图 1 所示。

(3)将模块化和智能设计相融合,采用 3D 打印技术以打印机器鱼的奇异结构,统一各部件张拉整体的连接,采用了绳驱驱动及铸模方法硅胶铸造的方式,同时模块化的关节及 3D 打印技术缩短了仿生机器鱼的设计制造周期。机器鱼制造方法及流程如图 2 所示。

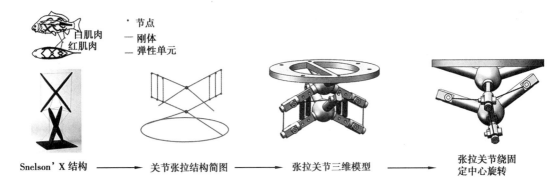

白肌肉
红肌肉

· 节点
— 刚体
— 弹性单元

Snelson' X 结构 ——→ 关节张拉结构简图 ——→ 张拉关节三维模型 ——→ 张拉关节绕固定中心旋转

图1　张拉关节演化示意图

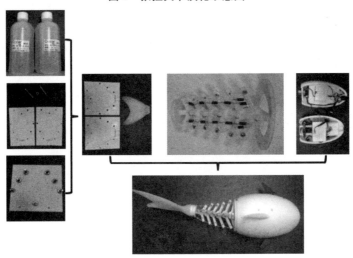

图2　机器鱼制造方法及流程

6. 设计图或作品实物图

机器鱼样机如图3所示,机器鱼样机直行速度测试序列图如图4所示,机器鱼样机转向速度及转弯半径测试序列图如图5所示。

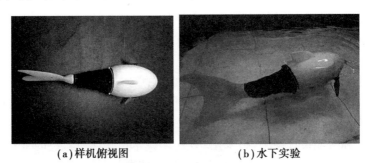

(a)样机俯视图　　　　　(b)水下实验

图3　机器鱼样机

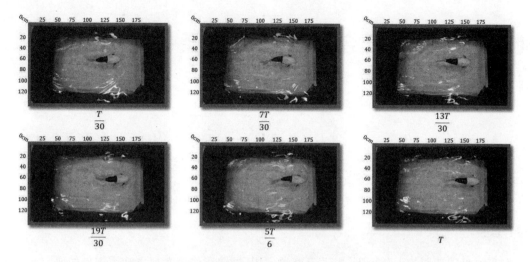

图4 机器鱼样机直行速度测试序列图

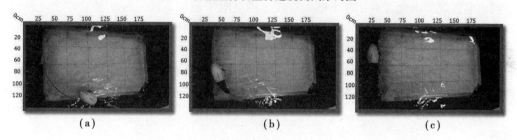

图5 机器鱼样机转向速度及转弯半径测试序列图

高校指导教师：尹存宏；企业指导教师：张大斌

氢能源电池堆复合材料电池箱轻量化结构与工艺设计

李 帆

Li Fan

武汉理工大学 机械设计制造及其自动化

1. 设计目的

在我国双碳计划的大背景下,推动氢能源应用,加快车用氢燃料电池零部件的研究至关重要。而当前氢燃料电池在乘用车上的大规模应用受阻于燃料电堆系统质量功率密度较低、制造成本较高两个问题。当前的电堆系统中使用的金属壳体零件质量大、加工复杂、材料利用率低,因此氢燃料电池汽车的电堆系统面临轻量化和低成本量产化需求。

为解决乘用车氢燃料电池堆箱体的性能与成本冲突,满足其轻量化需求,本课题开发了一种基于泡沫夹层结构和金属嵌入结构的复合材料电堆箱体,并设计了其制造工艺和量产化方案,以替代铝合金电堆壳体,达到降低成本和轻量化的目的,同时使电池箱本身获得绝缘阻燃的功能。

2. 基本原理及方法

本设计的研究方法为:

(1)对金属氢燃料电池堆壳体进行复材等代设计,以获得轻量化收益。

(2)建立复合材料电堆箱体的有限元分析模型,分析其各种工况下静态和动态性能,评价箱体的机械性能和安全性。

(3)对所设计的箱体结构进行工艺试制研究,分析箱体结构的工艺性,并对样件进行试验,验证其达到设计指标。

(4)基于 HP-RTM 成型工艺对箱体结构进行优化,并设计可实现量产的工艺方案。

3. 主要设计过程或试验过程

1)氢燃料电堆复合材料电池箱的等刚度设计

首先,对原氢燃料电堆铝合金壳体进行了复合材料替代设计,对所选材料完成了基础性能测试,输出了材料卡片。基于任务输入的箱体技术要求,进行复合材料纤维与基体选型、夹芯材料选型、嵌入金属材料选型;结合复合材料夹层结构的设计方法,按等刚度设计原则设计了复合材料箱体的结构,并保留原装配关系,按原电堆系统进行了集成。

2)复合材料电池箱的 CAE 分析

其次,通过有限元建模与仿真,分析复合材料箱体的动静态特性,校核其强度。基于复合材料层合板理论和有限元分析方法,完成了箱体约束模态、随机振动、机械冲击三方面的动态特性分析,校核了箱体在车辆行驶过程中的冲击、制动、转向工况下的静态特性。

3）复合材料电池箱样件试制

再次，对氢燃料电堆复合材料箱体的设计完成了工艺验证，制造了样件并进行了装配和综合工况测试。本设计选择真空辅助树脂灌注工艺进行箱体样件的制备，检测了复合材料箱体样件的尺寸公差，进行了安装孔位测试。

4）基于 HP-RTM 工艺的量产方案

最后，基于杭州卡涞复合材料科技有限公司的 HP-RTM 工艺，提出了氢燃料电池堆复合材料电池箱的量产工艺方案。本课题在样件研制的基础上进行了结构优化和量产工艺过程设计，为复合材料箱体通过规模化效应降低成本提供了可行路径。

4. 结论

（1）采用复合材料的氢燃料电堆箱体在原铝合金壳体强度和刚度的设计要求下箱体总成减重 11%。

（2）有限元分析结果显示复合材料箱体在各工况下的刚度高、变形小，各项性能均能达到输入的技术指标要求。

（3）样件试制结果显示复合材料箱体内表面成型质量良好，各部件与箱体装配良好。对箱体进行了火烧、水密、跌落的综合工况试验，结果显示箱体的防火性、水密性、抗冲击性均达标。

5. 创新点

（1）创新性地采用三明治夹层结构的玻璃纤维增强塑料设计氢能源电池堆箱体，实现了燃料电堆金属壳体轻量化。

（2）对氢燃料电堆复合材料箱体进行了铺覆工艺的分析与优化，并采用 VARI 工艺完成了样件制备，证明了箱体设计的工艺可行性。

（3）提出了基于 HP-RTM 的量产工艺方案，介绍了相关自动化设备，为今后实现量产做出技术参考。

6. 设计图或作品实物图

复合材料电堆箱体设计结构如图 1 所示，复合材料电堆箱体实物如图 2 所示。

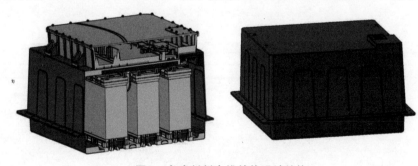

图 1　复合材料电堆箱体设计结构

图 2 复合材料电堆箱体实物图

高校指导教师:张锦光;企业指导教师:孟祥龙

具有在线光检测系统的自动原子制造装备

马亦诚　王凌峰

Ma Yicheng　Wang Lingfeng

浙江大学　机械工程

1. 设计目的

随着制造技术的革新和加工工艺的进步,物质制造的尺度也逐渐从宏观走向微纳、原子尺度,诞生了"原子尺度制造"这一全新领域。原子制造装备是原子尺度制造的基础,当前原子制造装备存在结构个性化强、自动化程度较低、原位检测技术不足、关键部件自给率低等问题。我国半导体装备研发能力不足,亟须校企联合攻关。针对以上问题,本课题设计并研制了一套具有在线光检测系统的自动原子制造装备。通过设计全新装备结构,开发自动化控制系统,研制原位吸收光谱技术,实现原子尺度制造装备的自动化、智能化、高效化,完成性能验证,使关键技术指标达到国际先进水平。

2. 基本原理及方法

(1)原子尺度制造的方法很多,代表技术有分子束外延、原子层沉积、化学气相沉积等。分子束外延技术精度很高,但效率极低且对环境的要求很高;原子层沉积得到的薄膜均已稳定,但是其速度较慢;化学气相沉积技术兼具效率与质量,在原子尺度制造领域应用十分广泛。本课题原子制造装备基于化学气相沉积技术研制。

(2)原子制造装备自动控制系统主要基于可编程逻辑控制器(programmable logic controller,PLC)搭配触摸屏实现,其中温度控制利用热电偶、继电器搭配 PID 算法实现;压力控制系统利用步进电机、蝶阀搭配分段调速和 PID 算法实现;流量控制利用流量计实现。采用与 PLC 配套的 SMART1000-IE-V4 触摸屏,编写触摸屏程序,开发了一套人机交互界面以便于操作。

(3)本课题创新性地提出了在线光检测系统,在线光检测系统主要借助原位吸收光谱实现。吸收光谱是判断物质种类的一种常用表征手段,其原理简单来说是物质吸收特定波长的光,发生能级跃迁,导致吸光度上升,反应到吸收光谱中就会在对应波长产生吸收峰。

3. 主要设计过程或试验过程

1)原子制造装备的总体结构研制

本课题研制了一套基于化学气相沉积技术的原子制造装备,其主要分为加热结构、压力调节结构、供给系统结构三个部分。加热结构主要由管式炉组成,其主要负责对样品进行加热和保温,其具有自由开合、双温区、便于装配的特点,方便后续试验的进行;压力调节结构主要通过针阀、主阀和蝶阀配合共同实现,末端与真空泵连接用于气体的抽取,通过两种支撑件可以对四通和阀进行固定;供给系统结构主要通过质量流量计实现。

2）原子制造装备自动控制系统研制

在完成原子制造装备的总体结构设计后，对其自动控制系统进行了研制。本课题从控制系统设计、控制系统元件组成与功能、人机交互界面设计三个部分研制了整个原子制造装备的控制系统。本课题以 PLC 搭配触摸屏的方式实现了温度、压力、流量的全自动控制，将三个控制模块集成到一个控制柜中实现了控制系统的集成化，并开发了一套人机交互界面便于操作。该控制系统可以代替原本的独立控制设备，实现原子制造装备的自动控制要求，为后续的试验展开提供了强有力的帮助。

3）在线光检测系统研制

本课题创新性地提出了在线光检测系统。在线光检测系统主要借助原位吸收光谱实现，其包括白光光源、白光出射、白光接收、光谱仪四个部分。在光路设计部分中首先保证了光路的连通，在此基础上设计了光源出射和接收装置，白光光源的选型根据光谱仪的反馈更换成为激光诱导白光光源，覆盖了紫外、可见、近红外全波段，实现了波长 200 ~ 1 100 nm 范围内吸收光谱原位测定，时间分辨达到 1 ms。相比非原位表征技术，在线光检测系统作为一种原位无损表征技术体现出了其强大的优越性。

4）具有在线光检测系统的自动原子制造装备验证试验

在完成整套装备研制后，本课题通过碳纳米管生长试验对该装备进行了验证。通过碳纳米管的生长证明了该装备可以实现原子尺度材料的生长，并且根据试验表征的结果，该原子制造装备生长的碳纳米管在生长效率、直径、晶体质量方面均达到了世界一流同等水平。装备中的在线光检测系统可以实时得到材料的吸收光谱，并根据光谱峰值的位置和峰强度的变化来判断物质生长的种类和生长的速度，实现了原子尺度物质制造过程的无损表征，获得了制造过程的动力学信息。光谱技术同时可以辅助试验的展开，如根据在线光谱的曲线来控制反应过程中加热的时间，判断制造过程的起始，达到特定厚度样品的生长后停止制造过程，实现了物质制造产物纳米精度控制。试验证明了本套在线光检测系统的自动原子制造装备的可靠性与优越性。

4. 结论

本课题针对原子制造装备目前存在的四个问题，设计并研制了一套具有在线光检测系统的自动原子制造装备。

（1）完成了原子制造装备的研制。其中包括加热结构、压力调节结构、供给系统结构的设计等。温度在室温至 900 ℃可调，升温速率大于 50 ℃/min，过程控制精度优于±1 ℃；实现了固体、气体、液体源供给，速度控制精度优于 1%。

（2）实现了原子制造装备全自动控制。温度、压力、流量各项关键参数控制精度优于 1%；开发了全自动控制软件，搭配触摸屏实现简便、高效的自动化控制。

（3）创新性地提出了在线光检测系统，利用吸收光谱实现了原位表征检测。相比非原位表征技术，在线光检测系统作为一种原位无损表征技术体现出了其强大的优越性。

（4）通过单壁碳纳米管试验对具有在线光检测系统的自动原子制造装备的可靠性进行验证。结果表明该原子制造装备生长的碳纳米管在生长效率、直径、晶体质量方面均达到了世界一流同等水平，并且装备中的在线光检测系统可以实现原子尺度物质制造过程的无损表征。

5. 创新点

（1）在传统的 CVD 过程中，表征通常以离线方式进行，反馈效率低；本课题创新性地提出了在线光检测系统,利用吸收光谱实现了原位表征检测。

（2）本课题研制了一套1寸晶圆尺寸原子制造装备样机并开发了全自动控制软件,实现了高集成化、全自动的控制。装备性能达到国际一流同等水平,可以实现多种体系材料的生长。

6.设计图或作品实物图

具有在线光检测系统的自动原子制造装备设计如图1所示,具有在线光检测系统的自动原子制造装备实物如图2所示。

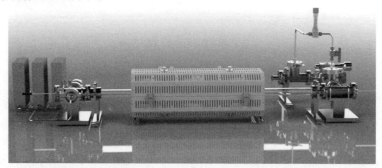

图1　具有在线光检测系统的自动原子制造装备设计

图2　具有在线光检测系统的自动原子制造装备实物

高校指导教师:项荣;企业指导教师:徐顺士

基于多源融合感知与自车轨迹预测的应急防撞系统

傅力嘉　吴宇鹏　戴筵丞

Fu Lijia　Wu Yupeng　Dai Yancheng

上海交通大学　机械工程

1. 设计目的

我国大型露天矿正积极探索智能露天矿的建设与发展,然而目前露天矿区环境复杂恶劣、生产作业强度大、危险性高,大量的采掘运输排土设备相互交织在露天矿坑内运行,存在矿卡司机用工成本高、矿区运营安全等问题,露天矿山也普遍面临用工难和用工成本高的问题。

矿山无人驾驶是一种有效的解决方案,但矿山无人驾驶不同于道路无人驾驶,矿区环境特征不明显,没有车道线、路标等统一标识,有挡墙、大块落石等障碍物,以及高扬尘、雨雾、夜间低照度、道路颠簸、坡度大、转弯急等特殊行驶情况,当今较为火热的道路无人驾驶技术难以迁移到矿山场景当中。

目前矿区无人驾驶依然处于 L3 等级,仍需要配备矿车安全员进行陪同驾驶,对矿山道路的障碍物状况进行判断,在矿车自动驾驶系统无法胜任驾驶工作的情况下,人工接管驾驶任务确保矿车的行驶安全。然而由于矿山大多远离市区且工作环境恶劣,社会人员从业意愿低。加之矿车招工培养出徒周期相对较长,导致矿车安全员人手紧缺。另外,矿场环境枯燥且存在较大危险,安全员需要时刻关注环境的变化。尤其夜间作业时,还需要克服视野受阻、自身疲劳等生理局限,更容易造成疲劳驾驶。因此在露天矿区复杂恶劣的环境下,矿车行驶依然存在车辆安全和人员安全的问题。

因此,为了提高矿车行驶的安全性,本项目旨在针对露天矿山场景特殊环境搭建一套基于多传感器信息融合的矿车应急防撞预警系统,判断矿车行驶路线上的安全状况,识别矿区中的各类障碍物,结合自车轨迹预测发出碰撞预警,作为“安全员”发出碰撞预警,起到对矿车司机驾驶时的监督提醒作用,也作为矿车无人驾驶系统的冗余安全保障,提高矿车驾驶的安全性。

2. 基本原理及方法

本矿车应急防撞系统涉及的技术原理包括环境感知传感器技术、路径规划技术、即时定位与地图构建(simultaneous localization and mapping,SLAM)、目标识别技术、语义 SLAM 等。

在环境感知方面,露天矿山卡车的环境感知系统目前已由单一传感器的环境感知算法发展为采用多源融合传感器的算法。本防撞预警系统中采用的传感器主要包括惯性传感器、4D 激光雷达和视觉传感器。根据环境感知系统采集到的环境信息进行多源传感器的数据融合处理,结合激光-惯性-视觉的 SLAM 算法(R3LIVE),通过传感器数据处理、前端里程计、后端优化、回环检测和地图建立五个技术环节,对外界行驶环境建立三维全局地图,并同时确定矿车自身在环境中所处的位置。

在障碍检测和道路识别方面，基于自采的矿场数据集，利用视觉信息实时对环境中感兴趣的障碍物目标进行基于 YOLOv8 神经网络的目标检测与像素级的图像实例分割，以及对矿山行驶道路进行基于非学习地面拟合和反射噪声去除的 Patchwork++ 算法对矿场地面进行道路分割，从以上两方面分别提取矿场的目标障碍物信息和地面信息来作为语义信息，输入到前述构建的三维全局地图当中，实现语义地图的构建，用于感知整体道路环境并指导矿车进行应急避障和紧急制动。

在避障行驶和应急制动方面，结合构建的三维全局地图，基于 TEB 算法开发矿车路径规划算法，对矿车驾驶路径进行基于矿车阿克曼运动模型的避障路径规划，在面对可以绕行的障碍物时矿车将进行绕障行驶，在出现无法通行或者无法及时绕开的障碍物时发布最高级别的应急制动指令，通过 ROS 系统进行运动控制解算并采用 CAN 通信的方式完成矿车底盘的运动控制。

3. 主要设计过程或试验过程

本项目的研究路线分为三大步骤：第一步是仿真试验，在 NVIDIA Isaac Sim 仿真平台上进行环境感知、阿克曼运动控制和目标识别算法的仿真验证；第二步是搭建多源融合感知硬件平台，并搭载到自主设计的麦轮移动底盘，对阿克曼矿车进行模拟，完成应急防撞系统的实物试验；第三步是将感知、控制等算法进行集成和迁移到矿用卡车上，前往露天矿山场景完成真实矿车的应急防撞试验。

1）基于 NVIDIA Isaac Sim 仿真平台的矿场环境模拟、矿车动力学仿真和感知算法验证

在仿真平台中进行仿真场景的初始化，自主构建并导入矿车、矿山模型，环境和矿车模型添加物理引擎并赋予属性参数，使用 OmniGraph 图形化编程工具实现运动控制的编写、仿真集成和部署。利用仿真平台的传感器模型组件，为矿车设计并搭载多源传感器，并读取多种虚拟传感器采集的环境数据。根据虚拟传感器信息，结合 ROS 系统在 Isaac Sim 仿真平台中进行 SLAM 算法仿真测试和基于矿车阿克曼模型的动力学仿真。

2）搭建硬件平台模拟阿克曼矿车进行应急防撞系统实物试验

本项目的硬件测试平台包括多源融合感知平台和基于麦克纳姆轮的移动平台。感知平台集成了多种传感器，包括 Intel Real Sense D415 相机、Livox HAP（TX）车规级多线激光雷达和该激光雷达内置的 IMU（惯性测量单元）。项目选用麦克纳姆轮作为移动底盘的主要原因是麦轮自由度高，可以模拟不同尺寸、不同类型的矿车运动模型，提高了防撞系统的普适性。

本项目成员自主搭建了上述硬件平台，利用该平台完成了传感器数据读取测试、多传感器参数标定，在实验室室内场景、上海交大凯旋门、学院大草坪等多场景下进行了多源融合 SLAM 实机试验，得到了适用性较广、环境感知精度高、实时性和鲁棒性良好的防撞预警系统参数，并验证了室内、室外等多个场景下，矿车模拟硬件平台所搭载的应急防撞系统均满足感知和避障的要求。

3）露天矿山场景下的真实矿车应急防撞试验

本项目成员前往露天矿山自行采集、制作矿场数据集，并将应急防撞系统的感知平台和控制算法迁移到实体矿车上，进行矿场实地测试。经过测试验证发现，矿车防撞预警系统能够在一定情况下充分应对矿山非结构化道路、非铺装道路等道路特征，以及在恶劣环境完成实时彩

色三维全局地图构建、矿车自车定位、轨迹预测、路径规划和道路检测。对多种障碍物完成了实时准确的目标识别和实例分割，能准确识别出行人、工程机械等矿场障碍物，精度达到99%。对不同场景有高鲁棒性和169帧的高实时性，并实现了对可绕行障碍进行避障行驶、对不可通行障碍进行紧急制动的应急防撞功能，满足设计需求。

4. 结论

本项目完成了虚拟露天矿山场景下的环境感知与矿车动力学仿真，搭建了多传感器信息融合的环境感知模块，实现了基于目标检测与分割发布障碍预警；搭建了麦轮移动平台，模拟阿克曼矿车进行应急防撞样车试验。最终在露天矿山完成了矿车应急防撞预警系统实地验证。

在实地试验中，矿车搭载的应急防撞系统对矿山道路环境构建地图，误差在1%以内。在环境感知的基础上，该防撞预警系统实现了矿车前方10 m内的障碍物识别和5 m米内的碰撞预警，性能达到了96%的精确率，满足虚警率低于10%的指标，94%的召回率满足了漏报率低于10%的指标要求，并达到了102帧的实时性。

5. 创新点

（1）采用了多源传感器融合感知的环境感知方式，提高了环境感知系统和应急防撞系统的鲁棒性，能在一定程度上应对矿山的非结构化道路、非铺装道路等特殊环境。

（2）采用了麦克纳姆轮搭建实物样车测试底盘，能够模拟不同的矿车运动模型，提高了系统的灵活性和普适性。

（3）本项目开发的针对露天矿山下无人驾驶矿用卡车的应急防撞预警系统实现了较高的精度和良好的实时性。

6. 设计图或作品实物图

搭载多源感知平台与麦轮移动平台的测试样车实物如图1所示，搭载多源感知平台并完成算法迁移的实体矿车如图2所示，搭载应急防撞系统的矿车的分级预警试验说明如图3所示。

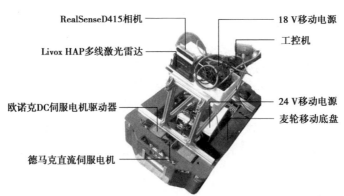

图1 搭载多源感知平台与麦轮移动平台的测试样车实物

图2 搭载多源感知平台并完成算法迁移的实体矿车

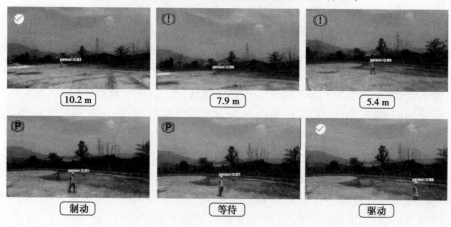

图3 搭载应急防撞系统的矿车的分级预警试验说明

高校指导教师：曹其新；企业指导教师：杨 扬

新能源智能化双向旋转顶置式平台高空作业车设计

刘班甫　夏陈鹏　田晓凡　陈宇轩

Liu Banfu　Xia Chenpeng　Tian Xiaofan　Chen Yuxuan

江苏大学　机械工程

1. 设计目的

高空作业车作为特种作用车辆,被广泛用于电力、市政、园林、通信、机场、造(修)船等高空作业领域。随着对环境保护的要求越来越高,高空作业车除了要确保其工作稳定性和安全性外,节能环保也是必须考虑并解决的重大问题。目前常规高空作业车按照结构的类型可以分为伸缩臂式(代号 S)、折叠臂式(代号 Z)、混合臂式(代号 H)、垂直升降式(代号 C)。按动力的类型可分为内燃机、电机,其工作平台多为侧置式篮筐结构,平台结构尺寸较小,承载能力小,作业空间小,仅能在一定范围内摆动,动力大部分采用内燃机。对于在隧道、大型洞库、飞机维修等高空作业需要大操作平台、大载重量、多角度施工以及有环境保护要求的场合,上述常规高空作业车就不能很好地满足施工作业的要求。

本课题设计一台新能源智能化双向旋转顶置式平台高空作业车,全电驱动,伸缩臂式、顶置式大旋转平台。以适用于隧道护板、桥架及通风管道安装、飞机除霜、安装太阳能电池板,以及其他更多适用的场合。其具体目标要求:采用电动驱动形式,举升高度为 11 m,举升质量为 400 kg,顶置式平台左右横向侧移位为 4 m,顶置式平台双向旋转 90°,顶置式平台尺寸为 3.5 m×2 m,爬坡能力为 8°,转场行驶速度为 5~10 km/h。具有支撑腿自动找平功能、顶置式平台自动调平功能。

2. 基本原理及方法

本课题在充分调研的基础上,根据项目目标要求,对整车功能进行分析,确定总体设计方案,将整车划分为四个主要部分,其主要由自行式电动底盘、回转式举升底架、伸缩臂式举升装置及双向旋转顶置式平台、液压及电气控制系统等部分组成。

(1)整机采用 SolidWorks 进行三维结构设计。

(2)通过理论计算选择自行式电动底盘的行走驱动电机、变速箱、电池、车桥等配件,采用 Cruise 对整车行驶性能进行分析,以确保车辆平稳行驶。

(3)针对关键零部件(转台支架、回转式举升底架、伸缩臂等)采用 ANSYS 对其进行有限元分析,分析校核其强度刚度,采用 Adams 对整车的稳定性进行分析。

(4)根据整车动作要求及控制要求,对整车的液压系统和电气系统进行了设计和仿真。采用 MathCAD 计算液压元器件的受载,以选择液压驱动电机、液压元器件(泵、缸),采用 Simcenter Amesim 软件进行液压系统仿真,确保液压系统运行平稳。设计电气控制程序,实现智能化支腿找平控制与工作平台调平控制。

3. 主要设计过程或试验过程

1）自行式电动底盘设计与分析

高空作业车采用了三电机驱动形式,行走电机驱动高空作业车行驶,工作电机驱动液压系统完成工作臂各项动作,转向电机驱动液压转向系统工作。底盘采取四轮驱动的行走方案,其中前桥为转向驱动桥,后桥为驱动桥,行走电机通过变速箱驱动前后桥主减速器,带动车轮运转。底盘大梁采用结构稳定性好的箱型结构,电池箱、工具箱等为保证外表美观与不影响行驶,布局在底盘大梁两侧,且在两边设置保护栏避免碰撞保证安全。采用 Cruise 对整车行驶性能进行分析,以确保车辆平稳行驶。

2）回转式举升底架设计与分析

为了使该新能源智能化双向旋转顶置式平台高空作业车能拥有较大的工作半径,本课题设计了伸缩式 H 型支撑腿形式的回转式举升底架结构,在底架的大小梁上面还盖有诸多铝板来保护车底架结构及电动底盘不受外界物体的撞击,保证工作人员能够方便上下工作平台,提供便利。

底架主体采用井字型的整体式焊接骨架,主体是由 2 根纵梁与 4 根横梁搭接,再由两边诸多的型材焊在一起,组成一个骨架,在横纵梁之间安排放置油箱与电机的空间,并用辅助梁来增加整个骨架的强度与刚度。

采用 ANSYS 对转台支架、回转式举升底架进行有限元分析,分析校核其强度刚度。

3）举升装置及工作平台设计与分析

（1）工作臂:本课题研究的高空作业车最大作业高度为 11 m,采用两节箱式伸缩臂,臂架截面形状选择矩形截面。

（2）调平机构:采用液压调平机构(2 个调平液压油缸)进行工作平台调平。

摆转装置:摆转臂可绕调平臂的顶端双向旋转 90°,工作平台可绕摆转臂的顶端双向旋转 90°。

（3）工作平台:通过 4 个角度传感器与工作台支撑架相连接,作业车最大工作载荷为 400 kg,可同时容纳 5~6 人工作。

（4）工作原理:①举升油缸推动伸缩臂基本臂转动;②伸缩油缸实现对伸缩臂一节臂的伸缩功能;③调平油缸通过伸缩运动实现对工作平台的调平功能;④摆转油缸 1 实现摆转臂双向旋转 90°的功能;⑤摆转油缸 2 实现工作平台双向旋转 90°的功能。

采用 ANSYS 对工作臂进行有限元分析,分析校核其强度刚度。采用 Adams 对整车的稳定性进行分析。

4）液压及电气系统设计与分析

根据整车动作要求及控制要求,对整车的液压系统和电气系统进行了设计和仿真。采用 Simcenter Amesim 软件进行液压系统仿真,并对不同道路环境下的支腿调平与工作平台调平进行仿真分析。在电气控制方面,采用 MPU6050 陀螺仪模块对回转式底架找平角度进行检测,在工作平台调平时,根据 AS5600 磁编码角度传感器模块来控制举升油缸和调平油缸的流量,从而实现实时调节。编写控制程序,实现智能化支腿找平控制与工作平台调平控制。

4. 结论

根据本课题的设计要求,团队精心组织,认真计算、设计、分析,完成新能源智能化双向旋转顶置式平台高空作业车设计,研究成果已经被江苏鹰石科技有限公司所采用,进行样机试制、测试,性能符合设计要求,很好地满足了客户的需求。

本课题设计采用电动驱动形式,适应时代对低碳、环保的高要求,高空作业车工作时稳定性好,安全可靠,人机交互性好,操作方便,为客户提供了性能优异的高空作业车平台。

5. 创新点

(1)采用多电机分时工作模式,既满足工作要求,又节能环保,适应时代对低碳、环保的高要求。

(2)运用现代设计方法,采用多款设计及仿真软件进行设计及仿真分析,确保整机作业的安全性与稳定性,确保整机性能。

(3)采用性价比较高的单片机嵌入式系统实现对整车的电气系统控制,实现智能化支腿找平控制与工作平台调平控制。

(4)采用双向旋转顶置式平台,其承载能力大(400 kg)、工作平台作业范围大。

6. 设计图或作品实物图

电动底盘模型如图1所示,回转式举升底架模型如图2所示,举升装置及双向旋转顶置式平台模型如图3所示,整车三维模型如图4所示,整车实物如图5所示。

图1　电动底盘模型

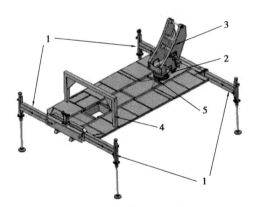

图2　回转式举升底架模型

1—高空作业车支撑腿;2—回转支承;3—转台支架;
4—大臂安装架;5—焊接骨架

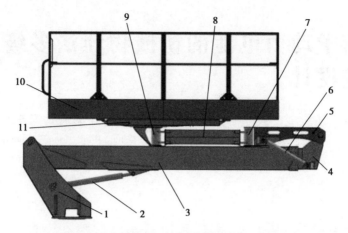

图3 举升装置及双向旋转顶置式平台模型

1—转台支架；2—举升油缸；3—伸缩臂基本臂；4—伸缩臂一节臂；5—调平臂；
6—调平油缸；7—摆转油缸一；8—摆转臂；9—摆转油缸二；10—工作平台；11—工作平台支撑架

图4 整车三维模型

图5 整车实物

高校指导教师：朱长顺；企业指导教师：徐其军

车载锂离子动力电池的机械物理法多级回收系统设计

郑家齐　江玮中

Zheng Jiaqi　Jiang Weizhong

合肥工业大学　机械工程

1. 设计目的

近年来,新能源电动车作为节能减排的重要方式被大力推广,锂离子动力电池的需求随之急剧增加。经过多年发展,动力电池的退役潮已经到来,废旧锂离子动力电池的数量也已呈现快速增长趋势。废旧锂离子电池若是直接报废处理,对于其中的有价金属来说是一种极大的浪费。不仅如此,若不经过有效的处理,其对于环境也具有极大的危害。

因此,设计废旧锂离子动力电池的机械物理法多级回收系统,实现废旧锂离子动力电池的机械物理法回收,无论是在环境保护方面还是社会经济方面,都是非常具有现实意义的。

2. 基本原理及方法

机械物理法回收的目的是浓缩富集需要被回收的材料,提高后续过程的回收率。该方法回收过程中材料没有明显的化学变化,操作与设备成本较低,也不会产生过多污染。机械物理法回收的工艺主要包括电池预处理、粉碎、分选,最终净化分离电极材料。

在机械物理法回收的过程中,电池在预处理后大多采用电池整体粉碎后回收或是人工拆解后粉碎回收。整体粉碎会增加后续筛选分离过程的复杂程度,也会降低回收率;人工拆解电池不仅效率低,而且电池在拆解过程中具有一定的危险性。因此,为了实现更高效率和产率的废旧锂离子电池回收,本课题针对上述工艺过程进行改进,引入了自动化的拆解和解卷工艺,再将各部分单独粉碎和筛选回收,并针对其中分离过程的分选机构进行设计优化,确定本课题的车载锂离子动力电池多级回收系统的工艺路线如图1所示。

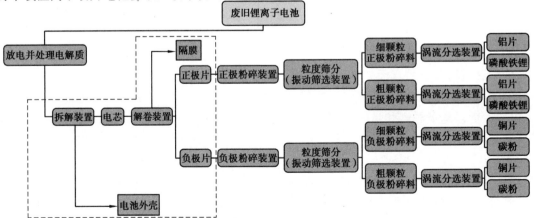

图1　车载锂离子动力电池多级回收系统的工艺路线

3. 主要设计过程或试验过程

根据本课题所确定的工艺路线,针对各个工序需要采用的装备分别进行设计,构建了包括拆解装置、解卷装置、粉碎装置、振动筛选装置、涡流分选装置,以及连接各个工序的输送装置在内的多级回收系统。本课题主要针对其中的拆解装置、解卷装置和涡流分选装置进行设计。

1) 拆解装置的设计

根据电池单体结构,拆解采用夹持电池中部,一次切除两端,最后推出电芯的方案。拆解装置主要由底板、搭载平台、夹具、切割装置、分离装置、料仓等几大部分组成。其工作过程如下:在装夹工位,工人通过夹具对电池进行横向定位,运载平台将电池送入切割工位对电池两端进行锯切,锯切后的电池被输送至分离工位,由接触开关以保证推出位置正确,实现外壳与电芯的分离。

在拆解装置的设计过程中,为了提高锯切电池外壳获得锂离子电池电芯过程的切削效率和稳定性,本课题对圆锯片的动态特性进行研究和分析。

本课题分别对圆锯片的材料及圆锯片尺寸、夹盘尺寸进行研究。研究发现,不同材料对圆锯片固有频率的影响很小;圆锯片直径越大,其固有频率越低,对应产生共振时的转速也越低;圆锯片夹盘直径越大,圆锯片的固有频率也越大。因此,选用材料为 M2 钢、直径为 255 mm、夹盘直径为 80 mm、厚度为 2 mm 的圆锯片用于锯切电池外壳。进一步地,在确定圆锯片材料和参数后,对圆锯片前三阶模态的临界转速进行计算,并选取了合适的工作转速。

2) 解卷装置的设计

在解卷装置的设计中,采用了反卷绕的方法实现电芯的解卷。通过吸盘和机械手的配合吸起隔膜,再反向卷绕电芯释放正极片,最后分别收集隔膜、正极片和负极片。

解卷装置主要由搬运装置、定位装置、切割装置、撕膜装置、分膜装置、卷绕装置及对应的收集装置组成。工作过程如下:工人将电芯放在定位装置上进行定位。夹持时,定位装置下方的推杆将电芯推起,以便于搬运装置夹持电芯。搬运装置将电芯送至切割装置上方,由热切刀将隔膜切开。切割完成后,搬运装置将电芯送至撕膜装置前,并将被切开的隔膜正对吸盘。吸盘吸取隔膜后将其送至卷绕装置中进行卷绕,撕去隔膜后正极片被暴露出来,并被分膜装置送入右侧的收集斗中。当隔膜和正极片被收集完成后,夹爪松开,负极片则在重力的作用下被送入左侧的收集斗中。综上所述,即可实现隔膜、正极片和负极片的分离。

3) 涡流分选装置的设计

在涡流分选装置的设计过程中,首先对磁辊表面及其周围的磁场强度分布情况进行了模拟,其次建立了粉碎料金属片在磁辊磁场作用下所受涡流力的数学模型,计算得到了粉碎料金属片所受涡流力,最终定量分析了粉碎料金属片在磁辊上的脱离角度,对该参数下涡流分选装置的工作性能进行分析。

根据上述研究方法,首先对不同粒径下的粉碎料金属片进行了研究。研究发现,金属片脱离角度与金属片的粒径呈正相关关系,金属片粒径越大则其脱离角度越大,其脱离位置离磁辊越远,即越容易脱离,涡流分选性能越好;同时小粒径的金属片在当前结构参数下仍具有一定的脱离角度。由此可见,在当前采用的结构和工作参数下,涡流分选可以实现粉碎料中磷酸铁锂材料与铝片、碳粉材料与铜片的分离。进一步地,对磁辊转速及磁辊半径进行了研究。研究发现,磁辊转速的提高有助于提高粉碎料金属片的涡流分选效果,但一味地提高磁辊转速并不能达到很好的提升效果;磁辊半径与粉碎料金属片涡流分选的效果呈负相关关系,随着磁辊半径的增加与磁辊截面圆心距离相同的位置处的磁场强度有所增加,但在涡流分选的过程中金属片的脱离角度却随着磁辊半径的增加而减小。

因此,根据实际工作需求,确定磁辊转速为 600 r/min、半径为 75 mm,并依据上述参数对涡流分选装置进行设计。

4. 结论

本课题根据车载锂离子动力电池的机械物理回收方法,以磷酸铁锂电池作为研究对象,提出了一条针对磷酸铁锂电池的多级回收系统。主要完成的工作如下:

(1)根据磷酸铁锂电池的结构与构成,设计了一条包括自动化拆解、机械化分级粉碎、振动筛选和涡流分选的磷酸铁锂电池机械物理法回收工艺路线。

(2)按照所确定的回收工艺路线,对磷酸铁锂电池的多级回收系统中各个工序所需要的装置进行了选型和设计,为后续优化研究确定了研究对象。

(3)针对拆解装置建立了动力学模型,分析了圆锯片的动态特性,对圆锯片转速及直径、夹盘大小、材料等参数对其固有频率的影响进行了研究,为拆解装置的设计提供了依据。

(4)针对涡流分选装置,建立了涡流分选过程的动力学模型,确定了方案的可行性,并研究了粉碎料金属片粒径、磁辊转速和磁辊半径对涡流分选效果的影响,优化了涡流分选装置的结构参数和功能参数。

综上所述,废旧磷酸铁锂电池中的锂金属具有很高的回收价值,采用上述多级回收系统可以对其进行高效的回收,带来可观的经济效益和环境效益。

5. 创新点

(1)回收工艺上对原有的路线进行了优化改进,引入了自动化的拆解和解卷工艺先对正负极片进行分离,能够实现精细化的分离回收。

(2)在解卷装置的设计中,采用了吸盘替代了气动手指的使用,简化了解卷过程。

(3)利用模拟计算,对装置进行了分析,优化了装置的结构参数与工艺参数。

6. 设计图或作品实物图

车载锂离子动力电池多级回收系统如图 2 所示。

图 2　车载锂离子动力电池多级回收系统

高校指导教师:吴仲伟、丁　志、夏金兵;企业指导教师:张一凡

三等奖

SANDENGJIANG

多层温室系统设计

曲培健

Qu Peijian

天津理工大学　机械工程

1. 设计目的

中国是农业大国,相对于传统农业形式,当下的社会面临着很多的问题,如年轻劳动力不足、有效的耕地面积逐渐减少、农作物品质较低等问题。为了应对这些困境,我国需要推进智慧农业的发展。智慧农业课题研究背景是在历史的大趋势下产生的,既包括了对现有农业生产模式的评估和挑战,也包括了农民收入和粮食安全等多个方面的要求。在这个背景下,智慧农业研究获得了越来越多的关注和重视。本课题设计的多层温室系统采用了高度智能化的技术,能够在多方面提升农业生产效率。相信这样的智慧农场应用将在未来进一步完善,并为农业领域的发展带来更大的贡献。

2. 基本原理及方法

本课题采用现代信息技术、物联网技术、增材制造技术、数字孪生技术、机器视觉技术等手段,解决传统农业模式面临的问题。中国政府推出政策措施和各地积极推行智慧农业项目,创新型企业涌现。本项目系统采用模糊 PID 控制算法,建立多层智能农场控制系统数学模型,以提高粮食产量和质量,降低生产成本。本多层温室系统总设计方案是以三菱 Q 系列 PLC 作为主控制器,以耀迈树莓派主板作为视觉检测的主要处理器,通过各类环境因子传感器采集农业生产信息,数据传输到云端,建立云组态和环境因子曲线,制作小程序方便农场主操作。

3. 主要设计过程或试验过程

1) 系统总体设计

根据初始功能要求,设计出整体系统的机械结构模型。整体机械结构主要由多层温室框架、水肥药一体机、二维插补巡检机器人、通风排风扇、日光灯、循环水帘等组成。

为了实现智能化施肥施药的需求,设计了一套集肥料配比、药物配比、总体施肥施药、单株叶部根部施肥施药等功能于一体并且能够满足该温室系统的水肥药一体机。水肥药一体机包括以下结构:4 个肥料药物装载筒,可以配置多种不同浓度的肥料与药物;2 个作用通道,即埋在地下的整体灌溉通道和随动定植株施肥施药通道,可以对整体植株或单棵植株进行施肥施药。水肥药一体机主要由传感器部分、控制部分、执行部分等部分组成。其中,执行部分主要由水泵、步进电机、搅拌电机、旋转量杯下料槽组成。自来水通过进水泵的作用由进水口进入反应釜内,由压力传感器通过差值检测反应釜内水的质量,待达到相应的质量后,物料筒下方的旋转量杯下料槽开始工作,将物料筒内的药物或者是肥料按照传感器检测分析得出的结果进行下料,通过步进电机带动旋转量杯下料槽进行定量的下料,通过物料漏斗进入反应釜,再次通过重量传感器进行二次下料校对,符合剂量后启动搅拌电机进行搅拌,随后通过排水泵进入埋在地下的整体灌溉通道或随动定植株施肥施药通道进行施肥施药。通过步进电机带动二维插补巡检机器人运动,进而带动安装在二维插补巡检机器人连接板上的摄像头、喷雾喷头和滴灌滴管进行 S 形巡检,在巡检的过程中,摄像头对单位区域内的植株进行拍照取样,将拍摄到的图像传递到处理器进行特征提取并与缺陷标准信息库进行对比分析,确定植株的患病及缺素症性状与位置,待巡检完成后,二维插补巡检机器人带动喷雾喷头和滴灌滴管进行定点定量施肥施药。

2)控制系统设计

总体控制系统包括含电控系统和云控系统两部分。电控系统主要包括 PLC、运动控制系统、光照传感器、pH 传感器、CO2 传感器、温湿度传感器、压力传感器及继电器等。云控系统包含 6 个子系统:环境监测、远程自动化、智能视频监控、用户感知 BI、设备通信控制、数据分析。根据系统的主要要求,选择以三菱 Q 系列 PLC 作为主控制器,对各个执行设备进行信息采集及控制调节,选择各类环境传感器作为数据检测装置。在检测系统与执行系统中,采用 RS-485 型传感器与控制系统进行通信,改变了传统 I/O 通信的模式,节省了布线的时间与成本,为了确保步进电机运动平稳性和位置精度,使用了位置 PID 控制器和速度 PID 控制器对步进电机进行双闭环控制。云控系统通过无线传输模块在云平台上建立,并在 PC 端和云端上进行 PLC 组态的搭建,通过云盒子将现场大量不同区域设备的数据和图像输送到远端的云数据中心,可以实现程序远程下载、远程监控、远程诊断、远程维护及故障预警等功能,可以大规模建设远程管理设备的信息化网络,实现无人化温室。通过物联网盒子将温室内的各类传感器采集到的环境因子传到云端,经过计算后在远程的 PC 端和云端形成实时各类环境因子的动态曲线。将收集到的信息通过物联网盒子反映到控制面板上,包括①各类环境因子:温度、湿度、光照强度、土壤温度、土壤含水量、土壤盐度、土壤导电率、土壤氮含量、土壤磷含量、土壤钾含量、土壤 pH 值;②操作面板:自动、手动、补光、加湿、原点回归、补水、喷灌、滴灌、搅拌等操作按钮;③当前位置病虫害提示灯:病虫害情况、土壤缺氮、土壤缺磷、土壤缺钾等信号灯;④当前位置巡检机器人的位置坐标;⑤当前巡检机器人处在耕地的位置;⑥当前的时间及温室检查状况;等等。可以在远程通过 PC 端监视温室中各类环境因子的情况,并且可以通过对 PC 端控制面板上按键的操作实现对温室内的远程控制,有效解放了劳动力,且操作简单,用户在家即可对温室进行管理,极大地提高了作业环境水平。

3)视觉检测算法

本课题采用 YOLOV4-Tiny 算法作为玫瑰病害图像识别的检测算法。YOLOV4-Tiny 是一种单阶段目标检测的算法,与 YOLOV4 算法相比,YOLOV4-Tiny 算法在特征加强层仅使用了两个特征层进行分类与回归预测,并且训练参数只有 1/10。在 COCO 数据集上 YOLOV4-Tiny 不仅达到了 22.0% AP(42.0% AP50),而且推理速度为 443FPS。在保证检测准确率的同时极大地提高了检测的速度,符合本系统的需求。YOLOV4-Tiny 算法由 Backbone、Neck、Prediction 三大部分组成。Backbone 没有完全沿用 YoloV3 的主干特征提取网络 Darknet53,而是采用了 CSPDarknet53-tiny 网络。与 Darknet53 相比,残差网络结构发生了改变,没有使用 DenseNet 结构,而是使用了 CSPNet 结构,将原来的残差块的堆叠拆分成左右两部分,一部分继续进行原来的残差块的堆叠,另一部分则是一个残差边,经过少量处理直接连接到最后。经过这样的修改使得其比 ResBlock 具有更强的学习能力。而且进行特征提取时,为了更快速,没有采用 Mish 激活函数组成卷积单元(CBM),而是采用 Leaky relu 函数组成卷积单元(CBL)。CSPNet 结构,CBL、CBM。将原始图像进行处理后,按照 9∶1∶1 的比例将处理后的图像随机分为训练集(3436 张)、检验集(383 张)、测试集(381 张)。为了加快训练速度和防止训练初期权值被破坏,将训练分为冻结阶段和解冻阶段,冻结阶段将 YOLOv4-Tiny network structure diagram 前 60 层进行冻结,进行 25 次迭代。冻结阶段结束后,将模型还原并进行 32 次迭代。经过训练得到收敛性好的模型。

4. 结论

本课题设计的多层温室系统对影响植株生长的几种常见环境因子进行了分析,将植株作为研究对象,提出了一种基于视觉识别的检测方式,同时采用深度学习算法对环境参数进行整定,能通过物联网技术对现场环境及植株生理指标进行云端实时监测,实现了农场智能化和集约化的控制,自动化程度高,降低了智能控制的成本,提升了作物产量,能带动现代化智慧农场的建设和推广应用。

5. 创新点

(1)本课题利用 labelImg 对近万张不同种类的玫瑰进行标注,组成玫瑰特征数据库。另外我们建立了玫瑰患病概率算法,算法采用标签平滑正则化和 Dropout 正则化、余弦退火衰减算法、kmeans 聚类法来分别防止过拟合、局部最大现象以及对不同性状的玫瑰进行框选。

(2)本课题利用了云技术的全面数据监控。下面就是我们通过扫码操作即可观看的控制组态面板,同时也可以观看到如上的各种环境因子变化的实时曲线。

(3)本课题建立了"加热—通风"模型。农场内各环境因子和温室设备的对应关系比较复杂,因此运用模糊 PID 算法建立了"加热—通风"模型,在一定程度上达到了通过湿度调节控制温度变化的效果。

6. 设计图或作品实物图

多层温室系统设计的实物图如图 1 所示,云端控制面板如图 2 所示,云端实时环境因子动态曲线如图 3 所示。

图 1　系统实物图

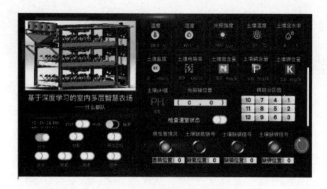

图2　云端控制面板图

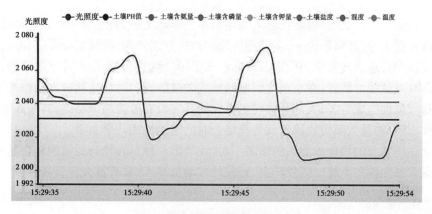

图3　云端实时环境因子动态图

四轮独立驱动独立转向越障车设计

冯会铭

Feng Huiming

辽宁工程技术大学　机械设计制造及其自动化

1. 设计目的

　　智能制造场景中,大部分移动机器人采用两驱的驱动方式,配合 2~4 个全向移动脚轮进行辅助支撑和行走,在转向系统上,多采用传统的两轮差速转向,机械部分复杂,并且转弯半径大,在行走转弯时,造成转弯空间受限及横向停车受限,倒退控制操作不灵敏等问题;部分移动机器人不具有减震缓冲装置,在小角度颠簸路面或驶过障碍物时会受到较大刚性冲击,对移动机器人自身可靠性造成危害;大部分移动机器人的开发没有考虑越障功能,其在面对智能制造场景中楼梯、凸台等较大障碍物或遇到特殊场合时的通过性几乎为零。

　　结合上述所涉及的移动机器人的诸多不足,设计出一种具有轮与腿结构复合越障机构的,具有独立驱动独立转向系统以高效转向、行驶的移动机器人,具有重大意义和价值。

2. 基本原理及方法

　　本课题对国内外轮式、足式移动机器人的发展历史及研究现状进行了综述,并从结构设计、性能分析、控制研究三方面入手,设计具有减震功能的,将轮毂电机四轮独立驱动转向技术和轮腿支撑越障机构相结合的,具有一定越障功能的高性能全向移动机器人;建立了越障机构的正逆运动学模型,并通过 Matlab 进行正逆解算;基于有限元理论,利用 ANSYS Workbench 对机器人的关键部件和整机进行性能分析,验证机器人的可靠性;基于多体动力学理论,利用 Adams 软件,模拟机器人在综合路面的行驶特性,分析行驶过程中机器人的质心、速度、加速度和轮胎与地面相互作用等特性;制作试验样机,并进行平面行驶与上台阶试验,验证机器人的行驶及越障的可行性。

3. 主要设计过程或试验过程

1)驱动与转向单元的设计

　　小车的驱动与转向系统,其主要作用是为小车的行驶提供动力,使小车能够灵活地完成转向,甚至原地转向掉头等动作,采用四轮独立驱动的驱动方式进行驱动,具有零转弯半径,可实现原地 360°转向,采用 4 组 8 个电机,每组中轮毂电机负责驱动,另一个电机驱动轮子独立转向,在简化了机械结构的同时又将多种运动模式集于一身,进一步解放小车的运动能力,使之可以适应更加复杂的工作环境。本设计确定了四轮独立驱动独立转向的驱动与转向形式,并计算了机器人多种行驶状态的功率,选定了所需轮毂电机。

2)越障机构的设计

小车的越障系统,其主要作用在小车执行特别任务需要跨越较大障碍物时,提供越障功能,越障机构采用一种对称布置的曲柄连杆并联机构,配合末端的支撑辊,可以在遇到障碍物时将小车架起,通过两个关节不同的输出角度来改变小车的姿态,配合前后四轮的驱动系统进行越障。本课题建立了越障机构的运动学模型,并利用 MATLAB 软件对越障机构的正逆运动学进行了解算,利用 Ansys Workbench 软件对越障机构工作过程中两个关节的输出扭矩进行了求解,并对越障电机进行了选型。

3)结构性能分析

在完成四轮独立驱动独立转向越障车的整体机械结构设计后,为了确定整机的可靠性,需要对整机进行有限元分析。依据 Ansys Workbench 软件对转向驱动轴的强度与刚度、越障机构结构工作可靠性、减震装置工作的可靠性进行了分析;利用有限单元法和 Ansys Workbench 软件,分析了机器人在最大承载工况下的静态结构性能,通过模态分析确定了其前 20 阶自由模态。

4)行驶性能分析

基于多体动力学理论,利用 Adams 软件,模拟机器人在综合路面上行驶的状况,分析行驶过程中质心的速度、加速度变化情况以及轮胎与地面的相互作用。

4. 结论

(1)设计了整机结构,校核了关键部位,制作了机器人的实物模型,机器人的最大承重为 50 kg;机器人最大总重为 100 kg;最大行驶速度为 1 m/s;最低越障附加高度为 0.1 m;最高坡道角度为 0.2°;机身尺寸长 750 mm,宽 690 mm,高 360 mm。

(2)设计了越障机构,实现了对小型、大型障碍物的跨越,能够对高度小于 150 mm 的障碍物进行越障。

(3)设计了四轮独立驱动独立转向的驱动与转向方式,验证了其高效全向移动能力,能够实现前轮转向、后轮转向、四轮转向、斜向移动、横向移动、原地转向等多种转向方式。

5. 创新点

(1)采用四轮独立驱动独立转向的驱动与转向方式,驱动力强悍,移动、转弯高效,能实现全向高效移动。

(2)采用五连杆机构作为越障机构,承载能力强,运动范围大,地形适应性强。

(3)配备减震装置,缓解行驶、越障过程中的刚性冲击,提高结构可靠性。

(4)配备深度相机和激光雷达,能够实现对障碍物和周围环境的感知。

6. 设计图或作品实物图

模型及实物如图 1—图 3 所示。

图 1 四轮独立驱动独立转向越障车三维模型　　图 2 四轮独立驱动独立转向越障车实物

（a）阶段1

（b）阶段2

（c）阶段3

（d）阶段4

（e）阶段5

（f）阶段6

图 3 四轮独立驱动独立转向越障车6个阶段的测试

高校指导教师：张兴元；企业指导教师：靳铁成

空间阵列特征自适应制孔系统开发

张堂一

Zhang Tangyi

大连理工大学　机械设计制造及其自动化

1. 设计目的

阵列安装孔是固体火箭壳体、航空发动机机匣等关键结构件上的一类典型特征,为电路、仪器仪表等核心元器件的精密安装与固定起到关键作用,其具有形位精度要求高、多源形位约束等特点,且基体壁薄、刚性弱,易因切削力/热、加工误差累积等因素发生不可预测的位姿变形。若按照理论位置加工,极难保证阵列孔的形位精度与相对位置关系,在机测量特征的实际位置并实施加工偏差补偿,是实现阵列安装孔可控加工的必经之路。

2. 基本原理及方法

本课题针对薄壁壳体外表面阵列安装孔自适应加工难题,研究了特征信息在机提取、阵列特征空间状态建模与容差分析、兼顾多重约束的阵列安装孔加工位置补偿修调等内容,开发大型薄壁件空间阵列特征自适应制孔软件与系统并进行综合试验验证。

针对阵列安装孔位姿状态描述困难的问题,基于旋量理论构建了阵列特征的空间状态模型,在统一的工件基坐标系下描述各局部坐标系到基坐标系的变换关系,推导了典型阵列特征的容差范围约束方程。为阵列特征加工位置偏差协调补偿奠定基础。

针对薄壁壳体结构复杂、尺寸大、曲面曲线结构多、加工变形复杂等特点,采用线激光扫描的非接触式测量方法获取薄壁壳体表面轮廓信息和安装座实际位姿信息;通过对测量点云数据进行点云去噪、数据精简等预处理后,利用插值拟合的方式得到薄壁壳体、安装座的边界信息,从而获取阵列安装孔的加工基准;完成阵列安装孔加工位置修调解算并求解补偿量,进行加工位置修调补偿,生成自适应钻孔和攻丝加工代码,并进行对刀和自动补偿,完成薄壁壳体上阵列安装孔的高质高效加工。

针对阵列安装孔人工加工效率低下、精度不足的问题,根据待加工试验件加工要求以及薄壁壳体测量—加工一体化方案,开发了阵列特征自适应加工软件,软件系统包含六大模块,实现线激光在机测量、数据传输、特征提取、容差分析与加工位置协调补偿、自适应加工代码生成功能。搭建了空间阵列特征自适应制孔系统,该系统首先由线激光测量系统实现对大型薄壁件阵列安装孔的扫描,获取特征边界信息,由测量—加工一体化软件实现对数据的处理,生成阵列安装孔加工代码,并实现刀轨路径模拟,保证加工安全。加工代码通过网线上传机床,实现对阵列安装孔的加工,在加工过程中,使用激光对刀仪实现对刀,保证加工质量。

3. 主要设计过程或试验过程

1)阵列信息在机提取与点云数据快速处理

提出了基于截面线的曲面轮廓在机扫描测量方法,获取了薄壁壳体在工件坐标系下的坐标值。基于线激光在机测量的阵列特征信息,对获取的点云数据进行预处理。对预处理后的点云数据采用二次 B 样条曲线提取特征边界,并利用二次插值拟合方法求解安装座间隙,完成阵列特征的数据建模。

2)多源约束孔特征的加工位置修调解算

基于约束转换思想,将多源约束转换成相同性质的空间位置约束,求解多源约束特征的容差范围,综合考虑阵列安装孔的多源约束,修调阵列安装孔的加工位置。单一孔的加工位置取位置度合格域与壁厚合格域交集,确定出满足加工要求的容差范围,为下一步的阵列安装孔加工位置修调解算提供基本约束。阵列安装孔根据壁厚和位置度两者容差范围中心点的关系,求解出单一孔的合格加工范围。随后考虑径向相邻安装孔之间的相对位置要求,获取最终的加工位置修调范围。

3)补偿量求解与自适应加工代码生成

基于获取的加工位置修调范围,结合坐标系整体偏移与加工位置精细补偿方法,求解出加工位置、钻孔起始位置与钻孔深度的补偿量,并生成自适应加工代码。在保证不损伤壳体的情况下,完成空间阵列安装孔的高效自适应加工。

4. 结论

(1)基于旋量理论构建了阵列特征的空间状态表达模型,以指数积的形式表达特征的位姿变动,将局部坐标系下的阵列特征坐标信息统一至基坐标系。将旋量理论应用到公差的表达模型中,推导了典型特征的容差分析矢量方程及容差范围约束方程,在此基础上对圆周阵列进行容差范围分析。为阵列特征的加工位置偏差协调补偿提供重要的前提和理论基础。

(2)基于约束转换思想,研究了多源约束特征的位置修调方法,以此为基础提出一种薄壁壳体外表面阵列安装孔的高效自适应加工方法。研究了单一孔特征在多源约束下的位置修调方法并以此为基础进一步提出阵列安装孔加工位置容差分析与修调解算方法,从而提高阵列安装孔的定位精度,降低尺寸误差。为阵列特征加工位置协调补偿难题提供了重要的解决方法。

(3)分析了阵列安装孔的测量—加工一体化需求,开发了阵列特征自适应加工软件,搭建了空间阵列特征自适应制孔系统。针对固体火箭的薄壁壳体的阵列安装孔特征,进行了阵列安装孔自适应加工综合试验。研发的空间阵列特征自适应制孔系统相较于人工修调加工精度和效率均提高了 85% 以上,验证了本课题所提出方法的有效性。

5. 创新点

(1)将旋量理论引入到阵列特征的空间状态建模过程中,建立了基于旋量理论的阵列特征空间状态模型。

(2)提出了薄壁壳体外表面阵列安装孔高效加工方法,保证多源约束下薄壁结构件空间阵列特征高质高效加工。

(3)针对阵列安装孔协调补偿加工需求,开发了空间阵列特征自适应制孔软件系统。

6. 设计图或作品实物图

本课题的设计思路及结果见图 1。

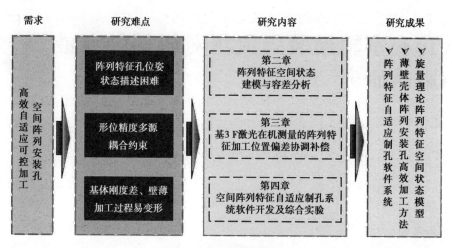

图 1 设计思路及结果

高校指导教师:刘海波;企业指导教师:吴 军

介入式心室辅助装置流场对机械性血液损伤影响研究

刘琦炜

Liu Qiwei

清华大学　机械工程

1. 设计目的

心衰是心脏疾病发展的终末阶段,5 年死亡率高达 50%。介入式心室辅助装置是一种通过短期临时机械循环支持治疗心衰疾病的创新器械,改善危重病人血流动力学特征,部分替代心脏功能,已经成为心源性休克和高危 PCI 术中保护等的重要治疗手段。目前的介入式心室辅助装置主要有刚性轴驱动刚性结构叶轮旋转和柔性轴驱动柔性结构叶轮旋转两种驱动方法。然而在使用过程中,流场变化会导致溶血和血栓形成等问题,从而对人体造成危害。因此,本课题以介入式心室辅助装置 Impella 为基础,采用计算流体动力学对介入式心室辅助装置的流动特性和机械性血液损伤进行研究,并搭建适用于介入式心室辅助装置测试系统的体外循环试验平台。

2. 基本原理及方法

现有介入式心室辅助装置主要应用于急性心力衰竭,采用轴流泵的设计原理,具有尺寸小、流量大和介入操作简便的特点。本课题使用三维建模软件进行了介入式心室辅助装置流场模型的三维建模,使用计算流体动力学方法,基于多重参考系稳态分析和流固双向耦合瞬态分析分别建立了刚性结构和柔性结构两种介入式心室辅助装置流场的数值计算模型,选择了合适的湍流模型、边界条件及相应的求解方法。

本课题结合计算流体动力学分析结果,验证了两种心室辅助装置的水力性能基本符合心脏泵的工作需求。同时根据心室辅助装置机械性血液损伤机理,分析了流场中的不规则流动现象和容易产生血液损伤的区域。使用 DPM 模型结合拉格朗日方法对建立了心脏泵的血液损伤模型,尤其对于柔性结构的溶血机理进行了深入的分析。

本课题通过搭建适用于介入式心室辅助装置测试系统的体外循环试验平台,来实际测量介入式心室辅助装置测试系统的水力学性能,对 CFD 仿真分析的结果进行了验证,并基于此试验平台设计了体外循环溶血凝血性能测试试验方法,全面、简便地评价心脏泵的工作性能。

3. 主要设计过程或试验过程

1) 介入式心室辅助装置数值模型建立及水力性能分析

根据介入式心室辅助装置的基本工作原理和结构特性,建立了刚性结构和柔性结构两种介入式心室辅助装置流场的数值计算模型并对泵体水力性能进行分析。由初始设计工况计算并修正得到最终心室辅助装置的主要设计参数,利用三维建模软件对泵体进行三维建模,而后导入计算流体动力学软件中进行前处理得到流场模型,确定相关数值计算模型和边界条件。对刚性结构和柔性结构叶轮在多种工况下进行仿真计算,验证水力性能是否满足心室辅助装置设计的基本要求。

2)介入式心室辅助装置血流动力学流场分析

对泵体内流场进行血液动力学特性分析。采用 CFD 技术对介入式心室辅助装置的流场模型进行仿真计算,分析不同工况下血流动力学特点。根据血液在心室辅助装置内的血液损伤特点,对流场中的不规则现象及易引起溶血的流场区域进行分析。

3)介入式心室辅助装置血液损伤模型建立

本课题使用 DPM 离散相模型模拟血细胞在流场中的运动过程,建立了基于拉格朗日方法的溶血预测模型,用于评价介入式心室辅助装置的机械性血液损伤性能。通过对溶血性能和流场分布情况的对比分析,研究了血液相容性和流场分布之间相互描述的关系。同时本课题重点研究了柔性结构心室辅助装置在血液流场中的特殊性能,对设计优化起到指导作用。

4)用于介入式心室辅助装置测试的体外循环试验平台

搭建用于介入式心室辅助装置测试的体外循环试验平台。分别搭建刚性结构和柔性结构两种不同的介入式心室辅助装置测试系统。测试系统实现了小尺寸、高转速和高流量的测试需求。设计并搭建了适用于介入式心室辅助装置测试系统的体外循环试验平台及对应的试验方法,包括循环回路模块、试验段模块、观测模块和温度控制模块。使用体外循环试验对介入式心室辅助装置的水力性能进行了验证,结合仿真分析不同类型心室辅助装置流场的血液损伤性能。

4.结论

(1)本课题建立了刚性结构和柔性结构两种介入式心室辅助装置流场的数值计算模型。采用标准 k-ε 湍流模型下的 MRF 方法对刚性叶轮结构进行稳态分析;采用 Ansys Workbench 流固双向耦合方法,利用动网格模型的弹簧光顺和网格重构功能对柔性结构叶轮进行瞬态分析。验证了刚性结构和柔性结构叶轮的水力性能能够在较小尺寸下实现所需求的流量,满足心室辅助装置设计的基本要求。通过调节转速和流量,能够实现较大的扬程调节范围。

(2)采用 CFD 技术对介入式心室辅助装置的流场模型进行仿真计算,得到了流场相关信息。根据心室辅助装置机械性血液损伤机理,分析了流场中的不规则流动现象和容易产生血液损伤的区域。两种结构介入式心室辅助装置都在入口壁面和叶轮边缘存在高剪切应力区域,而柔性结构叶轮的使用能够在保持心脏泵供血流量需求的情况下,有效降低转速和剪切应力。

(3)设计搭建适用于介入式心室辅助装置测试系统的体外循环试验平台,使用体外循环试验对介入式心室辅助装置的水力性能进行了验证。在转速恒定的情况下,两种结构心室辅助装置的扬程都会随着流量的增加而有所下降,但电机功率几乎保持不变;随着转速的增加,两种结构心室辅助装置的扬程和电机功率会有明显的增加。

5.创新点

(1)本课题采用计算流体动力学方法建立了两种不同结构的介入式心室辅助装置数值模型,得到了相关的流场信息;该方法重点揭示了柔性结构在流场中的特殊作用规律。

(2)本课题建立了一种机械性血液损伤性能评价模型,研究了机械性血液损伤性能与流场分布之间相互描述的关系和柔性结构心室辅助装置在停留时间上与刚性结构相反的规律。

（3）本课题设计搭建了一种可以适用于介入式心室辅助装置测试系统的体外循环试验平台，既能模拟人体内生理流动环境，提供心脏泵测试平台，并能够实现实时观测。

6.设计图或作品实物图

红细胞在心脏泵流场中的血液损伤信息如图 1 所示，体外循环试验平台如图 2 所示。

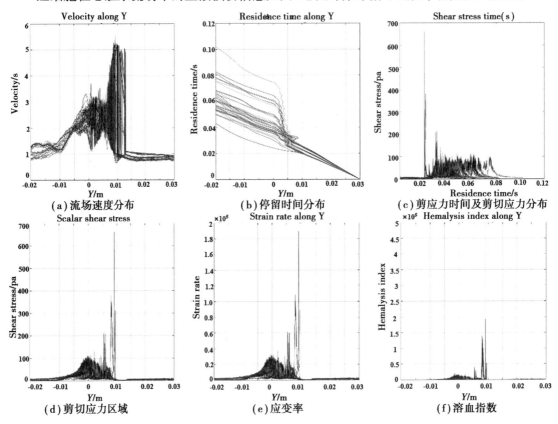

图1　红细胞在心脏泵流场中的血液损伤信息

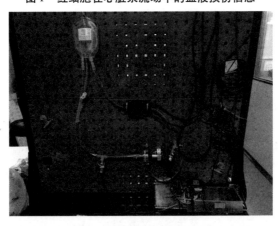

图2　体外循环试验平台

高校指导教师：李永健；企业指导教师：刘诗汉

苹果智能包装机器人结构设计

欧梓源

Ou Ziyuan

哈尔滨工程大学　机械设计制造及其自动化

1. 设计目的

苹果的商品化处理和包装过程是自动化程度比较低的一个环节,市面上的水果分选机和包装机,可完成水果大小的分类和水果的单个包装,但它们的功能单一,且包装后仍需要人工进行装箱。为解决苹果分选标准单一和人工装箱效率低下的问题,本课题设计了一款苹果智能包装机器人,可高质量完成苹果筛选、套网和装箱的功能。创新设计了两自由度筛选旋转平台,运用 OPENMV 视觉识别控制系统辅助筛选苹果,同时提出了一种新式的苹果装箱方式,可以完成多层泡沫托盘的自动装箱工作。该机器人可高质量完成苹果的筛选包装工作,且具有良好的拓展性,可用于不同种类球形水果的自动包装工作。

2. 基本原理及方法

苹果智能包装机器人是一款集成筛选、套网、拾取、装箱操作于一体的多功能智能一体化机器人。本课题设计的机器人主要分为四个部分:筛选平台,套网装置,拾取机械臂和装箱装置。机器人的基本工作原理为:

苹果从传输带对接到筛选平台,运用视觉识别控制系统,对苹果品质、色泽进行筛选,筛选完成后,平台控制苹果着色度最好的一面朝上,筛选平台停止转动,位于筛选平台上方的套网手爪会打开塑料发泡网并向下运动套进苹果,随后手爪脱开发泡网,往上运动,到达苹果上方,套网手爪闭合,将套网剪断,苹果套网结束,机械臂把苹果拾取放入待放苹果的托盘区域,当待放托盘放满苹果后,托盘平台升起,装箱平台移动到托盘平台处完成装箱工作。在整个苹果包装机器人运动过程中,可以完成预期的苹果筛选,套网和装箱功能。

3. 主要设计过程或试验过程

1)筛选平台的结构设计

筛选平台的总体结构分为供料和筛选两个部分。供料斜板的目的是把苹果从传输带转运到筛选平台,并控制苹果逐个到达筛选平台。旋转平台则实现对苹果的360°旋转操作,以便于视觉控制系统对苹果全方位的识别工作,要求平台对苹果有两个方向的旋转。供料斜板带有5°的斜度,使苹果可以依靠重力滚动,供料斜板前端有开合斜板,控制苹果运动至筛选平台。运用凸轮连杆机构控制开合控制板的运动。当凸轮回转时,凸轮控制连杆运动,连杆控制着前端斜板的俯仰,和隔板的上下运动,凸轮的基圆半径是 20 mm,升程是 10 mm。

筛选平台的旋转采用二级传动的方式。第一级传动为锥齿轮传动,改变传动的方向,以便于电机的安装放置,第二级的传动使用蜗轮蜗杆的传动机构,以满足旋转平台的设计要求,其旋转速度为 60 r/min。驱动电机通过锥齿轮传动,把动力传动给蜗杆轴,再通过蜗轮蜗杆传动从而带动蜗轮轴的转动,实现旋转平台的旋转。

滚轮的转动通过四级齿轮传动完成。第一级是齿轮的内啮合传动,涡轮轴的转动,带动涡轮轴上的齿轮与设计安装在壳体上的齿圈内啮合转动,第二级传动是直齿轮与直齿轮-锥齿轮双联齿轮的传动,第三级传动为双联锥齿轮的传动,改变传动方向,第四级传动为双联直齿轮与直齿轮的传动,从而带动滚轮的转动。

2)套网装置的结构设计

套网装置由两部分组成,分别是升降机构和套网手爪结构。套网装置需要对苹果进行套网动作,从筛选平台上方把网套进苹果然后完成切割,其需要完成的动作有两部分,套网手爪的升降,以及手爪的开合。选用滑动螺旋传动控制手爪的升降,升降范围为 0 ~ 300 mm,升降速度为 200 mm/s。手爪采用的是两指结构设计,两指的结构设计可以满足对塑料泡沫网的打开,拉动及剪断要求。手爪的开合由连杆传动机构控制,手爪的张合范围是 0 ~ 130 mm。连杆的运动由齿条的直线运动而控制。手爪处设计了魔术贴,用于满足手爪对塑料泡沫网的打开和拉网,在完成拉网动作后,手爪还需要剪断泡沫网,因此,在手爪底部设计了刀片用于切断泡沫网。

3)拾取苹果机械臂的结构设计

机械臂的自由度分别为机身的旋转,机械手臂的升降,机械手臂的伸缩。机身的旋转选用蜗轮蜗杆传动机构,带动主轴的转动,从而带动机身的旋转,其旋转速度为 360°/s。机械手臂的升降采用二级传动的方式,第一级传动为锥齿轮传动,两锥齿轮的轴互相垂直,第一级传动的作用是改变传动的方向,便于整体机器人的电机布置和机械臂的结构设计,第二个作用是降低丝杠轴的转速,从而降低机械臂升降的速度,使得机械手臂的升降速度符合设计要求。第二级传动为丝杠螺母传动,把丝杠的旋转转化为机械手臂的升降,其升降速度为 100 mm/s。机械手臂的伸缩采用二级传动的方式,第一级传动为直齿轮传动,传动比为 2,降低丝杠轴的转速,使机械手臂的伸缩速度符合设计要求,其伸缩速度为 200 mm/s。为了可以稳定地抓取苹果,机械手爪的设计采用四指手爪的设计,采用连杆结构控制手爪的开合,手爪的最大抓取直径为 125 mm,可以满足市面上苹果尺寸的大小要求,手爪指部放置了形变式压力应变片,避免在抓取苹果的过程中损坏苹果。

4)装箱装置的结构设计

装箱平台的总体结构分为两个部分,装箱平台的伸缩部分和托盘平台的升降部分。托盘升降部分的托盘负载能力为 5 kg,托盘最大升高高度为 300 mm,运动速度为 200 mm/s,纸箱移动平台负载能力 15 kg,纸箱移动平台最大移动距离为 400 mm,运动速度 200 mm/s。装箱平台的伸缩部分以及托盘平台的升降机构均采用滑动螺旋传动机构。因为托盘平台以及装箱平台均承受较大的轴向力,装箱动作需要较高的传动精度和稳定性,所以选择使用滑动螺旋传动。

4. 结论

本课题完成了一款多功能的苹果智能包装机器人的结构设计,可以完成苹果的筛选、套网、拾取、装盘和装箱的高质量包装,降低了苹果采后处理的人工成本。主要完成的工作内容如下:

(1)筛选平台的结构设计。筛选平台具有两个自由度的旋转,通过四级齿轮的传动实现滚轮与平台的旋转联动,实现苹果的 360° 旋转。运用视觉控制系统辅助平台的筛选,筛选标准可按实际需求对视觉控制系统进行样本标定,具有良好的拓展性。

(2)套网装置的结构设计。套网装置由两部分组成,分别是升降机构和套网手爪结构。主要对套网手爪进行了结构创新,把刀片融入到手爪底部,手爪可以完成对塑料泡沫网的张开以及剪断工作。

(3)拾取机械臂的结构设计。机械臂的三自由度分别为机身的旋转,机械手臂的升降以及机械手臂的伸缩。采用蜗轮蜗杆传动机构控制机身的旋转,手臂的伸缩和升降主要采用滑动螺旋传动,具有较高的传动精度,可以更好地完成对苹果的转运工作,把套网完成的苹果搬运至托盘平台。

(4)装箱装置的结构设计。本课题创新了一种苹果装箱方式,装箱装置分为两个部分,即装箱平台部分和托盘平台部分,运用装箱平台的伸缩和托盘平台的升降,协调运动,从纸箱侧面把泡沫托盘放进纸箱中,从而完成苹果的装箱。

(5)苹果智能包装机器人的关键零件校核计算。对机械臂的锥齿轮和圆柱齿轮进行齿面接触疲劳强度校核,对机械臂蜗轮轴和蜗杆轴进行危险截面强度校核,并对其蜗轮蜗杆轴的滚子轴承进行寿命计算;对托盘支撑板和机械臂转动平台进行静应力仿真分析。通过校核得出所设计的零件符合设计要求,确保机器人可以稳定运行。

本课题对机器人的结构进行了较为完整的设计,结构原理可以满足本课题所提出的设计和使用要求,但设计的机器人总体尺寸和总质量略大,还可以对机器人的结构进行进一步的优化设计。

5. 创新点

(1)完成了二自由度旋转平台的结构设计,可以控制苹果两个方向的 360° 旋转,辅助视觉控制系统完成苹果的筛选。

(2)提出了一种底部融合刀片设计的手爪结构,可以用于对塑料泡沫网的打开和剪断。

(3)提出了一种新式的自动装箱方式,简单改变纸箱的打开方式和泡沫托盘底板形状,运用装箱平台的伸缩和托盘平台的升降,协调运动,从纸箱侧面把泡沫托盘放进纸箱中,从而完成苹果的装箱。

6. 设计图或作品实物图

苹果智能包装机器人整体结构三维模型图如图 1 所示。

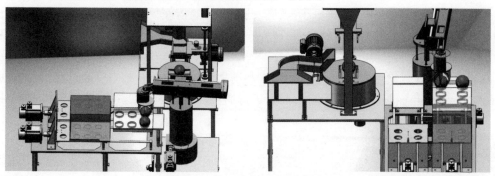

图 1　机器人三维图

高校指导教师:李秋红;企业指导老师:陈　猛

具有自锁功能的空间自由物体和捕获装置设计与研究

李丰睿

Li Fengrui

北京交通大学　机械工程

1. 设计目的

随着人类航天事业的不断发展,探索太空的脚步已经从发射人造地球卫星、开展短期载人航天飞行等系统集成度较低的航天任务朝着空间站运营、载人登月、深空探测、近地小行星防御和利用等技术水平要求更高的领域进军。然而,对空间非合作自由物体的捕获研究,如空间物体搬运、太空垃圾清理、在轨卫星释放和捕获、小行星防御和利用等,目前仍停留在理论模型设计和技术验证阶段。针对此,本课题研究并设计了一种基于凸轮自锁辅助步进电机自锁的空间非合作自由物体捕获装置,旨在实现捕获装置轻量化、低成本、无污染设计的同时保证捕获装置在任务中拥有更高的稳定性、可靠性和安全性。为填补空间自由物体捕获技术空白,实现我国空间探测水平的进一步发展提供新的思路。

2. 基本原理及方法

在运动学分析中,使用 D-H 参数法和矢量方程投影法分析了捕获装置连杆机构的位姿、位移、速度和加速度特征。使用 MATLAB 和 Adams 进行运动学参数计算、仿真,得出了捕获装置在构型设计上具备捕获可靠性、安全性和稳定性的要求。使用 MATLAB 中的 fmincon 函数,以提高捕获装置机构稳定性和自适应性为目标,通过计算得出优化后的连杆长度,为机构优化设计提供参考。

在动力学分析中,使用 Adams 进行捕获装置在工作条件下的关节受力、捕获碰撞力和关键部件推动力仿真,得出关节力、碰撞力和推动力变化情况。基于动力学分析结果研究关键部件设计和捕获策略优化的方式。

在自锁方案研究中,分析步进电机自锁和凸轮自锁的物理学原理,提出通过设计凸轮自锁机构辅助步进电机自锁的双重自锁模式,研究在电机端和传动过程两个层面保障捕获可靠性和稳定性的可行性。

在捕获装置样机设计过程中,参考运动学和动力学分析与仿真结果。通过有限元仿真,分析关键部件 von Mises 应力。通过理论分析,进行捕获装置滚珠丝杠选型、步进电机选型、控制系统设计和原理样机试验。

3. 主要设计过程或试验过程

本课题重点从空间自由物体捕获装置的捕获方案设计、自锁方案设计两个方面展开研究。具体对捕获装置展开如下 7 个方面的研究。

1）捕获策略研究

由于外层空间的失重现象，因此不受控的非合作目标在被捕获的过程中容易因碰撞产生不可控速度，进而导致捕获失败。本课题的研究放弃传统捕获装置的"对接"或"抓取"策略，采用"空间包络"捕获形式，可以实现失重环境下大容差的可靠捕获。

2）机构构型研究

本课题设计了通过使用步进电机驱动滚珠丝杠的驱动形式，配合同步运动支链，实现"单驱动六输出"。每个输出由新型串联四杆机构构成，实现两级连杆机构在单驱动形式下的协调联动。这种构型设计的一级连杆机构（四杆机构）会在旋转过程中变形，带动二级连杆机构实现收拢功能，以防被捕获物在捕获空间中因碰撞而逃离捕获空间。

3）运动学理论分析

运动学研究捕获装置相关机构的运动特性，而不考虑使捕获装置相关机构产生运动时施加的力。本课题通过使用 D-H 参数法和矢量方程投影法分析捕获装置连杆机构的位姿、位移、速度和加速度特征。使用 MATLAB 和 Adams 进行运动学参数计算、仿真，得出捕获装置在构型设计上具备捕获可靠性、安全性和稳定性的要求。

4）动力学仿真分析

动力学研究主要关注捕获装置样机在完整装配和给定驱动条件、仿真环境的前提下，相关结构所受力等物理量的变化情况，并对此做出分析和评估。本课题使用 Adams 进行捕获装置在工作条件下的关节受力、捕获碰撞力和关键部件推动力仿真，得出关节力、碰撞力和推动力变化情况。基于动力学分析结果研究关键部件设计和捕获策略优化的方式。

5）自锁方案研究

"凸轮自锁"的实质是利用凸轮的特殊结构，基于"正向运动摩擦力远小于反向运动摩擦力"的物理特性，实现捕获装置"正向运动反向锁止"的工作特点。本课题通过探索"凸轮自锁辅助电机自锁"+"空间捕获"的综合设计模式，进一步得出方案的可行性，为相关研究提供了新的思路。

6）构型优化设计

在捕获装置工作过程中，要求捕获装置连杆机构在工作过程中拥有稳定的结构，并且在原始状态下具有足够大的张开角度，这样有助于提升捕获装置工作的可靠性，同时能捕获大尺寸、不规则形状的物体。通过明确捕获装置构型优化的两个目标：（1）提升捕获装置结构的可靠性；（2）使得捕获初始阶段两级连杆机构的关节角足够小，提升捕获自适应性。使用 MATLAB 中的 fmincon 优化函数，确定优化目标的上、下界以及期望关节角度，计算得出优化后的捕获装置连杆机构尺寸，为构型优化设计做参考。

7）原理样机研制

利用构型设计方案和运动学分析、动力学仿真结果，对捕获装置关键部件进行有限元仿真和结果分析，研制可用于演示和任务模拟的原理样机。通过理论计算选择适合任务需求的滚珠丝杠、步进电机、控制系统。通过样机试验测试捕获装置开合稳定性和捕获可靠性，选取一组试验测量值与运动学分析中的位移精确解进行对比，评估样机设计的效果和缺陷，为捕获装置的进一步优化设计提供试验参考。

4.结论

（1）完成了空间自由物体捕获装置的捕获策略研究、机构构型设计、运动学理论分析、动力学仿真分析、自锁方案研究、构型优化设计和原理样机研制七项工作,为新型、稳定、可靠的非合作空间自由物体捕获提供思路。

（2）"空间包络"捕获形式相比传统的"对接"和"抓取"式捕获策略,更适用于空间非合作自由物体的捕获,特别是针对体积小、质量小、形状不规则、材质动摩擦因数小、处于运动状态中的被捕获物拥有更好的捕获效果。

（3）"单驱动六输出"驱动方式配合新型串联四杆机构,实现了捕获装置整体的联动开合功能。该构型设计节能环保、稳定可靠,降低了捕获过程中被捕获物因自身形态、运动状态和受碰偏移等因素对捕获效果的影响。

（4）"凸轮自锁辅助电机自锁"的设计中,利用步进电机静力矩自锁和凸轮自锁机构"正向运动摩擦力远小于反向运动摩擦力"的物理特性,在电机端和传动过程两个层面保障了捕获的可靠性和稳定性。

5. 创新点

（1）捕获策略设计上:放弃传统的"对接"或"抓取"策略,采用"空间包络"捕获形式。

（2）驱动方式设计上:使用步进电机驱动滚珠丝杠,实现"单驱动六输出"。

（3）机构运动设计上:设计新型串联四杆机构,实现两级连杆机构的协调联动。

（4）捕获可靠性保障上:设计"凸轮自锁辅助电机自锁"方案,提升捕获可靠性和稳定性。

6. 设计图或作品实物图

捕获装置样机在合拢和张开状态下的展示如图 1 所示,捕获装置捕获不同抵近状态下的不同物体示意图如图 2 所示。

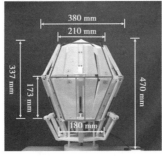

（a）合拢状态　　　　　　（b）张开状态

图 1　捕获装置样机展示

$t=0$　　　　　　　$t=1$　　　　　　　$t=2$

$t=3$ 　　　　　$t=4$ 　　　　　$t=5$

（a）捕获装置捕获匀速抵近的球体

$t=0$ 　　　　　$t=1$ 　　　　　$t=2$

$t=3$ 　　　　　$t=4$ 　　　　　$t=5$

（b）捕获装置捕获大扰动抵近的球体

$t=0$ 　　　　　$t=1$ 　　　　　$t=2$

$t=3$ $t=4$ $t=5$

（c）捕获装置捕获匀速抵近的片状物体

$t=0$ $t=1$ $t=2$

$t=3$ $t=4$ $t=5$

（d）捕获装置捕获大扰动抵近的片状物体

$t=0$ $t=1$ $t=2$

$t=3$ $t=4$ $t=5$

（e）捕获装置捕获匀速抵近的不规则物体

$t=0$ $t=1$ $t=2$

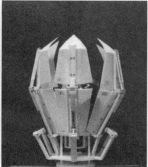

$t=3$ $t=4$ $t=5$

（f）捕获装置捕获大扰动抵近的不规则物体

图2　捕获装置样机捕获展示

高校指导教师：李锐明；企业指导教师：姜水清

潜水艇式胃镜胶囊机器人开发

卓逸天

Zhuo Yitian

浙江大学　机械工程

1. 设计目的

在世界范围内，胃肠道疾病比较普遍，相关癌症致死风险高。在我国也存在这样的情况，这严重威胁人民的生命健康。研究显示，胃肠道疾病早发现早治疗效果更好，为了使国人养成定期胃肠道检查的习惯，关键在于降低检查的成本以及提高检查的舒适度。本研究旨在设计一款低成本的电驱胃镜胶囊机器人样机，利用可变排水量的设计避免根据患者胃液密度准确配重的问题，普适性更高，小型化与规模化生产后能大幅降低成本，为偏远地区患者自查提供了可能，实现早发现早治疗，在一定程度上避免"因病返贫"。

2. 基本原理及方法

该胶囊核心功能的实现依靠内部集成的驱动调向模块（3 颗磁石与 3 个电磁铁）和浮力调节模块（1 块柔性磁膜和 1 组电磁铁）。这两个模块的具体结构如图 1 所示。

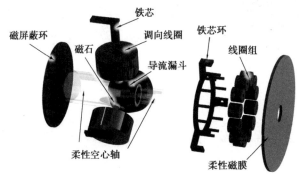

图1　驱动调向模块和浮力调节模块的爆炸图

驱动调向模块工作时，1 个调向线圈通电，吸引靠近该线圈的 1 颗磁石，使柔性空心轴与胶囊的轴线产生一个角度，液流出射角度改变，达到矢量推进的效果。

浮力调节模块工作时，12 个串联的线圈通电，电流方向与大小可以通过 PWM 波输出进行调节。12 个电磁铁以可变大小的力排斥或吸引轴向充磁后的柔性磁膜，使之发生形变，改变排水量。

出于体积限制和难度方面的考量，本研究尚未集成摄像头，且采用电源外置的方案，减小了结构的复杂度。

用户使用时，先在手机上安装物联网 App，然后打开手机热点，连接胶囊内部的通信模组。完成连接后，即可通过 App 中的人机交互界面控制通信模组各管脚的输出电压，进而控制胶囊,且能根据胶囊位姿修正运动。完整的系统结构图如图 2 所示。

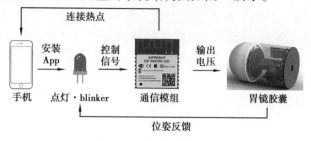

图2　系统结构图

3.主要设计过程或试验过程

1）结构设计

本研究设计的电驱胃镜胶囊机器人具体结构图和爆炸图如图 3 和图 4 所示,其结构主要分为外壳、驱动调向模块、浮力调节模块和配重。

图3　胃镜胶囊整体结构图

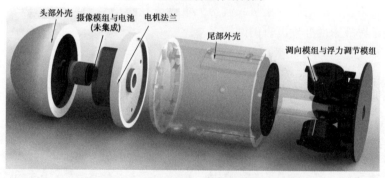

图4　电驱胃镜胶囊机器人爆炸图

2）样机测试

调向模块测试数据如图 5 所示。

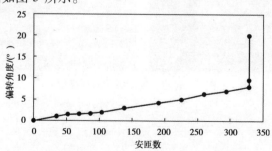

图5　调向模块线圈安匝数与偏转角度的关系图

仿真结果显示,安匝数为216.25时,转向模组即可达到最大偏转角度25.4°;试验结果显示,安匝数到达328.7时,转向模组才能达到最大偏转角度20°。造成这一结果的可能原因为:厂家未在铁芯上加工螺纹,导致铁芯通过胶接的方式固定在外壳上,铁芯底座覆盖的热熔胶使得线圈不能固定在铁芯的根部。这使得一部分线圈没有包围铁芯,且磁石的有效行程减短。

浮力调节模块测试数据如图6所示。分析数据可得,在安全电流下(安匝数41.1),磁膜的最大形变范围为−0.236~0.157 mm,行程0.393 mm。而仿真结果为0.294 mm。

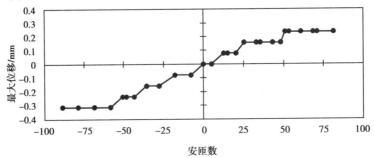

图6　浮力调节模块线圈安匝数与柔性磁膜最大位移的关系图

4.结论

本课题综合分析了国内外对于胶囊内窥镜的研究现状,提出了一种可变排水量的电驱胃镜胶囊机器人。该设计成功验证了将胶囊与矢量推进技术结合的可行性,可变排水量的设计避免了根据患者胃液密度准确配重的问题。

5.创新点

通过电磁铁实现了胶囊的矢量驱动和浮力调节。

6.设计图或作品实物图

硅油试验侧视图与俯视图如图7所示。

图7　硅油试验侧视图与俯视图

高校指导教师:韩冬,杨华勇;企业指导教师:吕世文

老年人腿部和肩部按摩的运动康复轮椅设计

金红迪

Jin Hongdi

温州大学　机械工程

1. 设计目的

目前我国人口老龄化现状严峻,有 60.1% 的老年人患上膝骨关节炎与肩周炎等肌骨慢性病,人群数量庞大。我国中医常采用按摩与自主运动康复结合治疗,长期坚持治愈率达 90% 以上。调查显示 72% 的患病老人因腿脚不便不愿外出运动,而目前适合老年人家用的康复器械较少,大部分存在体积庞大、功能单一以及性价比低等问题,老人在家运动还会因孤独等心理因素难以坚持。针对上述问题,本课题设计出一款适用于患有肩部和腿部不适症的老年人,具有运动康复以及按摩治疗功能的轮椅,方便老人外出活动的同时,可以帮助老人进行四肢慢性病的治疗与预防,更好地满足老人康复治疗的需求,具有很好的市场前景与需求。

2. 基本原理及方法

本课题设计的运动康复轮椅主要有肩部及腿部按摩、四肢自主运动康复以及轮椅助行三大功能。为实现以上所述的功能,根据中医医学知识对其原理以及方法做以下探讨:

(1)按摩功能:中医穴位研究表明对肩贞、肩外俞等穴位按摩能有效治疗肩部不适症,对阳陵泉、阴陵泉等穴位按摩能有效治疗腿部不适症。穴位按摩能促进血液循环,松弛肌肉韧带间的粘连,缓解疼痛和疲劳的功效。中医按摩推拿手法很多,主要有挤压、敲击、振动及摩擦等方法,根据肩部和腿部特性,本课题主要针对挤压与摩擦法进行结构设计。

(2)运动方法:目前治疗肩部不适症常见的运动方法有手指摸高法、前后摆臂运动法以及交叉拍肩运动法等,本课题根据轮椅特性采用手指摸高法,通过上肢向上交替拉伸绳索带动肩部按摩,达到锻炼和按摩功能。治疗腿部不适症本课题主要采用了抬腿运动法,通过四肢同时发力将腿部抬起,促进血液循环,以及脚踝抬升运动实现脚踝按摩设计。

(3)轮椅驱动:电机输出轴与轮椅后轮轴距离较远,两轴位置不在同一水平面上,轮椅运动时会产生振动导致轴的位置发生改变,轮椅移动需要传递较大力矩,针对以上几个问题本课题选择齿轮与万向节结合的方式进行传动。

3. 主要设计过程或试验过程

基于 solidworks 三维软件对老年人腿部和肩部按摩的运动康复轮椅进行结构设计与建模,运动康复轮椅设计尺寸根据老年男性的标准设定,静态整体尺寸为 1 100 mm×660 mm×1 150 mm (长×宽×高),靠背高度可调范围为 80 mm,腿部杆件长度可调范围为 80 mm。能适应身高 1.56~1.76 m,体重 55~85 kg 的老人。本课题设计的轮椅具备基本的移动功能,老人可根据自身需要,在独立进行腿部与肩部电动按摩和自主运动按摩模式间选择,装置结构设计方案如下：

（1）肩部按摩装置两侧对称，一个电机作为动力源，涡轮蜗杆与电机直接相连，涡轮与棘轮齿轮同轴连接，啮合传动带动与直齿轮同轴连接的按摩头，实现电动按摩。在直齿轮下方连接着同轴连接的大棘轮齿轮与手动轮盘，用于上肢运动按摩。

（2）上肢运动装置两侧对称，绳索两端连接着手拉环，绕过滑轮，张紧肩部按摩装置中的手动轮盘。绳索中间连接弹力绳，提供运动阻力。运动时，双手向后握住手拉环，向上交替拉伸绳索，带动按摩装置，实现上肢及肩关节的运动和按摩。转动调节旋钮，通过丝杆运动改变活动滑轮位置，实现弹力绳的张紧，从而调节运动阻力。

（3）轮椅驱动装置主要由一对直齿轮、一对锥齿轮、子母花键轴以及万向节组成传动机构。两个电机分别驱动后轮，运用差速法转弯。万向节与花键轴的使用防止行驶振动造成的不稳定，实现远距离平稳传动。

（4）动力转换装置由一组平行四边形机构组成，两端分别连接着操纵杆以及齿轮组，可在花键电机轴上移动，将转动变为平移运动。老人推动两侧操纵杆，使齿轮组沿轴滑动并进行啮合，实现向前后两侧装置传递动力。

（5）腿部按摩装置主要由扇形按摩片和按摩滚筒组成，通过同步带传动，子母轴盖使按摩片相对于轴线倾斜，实现扇形按摩片的开合式按摩。

（6）下肢运动装置主要由锁扣机构和脚踝运动机构组成，通过压紧弹簧实现扶手机构的固定，活动时老人提起活动把手，向下向后压，可进行抬腿运动以及肩关节后旋运动。老人自主进行脚踝抬升运动，蛇形曲柄带动锤形按摩头沿着按摩滑槽向上，对脚踝及跟腱两侧穴位按摩。

4. 结论

（1）自主研发了一套适用于老人的具有按摩治疗与运动康复功能的康复轮椅的设计方案。使用 SolidWorks 三维建模软件完成了运动康复轮椅的建模与装配。利用 ANSYS 有限元分析软件对运动康复轮椅零部件进行静力学分析，强度均符合设计要求。

（2）本课题设计的运动康复轮椅根据肩周炎、膝骨关节炎等四肢老年慢性病的特点，在轮椅上分别设计了上肢绳索拉伸运动，四肢协同抬腿运动以及脚踝拉伸运动，辅助治疗慢性病。

（3）本课题设计了动力转换装置，使腿部按摩功能与轮椅驱动功能仅通过同一组电机就可以完成，两个功能在同一时间内只能进行其中一项，运动时互不干涉，大大降低成本。

（4）对腿部和肩部穴位进行研究，对相应区域设计了合理的按摩方法及结构设计，能进行肩部与腿部的电动按摩，以及脚踝与肩部的自主运动按摩。

5. 创新点

（1）本设计创新性地将自主运动康复与中医按摩结合，辅助治疗四肢老年慢性病。

（2）动力转换装置实现不同装置共用一组动力源，节约成本，结构紧凑巧妙。

（3）自主运动机构设计巧妙，按摩机构设计合理，能有效地进行康复运动及按摩。

6. 设计图或作品实物图

运动康复轮椅整体模型如图 1 所示，肩部按摩装置以及上肢运动装置如图 2 所示，动力转换装置如图 3 所示，腿部按摩装置以及脚踝运动机构如图 4 所示。

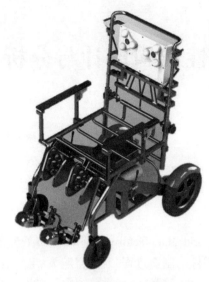

图1　运动康复轮椅总体模型

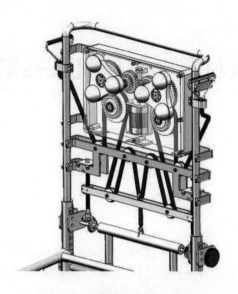

图2　上肢运动及肩部按摩装置

图3　动力转换装置

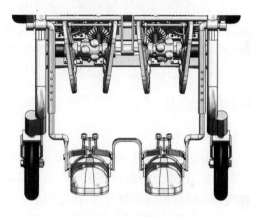

图4　腿部按摩装置及脚踝运动机构

高校指导教师：申允德；企业指导教师：钟国涛

增减材复合数控机床高刚性结构设计与分析

徐 来

Xu Lai

浙江大学 机械工程

1. 设计目的

增减材复合制造技术（Additive-Subtractive Hybrid Manufacturing）将增材加工工艺和减材加工工艺进行复合，可以有效简化复杂空间结构零件的制造过程，对航空航天、电气、汽车等领域的发展意义重大。作为"中国制造2025"的关键战略部署之一，目前国内外对增减材复合数控机床设备的开发正处于起步阶段，相关技术方案并不成熟。对机床高刚性结构的研究作为增减材复合数控机床的研发重点之一，目前仍有许多问题亟待解决。因此本课题提出一种双Z轴结构的增减材复合数控机床方案，并对其进行动静态特性分析和热态分析，针对机床结构薄弱环节进行优化再设计，提高机床的刚性和加工精度。

2. 基本原理及方法

1）有限元法

大部分工程问题可以分为两种求解方法，一种是通过给定边界约束条件，列出微分方程求解析解；另一种则是将问题简化成有限个简单的单元集合。但由于实际工程结构的复杂性以及材料的非线性或是非均匀性，即使建立了描述力学性能的平衡方程组，也很难求出解析解。有限元方法作为一种数值解法，广泛应用于求解内部结构分布复杂、边界条件不易于求解的工程问题，其基本思想是将整体结构看作有限个简单结构单元的集合，通过离散化方法将连续结构划分为若干个单元，每个单元都具有相应的几何特性和物理特性，如面积、体积、弹性模量、材料密度等，通过单元之间的相互作用，建立全局近似模型，使用不同的求解方法得到整体物理系统的响应和状态，并通过反复迭代求解，直到达到所需的精度和误差要求。有限元方法的基本步骤主要分为四步：

（1）将连续结构件离散化成若干个简单的几何结构单元，并将相邻单元体通过节点连接组成单元集合体，节点处就是施加实际载荷和边界条件的位置。

（2）有限元分析的正确性取决于材料属性、映射关系和边界条件的定义。定量描述材料行为需要建立对应的弹性模型、塑性模型和各向异性模型等。同时，针对不同的受力情况，物体需要设置不同的载荷和边界条件，例如，固定支承、弹性支承、约束和外加载荷等都要进行合理的设置。

（3）针对离散后的各个单元的刚度矩阵 $[K]$ 以及作用于各单元节点的等效节点力集合成的载荷列阵 $\{R\}$，基于所有相邻单元在公共节点处位移相等这一结论，得到整个结构的平衡方程

$$[K]\{\delta\} = \{R\}$$

利用变形协调条件、连续条件以及能量原理求解平衡方程,解出每个单元的位移、应力、应变值并进行加权平均或相邻单元集成,将每个单元的贡献装配成整体结构的响应,并对这些响应进行可视化分析。

2)生死单元法

采用生死单元法(图1)来模拟金属熔覆层的形成。在仿真模拟开始前,所有熔覆层单元均为死单元,当模拟的激光热源经过对应熔覆层单元时,死单元被激活成生单元,对应的热源加载在刚激活的生单元上,以此反复直到所有单元均被激活。

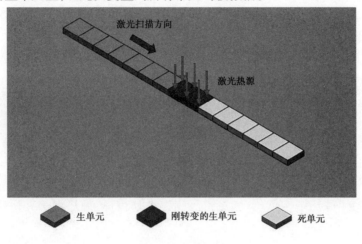

图1 生死单元法

3. 主要设计过程或试验过程

1)增减材复合数控机床的总体方案设计及功能件选型

基于既定的性能指标和技术需求,确定了机床采用双 Z 轴结构布局,采用激光立体成形的增材加工以及铣削数控加工复合的工艺路线;完成了机床各具体功能结构的选型,基于元结构方法完成了对机床底座和立柱两个关键结构件内部筋板的设计。

2)机床动静态特性分析及优化

完成了机床有限元模型的搭建:简化机床三维模型、计算铣削工况下机床所受载荷力、搭建有限元分析材料属性数据库。对机床进行了静态特性分析,获得了机床在铣削工况下的变形、应力分布数据,对机床底座、立柱、工作转台、主轴箱等关键支承件以及机床的整机结构进行了模态分析,对分析结果进行综合分析,找到机床薄弱结构并对其进行高刚性优化设计。

3)机床热态特性分析及优化

基于生死单元法对机床增材加工过程进行了瞬态热分析,获得工作台的瞬态温度场,分析得到增材过程发热对机床高刚性结构的影响。对主轴系统进行了热应力耦合分析,得到了主轴在正常工作下的温度场、变形场数据,确定了加工时主轴热误差产生的原因。同时对主轴箱进行了散热结构的优化设计,在一定程度上提高了机床的热刚性。

4. 结论

(1)根据动静态特性分析结果发现主轴箱为机床薄弱结构,对其进行优化设计后,机床最大变形降低至 $9.611\ \mu m$,消除了应力集中现象,相比于原结构,优化后的机床最大变形量下降了 55.3%,1 阶固有频率提升 12.5%,2 阶固有频率提升 51.56%,提升了机床的加工精度及性能。

（2）增材加工发热对机床的影响主要体现在制件本身，对机床高刚性结构影响甚微。

（3）对主轴系统的热应力耦合分析得到了主轴在正常工作下的温度场、变形场数据。通过研究可以发现，电主轴主要发热源为轴承和电机转定子，而这两个位置也是温升最严重的地方，同时由于轴承和电机的部分热量通过与主轴的接触面传递到主轴处，导致主轴出现了轴向伸长，最大轴向伸长量为 23.1 μm，导致铣削加工时出现热误差，为之后建立热误差补偿方法提供了数据支撑。同时对主轴箱的散热结构进行了优化，将主轴箱的最大热变形降低了8.88%。主轴箱散热能力的增强同样降低了主轴的轴向变形，优化后主轴的轴向最大位移为19.2 μm，同比降低了 16.89%。

5.创新点

（1）提出了一种双 Z 轴布局的增减材复合数控机床的总体方案设计，确定了增减材复合工艺流程。

（2）针对机床整机进行动静态特性分析，并根据结果确定了机床加工误差的产生原因，并对薄弱结构进行优化设计，满足了机床高刚性设计指标。

（3）针对机床增材加工过程和主轴发热量热态过程进行分析，明确了机床热误差产生的原因和机理，进行了散热结构优化，满足了高刚性设计指标，为热误差补偿建模提供了数据支撑。

6.设计图或作品实物图

增减材复合数控机床结构三维模型如图 2 所示。

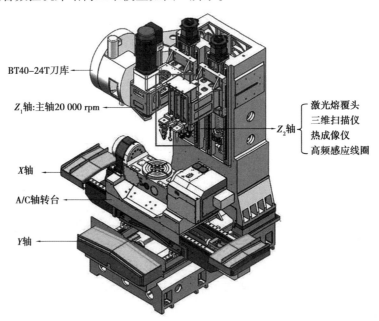

图 2　增减材复合数控机床结构三维模型

高校指导教师:沈洪垚;企业指导教师:王松伟

基于仿生机械臂的磁流变抛光装置设计

周博文

Zhou Bowen

兰州理工大学　机械设计制造及其自动化专业

1. 设计目的

20 世纪以来,随着经济、科学技术和国防事业的发展,制造业对精密与超精密加工等技术的要求越来越高,磁流变抛光技术应运而生。磁流变抛光技术通过磁流变液体的流变性能,在磁场的作用下,对被加工物体表面进行高效、精确的抛光,同时具有加工表面质量高、不会对被加工物体造成形状和尺寸变化等优点,目前已经广泛应用于航空、航天、光学、半导体等领域的表面抛光加工。然而该技术目前存在的加工工件尺寸及形状受限、数控机床价格昂贵及加工位姿受限等问题。

机器人抛光技术具有加工尺寸大、加工姿态多及配套设施少等优势。故将机械臂与磁流变抛光技术相结合,可提高抛光适应性、拓展可加工零件尺寸、增加可加工零件形状种类、降低设备成本,同时具有较高加工精度及效率。本设计针对这一需求,设计一种基于机械臂的磁流变抛光装置设计。

2. 基本原理及方法

磁流变抛光装置主要由 6 自由度机械臂、抛光轮、磁场发生装置、抛光液喷射及回收装置、抛光液存储装置及工作转台等组成。本课题选择可加工工件尺寸较大的倒置式磁流变抛光方案,即机械臂末端安装抛光轮系统。

通过控制机械臂使抛光轮达到目标位置和姿态(抛光轮最底端始终与工件表面保持一定距离);同时喷嘴将抛光液不断喷在抛光轮表面,在磁场发生装置作用下,抛光液在抛光轮表面形成缎带凸起,随着抛光轮运动对工件表面进行材料去除;然后由回收口回收,由回收泵泵回储液罐,经搅拌装置搅拌后由供给泵泵出,通过喷嘴喷到抛光轮表面,如此循环往复,直至满足抛光需求。

3. 主要设计过程或试验过程

本课题从以下五大方面开展基于仿生机械臂的磁流变抛光装置设计研究:

1) 总体装置设计及抛光轮系统设计

进行总体方案的确定,抛光装置主要由机械臂、抛光轮、磁场发生装置、工作转台及抛光液循环系统(喷嘴、回收装置及搅拌装置)组成。然后结合现有磁流变抛光设备的加工参数及加工工件类型,确定本课题所设计抛光系统的抛光轮尺寸及转速、工作台尺寸等基本参数,进行机械臂末端执行件的设计。针对抛光轮作业时末端受力情况及大小,进行电机选型及抛光轮结构设计。其次,进行抛光液喷嘴及回收部分的设计,使得喷嘴及回收部分与抛光轮的相对位置均可调节。最后进行工作转台及抛光液循环系统的设计。

2）机械臂设计

基于运动学及动力学进行机械臂的结构设计，与传统设计方法相比可减少重复性工作。首先，根据加工任务及特点确定机械臂为 6 自由度；调节各个连杆长度及关节转动范围确保工作范围满足加工需求，用改进的 D-H 坐标系规则确定机械臂的 D-H 参数表；进行运动学建模及分析，确定各关节转动角度与末端执行器位置和姿态的对应关系。然后，基于雅可比矩阵，通过机械臂末端运动速度及加速度，确定各个关节在整个加工空间下的角度、角速度及角加速度变化。最后，基于机械臂动力学，通过末端负载及轨迹点的角度、角速度及角加速度，确定整个加工空间下期望的各个关节的力矩变化。据此运动学参数进行机械臂结构设计：以末端执行器为依据进行初始动力学参数确定，基于逆动力学确定关节 6 驱动力矩，完成连杆 6 结构、驱动系统设计，并进行动力学参数更新；重复此步骤分别完成连杆 5、4、3、2、1 及底座的结构、驱动系统设计，使设计者对机械臂的动力学特性有更加清晰的把控。针对主要受力部件采用 ANSYS 进行有限元分析及结构改进，确保零件设计满足使用要求。

3）机械臂运动轨迹规划与仿真

针对平面及非球面零件的抛光，采用光栅形抛光轨迹，并利用 MATLAB 机器人工具箱在笛卡尔空间下进行轨迹规划及仿真。首先，根据加工步长及行距获得加工平面上若干驻留点的位置及姿态，通过坐标转换，获得末端执行器在世界坐标系下的轨迹点的位置及姿态；然后，进行机械臂逆运动学求解，获得指定位姿下的各个关节角度随时间的变化关系；最后，机械臂末端便按照指定轨迹进行工作。

4）磁场发生装置结构设计与优化仿真

基于气隙漏磁原理对磁场发生装置进行结构设计，通过改变磁轭外边缘的形状及纯铁顶部间距（气隙间隙）对其进行优化，并通过 Maxwell 软件对其进行仿真及验证，确保抛光区域磁场强度满足抛光要求。磁场发生装置由扇形的永磁铁（轴向充磁，材料为钕铁硼 NdFe35）及左右磁轭（电工纯铁）两部分组成。通过软件仿真，确定左右磁轭外边缘的形状为圆弧针尖形，电工纯铁顶部间距为 2~3 mm。由仿真得到磁场分布图及磁通密度云图可知，在抛光区域的最大磁场强度为 0.36 T（大于所需的 0.25 T），证明所设计磁场发生装置满足实际抛光需求。

5）磁流变抛光液制备与性能研究

通过对抛光液组分及配比进行调整达到改性目的，通过 PC 板抛光试验，寻找抛光效果较好的磁流变抛光液配比。本课题参考国内外抛光液组分及配比，制备 9 组不同配比的磁流变抛光液。通过轮式抛光设备对 PC 板进行抛光，采用表面粗糙度仪分别在抛光 0 min、2 min、4 min 及 6 min 时测量抛光区的表面粗糙度，并重复多次试验取平均值。通过比较各配比下 PC 板粗糙度单位时间下降率，获得最佳磁流变抛光液组分配比（均以质量分数计）：羰基铁粉 62%、氧化铝 8%、去离子水 25%、十二烷基苯磺酸钠 3%、硅酸镁锂 2%。在抛光 4 min 后，工件的表面粗糙度由 0.684 μm 降至 0.017 μm，下降率约为 97.515%，证明制备的抛光液满足实际加工需求。

4. 结论

（1）针对磁流变抛光装置目前存在的加工工件尺寸及形状受限、数控机床价格昂贵等问题，将磁流变抛光技术与机器人技术相结合，设计一款基于 6 自由度机械臂的倒置式磁流变抛光装置,旨在增加可加工零件尺寸、拓展可加工零件形状、降低设备成本,同时具有较高加工精度及效率。

(2)本课题基于气隙漏磁原理设计的磁场发生装置,由仿真得到磁场分布图及磁通密度云图可知,在抛光区域的最大磁场强度为 0.36 T(大于所需的 0.25 T),证明所设计磁场发生装置满足实际抛光需求。

(3)利用本课题制备的磁流变抛光液对 PC 板进行抛光,在抛光 4 min 后,工件的表面粗糙度由 0.684 μm 降至 0.017 μm,下降率约为 97.515%,证明制备的抛光液满足实际加工需求。

5.创新点

(1)将磁流变抛光技术与机器人技术相结合,提高了抛光适应性、增加了可加工零件尺寸、拓展了可加工零件形状。

(2)基于动力学对机械臂进行结构设计,简化设计步骤,使设计者对机械臂的动力学特性有更加清晰的把控。

(3)相比数控式磁流变抛光机床,在降低设备成本的同时也可确保较高加工精度及效率。

6.设计图或作品实物图

抛光总体设计示意图如图 1 所示,抛光液喷嘴及其固定装置如图 2 所示,抛光液回收及其固定装置如图 3 所示。

图 1　抛光总体设计示意图

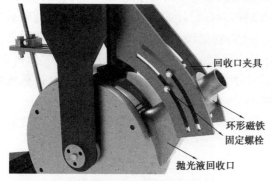

图 2　抛光液喷嘴及其固定装置

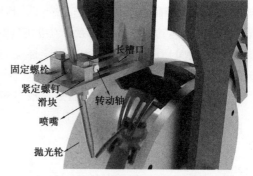

图 3　抛光液回收及其固定装置

高校指导教师:王有良;企业指导教师:刘晨荣

管柱自动化排管机的结构设计及优化

邓森林

Deng Senlin

兰州理工大学　机械设计制造及其自动化

1. 设计目的

近年来,世界各国对石油资源的依赖程度大幅度提高,随着钻井深度的增加,人们迫切地需要一种能够适应恶劣井场环境、安全系数高、自动化程度高的大型智能钻井设备。传统的钻机通常采用纯人工作业的方式开采石油资源,由井架工人和钻台工人手工操作机械钳或钢丝绳完成立根的夹取与运输,配合二层台工人将立根送至立根盒中,过程复杂,同时劳动强度高,需要的工人人数多,安全系数也极低,容易发生安全事故,基于上述问题,本课题设计了一套全自动二层台立根排管机。

2. 基本原理及方法

全自动立根排管机主要针对钻井过程中对钻杆钻铤的排放与存储。首先借助动力猫道实现钻杆在猫道排管架到钻台面的移动,同时将钻杆从横向转换到纵向;随后在钻台机械手以及铁钻工的配合下,完成多根钻杆的拼接,组成立根;随着吊卡的上升,立根逐渐升高到指定的指梁高度,二层台机械手移动到舌台的最前方,同时钻台机械手机械臂伸展,当接近开关检测到立根时,钻台机械爪开始抓取,待抓紧立根底部后,开始旋转,对立根底部沿着指定路径运输,最终将立根底部送至立根盒指定位置。待立根底部到达立根盒后,二层台机械手机械臂伸出,接近开关与超声波传感器检测到立根时,机械爪开关打开,完成立根顶部的抓取,吊卡卸扣,接着二层台机械手缩回、旋转、平移,最终到达指定指梁正对面,机械臂伸出,完成立根顶部的输送。

这个过程中二层台排管系统起着至关重要的作用,考虑到二层台机械手需要完成多个动作将立根送至立根盒指定指梁处,故本课题对其结构进行设计的同时,为探究运输过程中机械爪对液压缸的运动放大作用以及产生的驱动力,还需要借助 ADAMS 软件进行动力学仿真分析;随后为检验是否满足钻井现场安全标准,对二层台机械手关键零部件进行有限元分析;仿真分析结束后还需要设计试验对仿真验证;再建立多元线性回归模型与优化模型,找出机械爪放大倍数与各臂长的具体关系,最后完成结构优化。

3. 主要设计过程或试验过程

1)二层台机械手结构设计

为存取较多的立根同时操作灵活、效率高,故选择 X-Y 型机械手式自动排管机。针对该排管机进行结构设计与三维建模,包括伸缩机构、回转机构、移动机构以及机械手爪。为保证手爪水平,满足液压缸短行程手爪大位移的要求,故伸缩机构设计为双平行四边形机构;为保证回转精度高,体积小成本低,故选择回转马达结合减速箱编码器实现回转运动;为保证可靠性高工作平稳,能较好地适应井场环境,故选择齿轮齿条实现将马达的旋转运动转化为小车的平移运动;为保证夹取效率,提高安全系数,故直接利用液压系统与连杆组合完成手爪的设计。

2)二层台机械手排管动力学仿真

利用 ADAMS 软件建立机械手的虚拟样机,通过添加合适的约束、力与驱动,使其模拟存放立根的整个流程,分析机械爪的位移、速度和加速度与液压缸的位移、速度和加速度的关系,以及液压缸在整个过程中产生的驱动力的变化。

3)二层台机械手排管静力学分析

根据动力学仿真得到的各主要关节点的受力曲线图,利用 ANSYS 软件对机械手进行静力学分析。包括两个主臂、一个连杆和两个副臂单独的静力学分析以及机械手整体的静力学分析,在添加载荷时,考虑到了各关节点的实际受力情况,并进行了网格无关性检验,最后根据总变形、等效应力和等效应变云图分析是否满足 API 安全准则。

4)试验验证仿真

为确保仿真的正确性,本课题对二层台机械手的仿真进行了试验设计,包括动力学试验设计与静力学试验设计。动力学试验设计中,首先通过调节液压缸阀门的开度,使实际平均速度与仿真平均速度相等,接着机械手开始搬运立根,每 20 ms 检测一次液压缸上的磁致伸缩位移传感器的值,在到达第一根立根存放处时停止打点计数,将反馈的模拟量转化为液压缸的实际位移,再测量得到机械爪的实际位移,计算试验位移放大倍数,与仿真放大倍数相比判断误差是否在可接受范围内;静力学仿真验证则通过对机械臂加载最大载荷 10 分钟,观察总变形情况与仿真结果是否对应。

5)二层台机械手的回归与优化

为定量研究二层台机械手的机械爪对液压缸的放大作用,本课题通过在 SolidWorks 中不断修改臂长再重新导入 ADAMS 进行动力学仿真,收集了 30 组数据,建立了放大倍数与主臂和连杆的多元线性回归模型,对异方差与多重共线性进行检验,利用 STATA 软件求解;基于求解结果,建立机械手结构优化模型,利用 Lingo 软件求解。

4. 结论

(1)根据钻井现场与立根排放数量要求,为保证操作的空间大灵活度高,选择 X-Y 型机械手式自动排管机作为研究对象。

(2)确定了全自动二层台立根排管系统整体方案与实现过程,对二层台机械手伸缩机构、回转机构、移动机构与机械手爪进行结构设计与驱动选型,将二层台机械手与整个二层台进行三维模型装配,排除未知的干涉情况。

(3)利用 ADAMS 软件搭建二层台机械手存取立根的虚拟样机模型,根据前文载荷计算结果,对二层台机械手施加载荷模拟夹取立根。结果分析显示机械爪对液压缸的运动具有明显的线性放大作用,选用的马达与液压缸都满足系统的工作要求。

(4)根据理论载荷计算与动力学仿真各关节点的受力情况,利用 ANSYS Workbench 对机械手进行静力学分析。仿真结果显示,各部件与机械手整体结构强度与变形量均满足钻机 API 安全准则,符合钻井现场安全要求。

(5)为确保仿真的正确性,本课题对二层台机械手的仿真进行了试验设计,试验结果显示,动力学仿真误差在 3.16% 左右,误差在可接受范围内,静力学试验结果与仿真结果差距很小,增强了仿真结果的可信度。

(6)收集数据,建立放大倍数与主臂和连杆的多元线性回归模型,利用 STATA 求解,基于求解结果,建立结构优化数学模型,结果显示该排管机优化后一个厂一年能够节省 25 万元成本,同时,机械手产生的力和力矩都减小,提高了安全系数。

5. 创新点

(1)采用推扶式折叠机械手结构紧凑,占用体积较小,质量较轻,降低了对整个井架系统的影响,同时自主设计双平行四边形机构,保持手爪的水平姿态。

(2)对机械手各组成部分动力学分析,探究机械爪对液压缸运动的线性放大作用,为量化伸缩机构的放大效果,建立了放大倍数关于主臂和连杆的多元线性回归模型,求解找出了具体回归方程。

(3)设计试验对仿真检验,验证了仿真结果,增强了仿真结果的可信度。

(4)基于多元线性回归方程建立了机械手结构单目标数学优化模型,利用 Lingo 求解,结果显示,优化后在安全系数提高的前提下,成本每年下降了 25 万元。

6. 设计图或作品实物图

二层台自动化排管机三维装配模型如图 1 所示,其中 1 为二层台,2 为机械手,3 为移动导轨,装配实物如图 2 所示。

图1　三维装配图

图2　装配实物图

高校指导教师:彭斌;企业指导教师:杨小亮

舰船表面除锈爬壁机器人设计与分析

何德秋

He Deqiu

西安理工大学　机械设计制造及其自动化

1. 设计目的

舰船表面的除锈清理在整个舰船制造行业中至关重要,但目前我国的舰船表面除锈还以手工打磨除锈和人工喷砂除锈为主,这些除锈方法劳动强度大、劳动条件差、除锈不彻底、质量无法保证。因此,本课题设计一种搭载高压水射流的舰船表面除锈爬壁机器人,旨在提高舰船表面除锈的效率与质量,减轻工人的劳动强度,为整个舰船行业发展助力。

2. 基本原理及方法

本课题设计了一种舰船壁面除锈清理的爬壁机器人,由以下几个模块组成:控制模块、超高压水发生模块、真空模块、爬壁机器人模块。

超高压水发生模块由高压水预处理器、高压水发生装置和高压水管组成。超高压水预处理器主要是为了保证高压水泵向爬壁机器人清洗装置输送的流体具有良好的连续性,壁面出现能量波动,因此将水进行过滤,控制进超高压水发生装置的流体的颗粒的大小;高压水发生装置由超高压柱塞泵、马达、调压阀、安全阀、继电器等组成,目的是对超高压水预处理器输送过来的水加压,并通过超高压水管将其输送到爬壁机器人携带的除锈清理模块。

真空负压系统使用真空管连接爬壁机器人所携带的清洗装置外壳上两个真空负压快速接头,使爬壁机器人的清洗模块的保护罩内形成负压,辅助爬壁机器人在船舶壁面上的吸附。

综合控制箱上设控制面板,控制爬壁机器人上安装的伺服电机。特别若在干船坞内作业,对以上系统进行进一步改进,增设一种自动升降平台。该升降平台上搭载前述的真空负压系统、超高压水发生模块以及控制模块,随着爬壁机器人的升降可以进行同步升降,减小爬壁机器人携带的负载,使爬壁机器人更加轻载,作业更加高效。

吸附方式选用永磁吸附,爬壁机器人选择履带式行走方式,电机驱动。

3. 主要设计过程或试验过程

本课题设计一种船舶壁面除锈清理的爬壁机器人,包括其总体方案设计、力学分析、关键部位建模与仿真。爬壁机器人搭载的清理装置使用高压水射流完成船舶壁面的除锈与清理作业,使用 CFD 的 Ansys Fluent 软件,对高压水射流的流场进行仿真,验证方案的可行性,并且对高压水射流的喷嘴进行仿真与相关设计。

本课题主要完成的工作如下:

(1)对船舶壁面除锈清理爬壁机器人的总体方案进行设计,对爬壁机器人的吸附方式、爬行方式为履带式和驱动方式进行选择。

（2）设计爬壁机器人的关键模块,包括行走模块、吸附模块、清理模块和驱动模块等,并建立相应的三维模型。

（3）对爬壁机器人进行力学分析,并用 Matlab 进行相应的仿真计算,对关键部位连接件进行基于 Ansys workebench 的仿真分析,并进行拓扑优化。同时建立爬壁机器人的整体三维模型。

（4）基于 Ansys Fluent 对高压水射流流场仿真,并对高压水射流的喷嘴参数进行优化。

4. 结论

本课题设计了一种舰船表面除锈爬壁机器人,主要的结论如下:

（1）对船舶壁面除锈清理爬壁机器人的总体方案进行了设计,本课题所设计的爬壁机器人的吸附方式为永磁吸附,爬行方式为履带式,驱动方式采用伺服电机配合谐波减速器驱动。

（2）对爬壁机器人整体进行了动力学与静力学分析,并通过 MATLAB 进行了相关的数值仿真。对爬壁机器人的关键部位连接件进行了仿真与拓扑优化,最后基于 SolidWorks 建立了爬壁机器人的总体三维模型。

（3）基于 ANSYS FLUENT 软件建立了爬壁机器人水射流的湍流模型与冲击力学模型,分析了高压水射流的射流轨迹以及射流效率。

（4）通过 ANSYS FLUENT 对设计的不同形状与参数的高压水射流喷嘴进行了流体仿真,获得了高压水射流喷嘴的形状与相关参数。结果表明:当喷嘴形状为圆锥形、喷嘴口径为 1 mm、喷嘴入口处压力为 140 MPa 时,水射流的冲击力和速度最高。

5. 创新点

（1）爬壁机器人的除锈清理模块的旋转高压喷头可以在高压水射流的冲击下,进行自动旋转,在提高水射流除锈的效率与质量的同时,节约了水射流的能力。

（2）在爬壁机器人的清理模块上安装负压快速接头可以起到辅助吸附的作用,增强了爬壁机器人的稳定性;万向轮采用永磁材料制作,在增加稳定性的同时也增加了爬壁机器人的灵活性。

（3）高压水射流除锈不仅环保而且可以解决磨料水射流的二次返锈问题。

（4）设置辅助升降平台,减轻爬壁机器人的负载。

6. 设计图或作品实物图

爬壁机器人的三维模型主视图如图 1 所示,爬壁机器人的三维模型俯视图如图 2 所示。

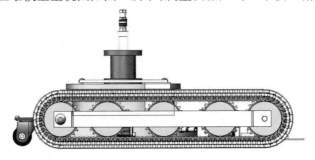

图 1　爬壁机器人的三维模型主视图

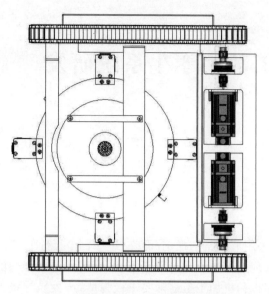

图 2　爬壁机器人的三维模型俯视图

高校指导教师:杨振朝;企业指导教师:姜飞龙

五轴铣削加工数字孪生系统研发

阙 茜

Que Qian

重庆大学 机械设计制造及其自动化

1. 设计目的

复杂曲面零件通常采用五轴铣削加工,面临以下两个问题:①加工过程中无法直接观测到零件的加工状态,无法实现加工过程的自动监测,不能满足智能制造的生产要求;②五轴路径编程容错率低,对路径编程和机加工工程师要求极为严苛,极易导致刀具与工件发生碰撞,而传统使用 vericut 等软件进行离线仿真的验证方式却无法反映机床真实的加工情况(如对刀和装夹)。数字孪生技术能够实现物理空间与虚拟空间的交互映射,进而指导物理加工过程,为实现五轴铣削加工智能化提供了新的视角。因此本课题将数字孪生技术应用于五轴铣床切削加工中,实现加工过程可视化、在线仿真和监测。

2. 基本原理及方法

(1)提出面向切削加工过程的五轴铣削数字孪生系统开发方案。使用 SolidWorks 建模软件建立五轴铣床各部件的三维模型,最大化保留五轴铣床各部件结构、尺寸信息;选择 OpenGL图形渲染工具和 C++编程语言实现对五轴铣床数字孪生体图形质量和运动性能的精细控制和优化,保证系统程序具有更好的可视化效果以及高移植性;采用 TCP 通信协议进行五轴铣床实体设备与数字孪生系统通信,确保数据的精确性与实时性。

(2)五轴铣床模型建立以及运动开发。使用 SolidWorks 建模软件对五轴铣床进行一比一建模绘制;在 visual studio 中搭建 C++和 OpenGL 开发平台,配置摄像机、光照、纹理等虚拟加工环境的基本元素,利用 OpenGL 中的库函数实现五轴铣床各轴运动以及联动的开发。

(3)工件建模以及碰撞检测算法的设计。使用基于体素的空间分割法并利用改进的八叉树模型算法实现了工件模型的构建,根据圆柱形包围盒技术检测刀具与毛坯件是否发生碰撞。

(4)系统测试。使用本系统,以一台 AC 结构的五轴铣床为例,对五轴铣床配置模块、模拟切削模块和五轴铣床展示模块进行了测试。测试结果表明系统功能可靠,运行良好,能够实现数控机床孪生系统的设计目标。

3. 主要设计过程或试验过程

1)系统总体设计

对系统进行了总体设计,主要设计了系统的总体框架,划分了系统的主要功能模块,并确定了各模块之间的关系和接口。同时,设计了系统工作流程,描述了系统的运行逻辑和数据流向,并确定了开发平台、开发工具、通信协议等,为后续的系统实现和测试提供了基础。

2）五轴铣床模型建立与运动开发

使用 solid works 和 C++/OpenGL 进行三维建模、构建和模拟五轴铣床的虚拟加工环境以及实现五轴运动。首先,利用 SolidWorks 对五轴铣床实体进行了精确的三维建模,并导出了 .obj 格式的文件。其次,在 visual studio 中搭建了 C++和 OpenGL 的开发平台,并配置了摄像机、光照、纹理等虚拟加工环境的基本元素。然后,介绍了 OpenGL 的变换和坐标系统的相关概念,并编写了着色器程序来实现图形渲染。最后,根据五轴铣床各轴的运动特点,分别实现了各轴的单独运动和五轴的联动运动,展示了五轴铣床的虚拟加工效果。

3）切削运动开发

分析了精确建模法、离散向量法、空间分割法以及混合建模法的优缺点,综合考虑后采用了基于体素的空间分割法与改进的八叉树模型算法来实现工件模型的构建和表示。此外,总结并归纳了目前常用的碰撞检测方法,详细介绍了常用碰撞检测算法之一的包围盒技术,并以圆柱形包围盒技术作为本系统的碰撞检测算法。最后介绍了五轴铣床切削运动的实现过程。

4）系统实现与性能测试

在实现了五轴铣床切削仿真运动的基础上,增加了五轴铣床数字孪生系统可视化界面,以数字化或图表化的形式动态展示五轴铣床各轴运动情况、工件加工情况以及视角调整情况等。最后,以一台 AC 结构的五轴铣床为例,对本系统的五轴铣床配置模块、模拟切削模块和五轴铣床展示模块这三个主要模块进行了测试。

4. 结论

针对目前五轴数控机床在切削过程中存在的加工过程可视化程度低、离线仿真等问题,提出了一种基于数字孪生的五轴数控铣床系统的设计方案。在分析现有数控机床数字孪生系统以及系统开发工具的基础上,对各个系统模块的设计与实现进行了研究,总结了各个系统开发工具的优势与不足,设计了以 visual studio 作为开发平台,以 C++/OpenGL 为编程语言,使用 TCP 作为数据通信协议,实现了对切削过程中五轴铣床数字孪生系统的开发。在工件建模方面,通过分析现有的各种建模方法的优劣,确定了适合本系统的建模方法,并对五轴铣床数字孪生系统进行了测试,证明了系统的实时性、准确性及稳定性。

5. 创新点

（1）开发了自主的五轴联动算法,弥补了国内五轴仿真软件的短缺。

（2）开发了实时切削算法,突破了传统切削算法无法在线仿真的难题。

（3）属底层开发,可移植性高,灵活性高。

6. 设计图或作品实物图

五轴铣床运动开发流程如图 1 所示,系统可视化界面如图 2 所示。

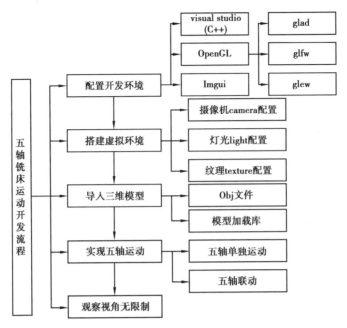

图1 五轴铣床运动开发流程

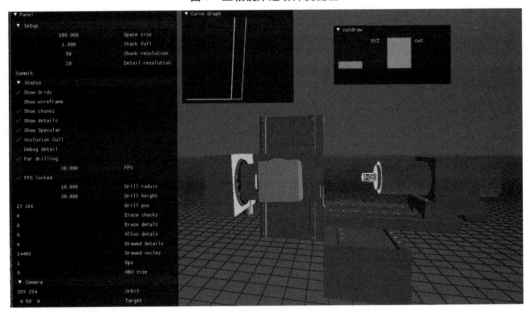

图2 系统可视化界面

高校指导教师:王四宝;企业指导教师:杨德存

海洋油气管道水下连接器设计

胡文财

Hu Wencai

东北石油大学　机械设计制造及其自动化

1. 设计目的

　　水下液压连接器作为水下生产系统的连接部件,常常用于连接各种海底管道,是水下生产系统不可或缺的装备,但海底管道因为其工作环境的复杂性,可能会受到系泊船锚、海底暗流、地震、海床塌陷以及其他海洋环境下人为因素和自然因素的干扰和破坏,进而影响水下生产系统的开采效率。水下液压连接器通常工作在极其恶劣的环境下,如高载荷、动态负载、低温和化学腐蚀环境等。一旦管道连接处发生泄漏或者被破坏,都将会产生一系列的问题,对社会、经济和环境造成负面影响。管道连接处的破坏通常是因为某个水下连接器出现故障,这时通常需要停工维修,带来巨大的经济和时间损失。不仅会造成油气资源的浪费,还会导致海洋环境的污染。因此,在海底油气生产系统的建设和管道维护中,如何可靠地连接管道及相关设备面临着巨大的挑战。所以,设计一款高可靠性、经济性的水下液压连接器是十分必要的。

2. 基本原理及方法

　　水下液压连接器工作原理是通过液压控制活塞上下运动,以此带动驱动板驱动卡爪同步运动,从而实现连接器的锁紧和解锁。当下连接件通过管道连接件的对中锥口进入连接器后,此时液压控制系统打开锁紧液压阀门,液压油通过流道进入锁紧液压腔,推动液压缸活塞向下运动,并且带动活塞连杆与驱动环板向下运动,驱动环板在向下运动的同时将推动卡爪进入下连接件卡槽从而锁紧液压缸套体与下连接件。液压缸套体与下连接件在通过卡爪连接过程中会对密封圈产生一个挤压力,连接完成时可以使连接处形成良好的金属密封。

3. 主要设计过程或试验过程

　　海洋油气管道水下连接器主要设计内容包括:进行海洋油气管道水下连接器的方案设计;进行海洋油气管道水下连接器的主要参数分析计算。设计海洋油气管道水下连接器的总装图、主要零部件图、控制原理图。设计过程中要考虑社会、环境、法律、健康等相关因素,并对设计结果进行经济性评价。

　　连接器的主要设计过程:(1)水下连接器的整体方案设计;(2)对方案进行分析并选择最佳方案;(3)主要零部件的设计;(4)控制系统的设计;(5)对连接器关键部分进行校核分析;(6)对连接器进行经济性分析。

4. 结论

　　海洋油气管道水下连接器是水下生产系统的关键设备之一,常用于海洋油气管道的连接。

随着我国海洋石油开采技术的发展,对水下连接器设备的技术要求也越来越高。而本次设计主要针对水下连接器的结构以及连接器的液压控制系统进行。通过运用所学的理论知识对连接器的机械结构进行设计计算,进行经济性分析等等。最终设计了一款满足设计要求、经济性良好、运行稳定可靠、操作便捷、安全性高的海洋油气水下连接器系统。主要设计工作总结如下:

(1)分析了国内海洋石油水下连接器的发展现状,并结合国外水下连接器产品进行了调研对比。通过比较卡爪式连接器,卡箍式连接器,套筒式连接器的结构特点。确定了本次设计的水下连接器类型为液压驱动卡爪法兰式连接器。

(2)使用 SolidWorks 对构思的水下连接器进行三维建模,绘制了多套水下连接器的初稿模型。结合指导老师建议确定了三种水下连接器设计方案。最后通过对三种水下连接器方案的技术性与非技术性对比分析,论述了每种方案的优缺点,初步确定了海洋油气管道水下连接器的设计方案。

(3)使用 CAD 绘制水下液压连接器的二维工程装配图和零件图。结合所学的《理论力学》《材料力学》对连接器的零件如上连接管、下连接管、液压缸结构等进行材料的选择、理论计算与验算。同时根据计算数据对二维工程图纸进行修改,完善了连接器的整体结构。

(4)查阅《机械设计手册》《采油技术手册》对密封圈、密封圈沟槽、液压缸油口、活塞厚度、活塞杆螺纹规格、管螺纹国标规格等进行了选型和二维图纸绘制,使连接器的设计符合标准与规范。

(5)对密封圈与卡爪这些关键零件进行受力分析,并建立三维建模,通过 SlidWorks 中的 Simulation 插件对其进行了静力学有限元分析,校核结果符合工程设计要求。

(6)控制上则使用 FluidSIM-H 仿真模拟软件对连接器的液压控制回路进行方案设计,并对控制过程进行了仿真模拟,较为详细地描述了控制系统的工作原理。通过对两套控制方案的分析,论证了各个方案的优缺点。结合工程实际,确定了连接器的最优控制方案。

(7)对连接器系统进行整体项目经济分析,分为两部分:一是连接器整体结构经济性分析;二是对控制系统采购部件进行成本估算。方法是通过三维建模确定连接器结构各个零件的材料质量,对结构设计的零件进行材料质量计算,查找材料价格,预估加工费用,合计出每个零件的费用;再考虑采购件费用;最后累计部件、装置的费用。

5.创新点

(1)以卡爪式海洋油气管道水下连接器为基础,设计了一种新型的水下液压连接器。该连接器具有水上操作,水下连接的特点。通过液压控制系统在定位准的情况下可以实现海洋油气管道的快速连接,其解锁回收也较传统水下连接器方便快捷。这可以有效地减小操作人员的安全风险,提高生产系统的建造效率。

(2)根据套筒式液压驱动连接器和市面上已有的液压驱动连接器,对连接器的液压缸结构进行了创新性设计。液压缸整体为环形,通过十二根活塞杆连接来驱动下部环板。可实现液压驱动连接器的锁紧和解锁。查阅《机械设计手册》对液压缸的壁厚、缸盖厚度、活塞厚度、活塞杆的直径等进行了严谨的理论计算和验算。在以安全为前提的要求下,设计出了一个适合本次毕业设计的环形液压缸。

(3)对卡爪的结构进行了创新型设计,卡爪外侧共 6 面,自上而下第 1 个面、第 4 个面共面;第 3 个面、第 6 个面共面。当驱动环板在向下运动时卡爪会随之逆时针转动,直至与下连接件卡槽啮合为止。过程中卡爪至少有一个面与驱动环板相接触,其运动的平稳性比市面上的连接器卡爪更好。

(4)连接器整体呈模块化设计思路,各零部件都尽可能采用工业设计标准。这有利于组织专业化生产,既提高质量,又降低成本。零部件的安装拆卸都较为快捷,维护修理更为方便,对生产影响小。

6.设计图或作品实物图

连接器三维及二维总装图如图1所示。

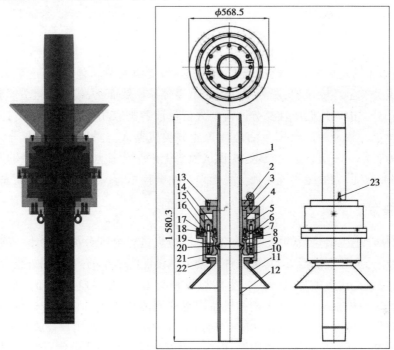

图1　连接器三维及二维总装图

高校指导教师:贾光政;企业指导教师:孟祥伟

圆柱形多工位家用智能分类垃圾桶设计

连彩婷

Lian Caiting

河北科技大学　智能制造

1. 设计目的

　　面对城市生活垃圾爆炸式增长产生环境污染与资源浪费问题,近年逐渐试行垃圾分类处理,做好垃圾分类是环境保护、资源再利用的重要环节。然而,人们对垃圾分类知识不足、分类积极性不高、分类准确性低。在充分调研并分析目前各类家用生活垃圾分类处理设备现状的基础上,设计了一款全新的家用生活垃圾智能分类机器人。采用智能语音分类、机器视觉检测、智能避障行走等多信息融合技术,实现从源头上解决生活垃圾分类困难的问题,提升垃圾分类效率和准确度,为最终实现垃圾分类处理产业链技术、资源有效利用奠定基础。

2. 基本原理及方法

　　本课题从产生生活垃圾的源头出发,将生活垃圾进行合理分类。设计一款圆柱形多工位家用智能垃圾分类处理机器人,其按四种垃圾类型设计四个小的内桶,另外设计两个备用小桶分别用于装垃圾占比多的垃圾。由于生活垃圾种类繁多,对用户分类知识水平要求较高,因此,该智能分类垃圾桶采用语音识别和机器视觉检测两种方式对垃圾进行分类处理。其有内桶回转机构,使内桶实现回转换位功能;外桶盖子开闭机构,方便用户投放垃圾;可回收垃圾压缩机构,可增加可回收垃圾桶的利用率;内桶进出机构,方便用户倾倒;超声波传感器,实现智能避障行走。

　　根据生活垃圾的特性和智能分类机器人的工作状态,需要将生活垃圾进行合理分类后装入内桶,整个过程中大部分动作无须改变加工对象的形态或性态,只需将生活垃圾进行分类收集,所以采用的工艺方法为运动动作型,只有将特定的生活垃圾进行压缩时改变了加工对象的形态,采用的工艺方法为机械作用型,其中主要的功能及运动动作有:

　　(1)垃圾识别方法:通过语音识别与图像识别、重力识别、风力筛选等方式对比,语音识别方式具有识别成功率高、分类方式多、使用操作方便简单、能耗较小等特点,所以垃圾识别的工艺方法采用在线语音识别。

　　(2)垃圾体积压缩动作:对生活垃圾进行体积压缩的主要操作对象为可回收垃圾,因为可回收垃圾桶内大部分为废纸、废弃纸盒等,体积易被压缩。圆盘通过直线运动,对可回收垃圾进行压缩。

　　(3)内桶的回转动作:家庭智能垃圾分类处理装置识别垃圾类型后,电机给圆盘提供动力,控制系统控制圆盘的转动,从而实现内桶的旋转与定位。

　　(4)内桶盖子的开闭动作:通过电磁铁通电后实现吸合功能,自动打开该垃圾桶的桶盖,之后,垃圾投放口打开,用户可将垃圾装入垃圾桶内。

（5）内桶的取放动作：某类垃圾桶被检测到已装有垃圾体积达到垃圾桶体积的90%时，垃圾桶就会发出报警提醒，待用户方便时确认后，内桶旋转到垃圾桶进出位置，直线模组将内桶推动到可取出内桶的位置。将倒完垃圾清洗后的内桶放入到垃圾桶内，过程与取出类似。

（6）外桶盖子的开关：当某个垃圾桶装满需要倾倒垃圾，或者需要装入清洗好的新桶时，智能分类垃圾桶通过电机实现转动动作，方便用户操作。待取出或放进垃圾桶确认后，盖子自动关闭。

3. 主要设计过程或试验过程

1）智能分类垃圾桶机械结构及垃圾收集工艺设计

智能分类垃圾桶采用内外桶结构设计，整体呈圆柱形，内桶可在6个工位放置，并能够实现绕外桶中心轴旋转。通过语音识别或机器视觉判断垃圾类型，将所对应的内桶通过回转盘旋转换位到投放口处，并在此处通过电磁铁通电将内桶的盖子开启，垃圾自动投放至相应内桶，待检测到垃圾投放结束后外桶盖子关闭，对应的内桶旋转到体积检测位置，若检测到垃圾容量已达90%以上时，系统将提示用户及时将内桶取出放到小区内的垃圾分类回收站，随后对应内桶旋转返回到投放口处，电磁铁断电内桶盖子重新扣紧。

2）智能分类垃圾桶控制系统及执行算法程序设计

试验采用的数据集分为16类，共2 208张图片，并根据日常生活的经验与智能垃圾桶的结构设计，又分为厨余垃圾、可回收物、其余垃圾、有害垃圾四大类。语音识别模式搭配隐马尔可夫模型算法使分类准确率达90%，较现有设备提高了20%，反应速度提高了0.5 s；而机器视觉识别分类模式采用残差神经网络与随机梯度下降算法，分类准确率达到99%，反应速度1.2 s，较现有设备准确率提高了24%，反应速度提高了0.8 s。

4. 结论

圆柱形多工位家用智能分类垃圾桶是一种有益于环保和家庭生活质量提升的新型垃圾分类机器人，其研究内容涵盖了多工位旋转定位技术、垃圾识别分类技术、智能感应和压缩技术、智能语音交互技术等多个方面，旨在提高垃圾处理效率，保护环境和人类健康。

（1）提高了垃圾分类的准确性和效率。该垃圾桶语音识别模式分类准确率达到了90%以上，较现有设备准确率提高了20%，反应速度提高了0.5 s；而机器视觉识别分类模式准确率高达99%，较现有设备准确率提高了24%，反应速度提高了0.8 s。

（2）实现了自主避障行走技术。应用机器视觉避障行走技术实现在家庭任意角落的生活垃圾投放，可实现无人工辅助下10 cm附近自主避障。

（3）促进了环境保护和资源循环利用。智能分类垃圾桶将垃圾进行分类和处理，可以避免不可降解垃圾随意堆放和对环境的污染，同时也方便了资源的回收和再利用。

（4）降低了垃圾处理成本。传统的垃圾分类处理方式需要人工操作，或需要大型垃圾处理设备，成本高且效率低下。圆柱形多工位垃圾桶采用了智能化技术，可自动进行垃圾分类和压缩，大大降低了垃圾处理成本。

（5）提高了人们环保意识。圆柱形多工位垃圾桶通过语音交互功能提醒人们垃圾所属分类，人们在使用过程中即可学习到垃圾分类知识，促使人们更加重视垃圾分类和环保，增强人们的环保意识。

5.创新点

（1）视觉识别垃圾分类和语音交互技术。该垃圾桶内置视觉识别技术，可以自动识别并分类各种垃圾；根据垃圾名称能快速准确说出垃圾所属分类，实现人机交互，大大提高了用户的分类效率，并能有效减少分类错误率。

（2）全封闭的垃圾投入和储存结构设计，净化室内环境。分类垃圾桶采用不锈钢密封结构，由桶身和桶盖两部分组成；标准化的活塞式、可清洗分类垃圾桶，无须使用垃圾袋。

（3）体积感应和垃圾压缩技术。该垃圾桶具有智能感应功能，它可以实时监测各个工位的垃圾填充情况，提醒用户更换垃圾桶。同时，它还可以根据实际的垃圾填充情况进行垃圾压缩，合理分配垃圾桶容量。

（4）自动避障及路径规划技术。通过传感器采集数据进行环境识别，智能分类垃圾桶能够自主感应周边环境在遇到障碍物时及时做出避障动作并完成新的完成路线规划。

6.设计图或作品实物图

本课题的研究技术路线与设计结果如图1所示。

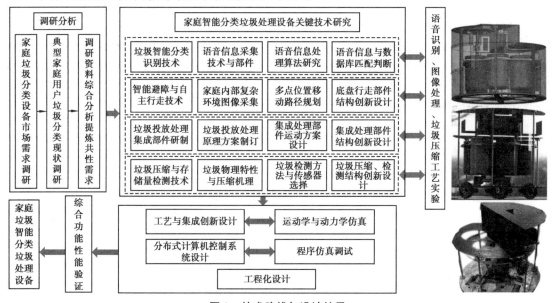

图1　技术路线与设计结果

高校指导教师：闫海鹏；企业指导教师：梁江华

火箭发动机涡轮泵轴承/密封动力学测试装置开发

戚文韬

Qi Wentao

北京化工大学 过程装备与控制工程

1. 设计目的

太空探索对一个国家的政治、经济、科技和教育等诸多方面有着重大的意义和深远的影响。大推力火箭发动机是实现深空探索的核心装备,是我国的国防重器,其安全可靠性至关重要。在大推力火箭发动机中,涡轮泵至关重要,被称为"火箭发动机的心脏"。轴承和密封是火箭发动机涡轮泵的核心部件,其安全可靠和动力学参数对这个发动机的振动特性具有非常重要的影响。因此,对涡轮泵转子动力学参数进行性能测试具有十分重要的意义。通过试验仿真,模拟火箭发动机涡轮泵转子实际工况下的工作状态,实时采集转子和轴承座等的响应信号,从而识别轴承和密封等关键部件动力学参数,为火箭发动机涡轮泵的开发提供支撑,还能为新能源氢液化膨胀机的开发提供支撑。

2. 基本原理及方法

火箭发动机涡轮泵轴承/密封动力学测试试验台由一个大功率双输出变频电机提供动力,两输出轴经过齿轮变速箱增速,再分别通过联轴器连接轴承测试试验台和密封测试试验台。本试验台可以针对最大轴径为 200 mm 的密封转子和最大轴径为 100 mm 的轴承转子,实现 3 000 ~ 120 000 rpm 转速范围的轴承/密封动力学测试。每个试验台由两个 X, Y 方向 45° 位置的激振器施加激励,通过各类传感器提取转子和轴承座等的响应,从而识别轴承和密封等关键部件动力学参数,为火箭发动机涡轮泵的开发提供支撑。主要进行了以下工作:

(1)根据国内外发展现状和趋势,构建火箭发动机涡轮泵轴承/密封动力学测试装置的总体方案,试验台主要包括高速驱动传动系统、转子支承系统、试验舱体和辅助系统,辅助系统包括润滑冷却密封系统、监测控制系统、防护系统。

(2)通过 CREO 三维建模软件进行整体建模,构建试验台的三维装配图及零部件的三维模型,给出了传感器布置图、工作原理图等;通过 CAD 绘图软件,给出试验台的二维图。

(3)基于 ANSYS workbench 显示动力学分析平台,对防撞罩进行了瞬态冲击仿真。

(4)对试验台的测试转子进行了转子动力学分析,通过实验室自主研发的 COMDYN 转子动力学分析软件,进行了转子的有限元建模、轴承静载计算、转子模态分析和转子不平衡响应分析,进而获得了转子的 Campbell 图和临界转速,最终完成了转子临界转速的校核计算。

3. 主要设计过程或试验过程

本课题针对火箭发动机的开发和故障诊断需求,开发超高转速条件下火箭发动机涡轮泵轴承和密封的性能测试装置,通过施加激励并测量转子和轴承座等的响应,从而识别轴承和密封等关键部件动力学参数,为火箭发动机涡轮泵的开发提供支撑,具体内容如下:

1)火箭发动机涡轮泵轴承/密封动力学测试试验台整体设计

火箭发动机涡轮泵轴承/密封动力学测试试验台由一个大功率双输出变频电机驱动,两输出轴经过两侧齿轮变速箱升速,分别带动两侧轴承测试试验台和密封测试试验台运转。试验台包括高速驱动传动系统、转子支承系统、试验舱体和辅助系统,辅助系统包括润滑冷却密封系统、监测控制系统、防护系统。

2)高速驱动传动系统设计

本试验台驱动源选择大功率双输出电机,可同时进行涡轮泵轴承和密封的动力学测试。电机的额定功率为 200 kW,额定转速为 10 000 rpm,最高转速为 15 000 rpm,冷却方式采用风冷冷却。双输出变频电机两输出端通过联轴器与高速齿轮箱连接,进行动力输出。变频电机的变频器内含有制动元件,通过倍加福 MNl40 编码器实现电机的精准启停控制,通过转速闭环控制实现电机转速的高精度控制。因试验台设计最高转速可达 120 000 rpm,故需要变速箱升速。考虑到电机运行具有一定的波动性,故齿轮增速箱的升速比设计为 1∶7,内置齿轮采用滑动轴承支撑结构,润滑油供油量不大于 60 L/min,油压为 0.15~0.25 MPa。

3)转子支承系统设计

火箭发动机涡轮泵轴承/密封动力学测试试验台的测试装置分为两个部分,分别为涡轮泵轴承动力学测试试验台和涡轮泵密封动力学测试试验台。两个试验台的转子支承系统均采用主转子-支撑系统跨装,支撑系统位于测试转子系统的两侧。为了提高轴承的承载能力,延长轴承的使用寿命,在支撑装置游动端采用"面对面"的双重安装配置,在支撑装置固定端采用"背对背"的双重安装配置。本试验台的轴承安装方式选用一端支点双向固定,另一端支点游动的支撑结构。其中,固定支撑的轴承可以承受两个方向的轴向力;轴向游动的轴承,使用轴承座和预载弹簧轴向浮动,以自适应转子在超高转速以及高温条件下的轴向伸长,并且可以实现不同轴向尺寸的转子进行测试。

4)试验舱体设计

火箭发动机涡轮泵轴承/密封试验台有两个试验舱,分别位于密封测试试验台和轴承测试试验台的中心位置,用于容纳密封试验件、轴承试验件、气流预旋环和试验转子,同时外接传感器和激振器等测试装置。其中,密封测试试验台安装有温度传感器、加速度传感器、压力传感器、位移传感器以及激振器,用来提取气体流速、气体静压力、气体温度、试验舱 XY 方向 45°位置的静态力、动态力以及振动等动、静态参数;轴承测试试验台安装有加速度传感器、位移传感器以及激振器,用来提取试验舱 XY 方向 45°位置的静态力、动态力、振动情况和试验舱与测试转子的相对位移等动力学参数。

5)辅助系统设计

本试验台转子在超高转速下运行,为减少对轴系的磨损,润滑系统必不可少,同时在高速运行下轴系会产生大量的热量,需要冷却系统对轴系进行热交换。由于本试验台采用油雾润滑,故需要对油雾进行密封,因此密封系统也十分必要。

本试验台转子在超高转速下运行,为防止转子碎片剥落对试验人员及试验设备造成损伤,需要设计防护系统,利用 ANSYS 有限元对转子碎片-防护系统进行瞬态冲击仿真,校核其包容性是否符合要求。

试验台在超高转速及高温条件下工作,为保证试验台健康运转,需要实时监测试验台的各状态参数,并且试验台能够在必要条件下进行自动调控。因此,试验台的监测控制系统十分重要。

4. 结论

本课题针对火箭发动机的开发和故障诊断需求,自主研制了一套火箭发动机涡轮泵轴承/密封动力学测试试验台。本试验台可实现转速范围为 3 000 ~ 120 000 rpm 的转子动力学性能测试,可容纳轴承测试转子的最大轴径为 100 mm,密封测试转子的最大轴径为 200 mm。试验过程中,通过施加激励并测量转子和轴承座等的响应,从而识别轴承和密封等关键部件动力学参数,完成超高转速条件下的动力学测试试验,为火箭发动机涡轮泵的开发提供支撑,还能为新能源氢液化膨胀机的开发提供支撑。

5. 创新点

(1)本试验台由大功率变频电机驱动,经过齿轮变速箱升速,可实现 3 000 ~ 120 000 rpm 的大范围、超高转速转子动力学的性能参数测试。

(2)设计出数据采集以及监测控制系统,可精确识别轴承、密封以及阻尼器等关键部件的动力学性能参数。

(3)本试验台的驱动源为双输出电机,可同时对转子轴承、密封以及阻尼器的动力学参数进行测试。

6. 设计图或作品实物图

火箭发动机涡轮泵轴承/密封动力学测试装置如图 1 所示,密封动力学测试试验台如图 2 所示,轴承动力学测试试验台如图 3 所示。

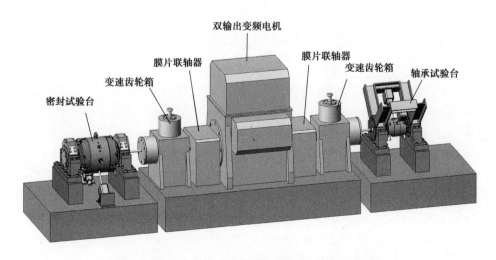

图 1　火箭发动机涡轮泵轴承/密封动力学测试装置

 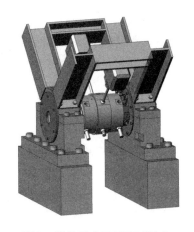

图2　密封动力学测试试验台　　　　图3　轴承动力学测试试验台

高校指导教师：王维民；企业指导教师：王志君

基于地铁底架检修的全向移动转运平台设计与研究

王先发

Wang Xianfa

北京交通大学　车辆工程

1. 设计目的

地铁及其他轨道车辆正处于高速发展阶段,其检修所配备设备也需要扩大生产与更新迭代。地铁检修车间环境除了平坦地面外,往往设有沟槽、台阶等障碍物,因此针对地铁检修环境设计研发新型的全向转运平台需要完成前移、后退、侧移和越障等动作。目前用于地铁转运平台的常规的全向轮越障性能较差,而配备异形轮模块的转运平台可以兼具全向性和越障性,可以较好地改良上述问题。针对地铁检修场景研发的全向移动转运平台可以适应检修应用中的各项环境需求,实现全向运动和越障等功能,充分满足人机混合作业要求,在实际应用中可以起到提升工程效率、提高车辆整备能力、降低劳动强度和生产成本、改善人工参与的偶然性等作用。

2. 基本原理及方法

本设计方案主要面向地铁检修车间环境内平坦地面、沟槽、台阶和坡障等地形,基于空间单闭链 Schatz 连杆机构,利用运动轨迹补偿法设计一种异形轮结构,基于此异形轮构造全向移动轮组,利用全向移动轮组合理布置设计研发一款新型的全向转运平台。该全向移动转运平台需要完成全向直行、蟹行、自旋、翻越坡障、翻越台阶和跨越壕沟等动作。在全向移动转运平台各种移动模式过程中,异形轮体与地面始终保持线接触。

(1)运动主体选用:空间单闭链 Schatz 连杆机构是一种特殊的连杆机构,是由 6 个杆件和 6 个转动副组成的空间单闭链结构,具有单自由度、关节运动螺旋性的特点,运动控制简单方便,符合全向移动转运平台的设计需求。

(2)线接触异形轮构造方法:通过设定机构整体离地高度后,利用运动轨迹补偿法得到新的补偿轨迹空间曲线,使得机构质心保持恒定高度,通过离散化取点的方式将杆件上各补偿轨迹空间曲线连接与融合,从而构造出异形轮曲面,使得车身运动时与地面的接触方式为线接触,相较于常规的全向轮,又兼具了足式转运平台的越障能力。

(3)全向移动轮组模块布置方式:采用四组全向移动轮组模块构成运动模块主体,运动时曲柄进行整周回转,在平地运动时每时刻具有四个支撑点,可以大大减小运动过程中发生倾倒和偏航的可能性;为了降低全向移动轮组驱动速度提高带来的惯性力,对四组全向移动轮组模块采用一次镜像的布置方案,既保证结构简洁、控制简单,又可保证惯性力部分平衡,防止输入扭矩波动增大影响运动的平稳性和运动精度。

3.主要设计过程或试验过程

为了解决地铁底架检修过程转运任务中人工作业空间狭窄、检修效率低的问题,针对传统的检修转运平台越障性能差以及对检修车间内沟槽、坡障和台阶地形适应性较弱的特点,基于空间单闭链 Schatz 连杆机构设计研究一款异形轮式全向移动转运平台,具体内容如下:

1)全向移动轮组模块设计与分析

对该全向移动转运平台的全向移动轮组进行了理论分析。全向移动轮组主体采用空间单闭链 Schatz 机构,针对其质心波动问题应用运动轨迹补偿法生成线接触异形轮,将两者进行有机结合,构造全向移动轮组模块。全向移动轮组模块仅由单个电机驱动旋转实现移动,控制更加简单自由;全向移动轮组模块与地面接触方式为线接触,相比于点接触方式运动更加平顺,磨损降低;全向移动轮组模块采用的 Schatz 机构是整体闭链机构,相对于开链机构,具有更高的承载能力,移动更加稳定。

2)全向移动转运平台设计与分析

对全向移动转运平台进行平台布局设计,并作移动性能和越障性能分析。全向移动转运平台整体由 4 组全向移动轮组模块、车体和控制系统组成,采用一次镜像布置方案,并通过调整电机驱动速度和方向,其可具备直行模式、蟹行模式和自旋模式的全向移动性能;具备一定的承载能力,保证其在地铁检修任务中的转运能力;具备一定的越障性能,可以实现翻越垂直墙、翻越连续台阶、翻越坡障和跨越壕沟,保证其在地铁检修过程中的全地形通过能力。

3)全向移动转运平台虚拟样机仿真验证

对全向移动转运平台进行虚拟样机仿真验证。基于 ANSYS 软件完成了全向移动转运平台的杆件静力学仿真,保证关键部位的应力和应变处于合理数值;基于 ADAMS 软件完成了全向移动转运平台的动力学仿真,验证其全向性能和越障性能,保证其在地铁底架检修场景中的移动能力。

4)全向移动转运平台物理样机研制与试验

对全向移动转运平台完成了物理样机的研制与试验过程。针对动力学仿真输出的扭矩和移动速度等结果进行电机和减速器选型,针对三维模型图进行装配图与零件图的绘制,基于此进行杆件加工、异形轮加工和车体加工,并完成其他标准件的选买与采购。完成全向移动转运平台样机的装配工作和物理试验,验证其完成地铁底架检修的零件转运作业任务的可行性。

4.结论

(1)本设计提出将空间单闭链 Schatz 连杆机构应用在地铁底架检修转运平台移动机构的构型设计方案。基于模块化设计方案,提出全向移动轮组模块的设计方案。针对单闭链 Schatz 连杆机构质心波动问题应用运动轨迹补偿法生成异形轮,将两者进行有机结合,构造全向移动轮组模块。与其他多模式移动机构相比,此类机构具有灵活性高、可靠性高和单自由度等特点,控制更为简单,机构更为简洁。

(2)本设计提出基于单闭链 Schatz 连杆机构全向移动轮组模块构造的全向移动转运平台设计方案。全向移动转运平台整体由 4 组全向移动轮组模块、车体和控制系统组成,通过合理布局全向移动轮组在车体部分的位置,通过调整电机驱动速度和方向,具备直行模式、蟹行模式和自旋模式的全向移动性能,并可以实现翻越垂直墙、翻越连续台阶、翻越坡障和跨越壕沟,具备一定的越障性能。

（3）本设计基于 ANSYS 软件完成了对全向移动转运平台关键杆件的静力学仿真,基于 ADAMS 软件完成了全向移动转运平台全向性能和越障性能的动力学仿真,并完成了物理样机的研制与试验过程,通过合理选用材料,使其可以负载较大质量的物体,更好地适应地铁底架检修的零件转运作业任务。

5. 创新点

（1）提出基于空间单闭链 Schatz 连杆机构运用运动轨迹补偿法构造异形轮的方法。

（2）提出将空间单闭链 Schatz 机构和线接触异形轮固定安装构造全向移动轮组模块的方式。

（3）提出利用一次镜像四轮组布置方案构造全向移动转运平台的方法。

（4）提出异形轮全向移动转运平台在地铁底架检修场景中的应用方案。

6. 设计图或作品实物图

全向移动转运平台设计图如图 1 所示,实物图如图 2 所示,作业示意图如图 3 所示。

图 1　全向移动转运平台设计图　　　图 2　全向移动转运平台实物图

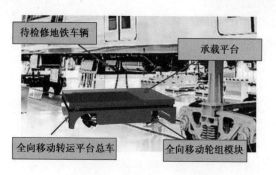

图 3　全向移动转运平台作业示意图

高校指导教师:刘 超;企业指导教师:刘兴杰

基于表面能诱导的定向组装原理与应用

王广基

Wang Guangji

清华大学　机械工程

1. 设计目的

　　物联网和人工智能等电子信息技术的发展,催生出万亿量级的传感器和电子器件需求,如何低成本、高效率制备传感器和电子器件是微纳制造领域面临的一个关键问题。目前硅基集成电路加工工艺是微纳制造的主流,虽然加工精度已经高达 3 nm 工艺节点,但是成本高、效率低,限制了各种传感器和电子器件的大规模应用,在一定程度上制约了电子信息技术的发展。相比而言,基于溶液的微纳制造技术,如印刷电子技术等,具有低成本、高效率、大面积、柔性化等优势,有望取代硅基集成电路加工工艺。目前,基于溶液的加工方法问题在于加工分辨率较低(>10 μm),这将在很大程度上影响电子器件的集成度。为此,本课题聚焦于一种基于溶液的微纳制造工艺——表面能诱导定向组装原理与应用开展研究,重点解决微纳制造工艺目前仍存在的图形分辨率低、无法制备多层结构的问题。

2. 基本原理及方法

　　表面能诱导定向组装利用基底表面能差异,引导纳米颗粒溶液在亲水图形区定向组装,实现微纳制造。组装前,结合光刻工艺和表面化学修饰,制备具有亲疏水图案的基底;将具有亲疏水图案的基底从溶液中快速拉出,在其表面形成夹带液膜。由于基底表面能差异,溶液会在高表面能的亲水图形区域定向组装,随后液膜干燥形成微纳结构。

　　本课题基于固-液-气三相接触线处摩擦力的分析,给出了表面能诱导定向组装过程机理解释,并利用高速摄像机对机理进行了验证。同时基于数值求解润滑近似方程和相场法定量研究图形区组装液膜体积与毛细数的定量关系,通过与试验结果对比,揭示了微米尺度图形上组装液膜体积受到黏性影响减小的规律。基于表面能诱导定向组装工艺制备出图形化氧化铝薄膜,并研究了处理工艺参数(如退火温度、溶液浓度、干燥湿度等)对薄膜性能的影响。在此基础上,表面能诱导定向组装工艺,成功制备出了具有四层结构的金属氧化物薄膜晶体管。

3. 主要设计过程或试验过程

　　1)表面能诱导定向组装工艺提出与测试

　　结合光刻工艺、氧气等离子体处理和硅烷分子自组装,生成了具有较大接触角差异的图形化基底。依据接触线处受到的摩擦力,定性分析图形化基底提拉组装过程的机理,并利用高速摄像拍摄并验证了这一定性机理的合理性。组装效果测试表明基于表面能诱导的定向组装工艺能够实现最高分辨率为 10 μm 的图形化薄膜制备,且制备出的不同形状图形均具有良好的形状精度。

2）高表面能图形区液膜体积定量

基于前人理论推测给出高表面能图形区液膜体积与毛细数之间的幂次式关系,并利用数值仿真和试验验证了这一关系的正确性。基于润滑近似方程求解和基于相场法的仿真给出了与定性机理分析和高速摄像结果吻合的组装过程。除此之外,两种仿真手段的求解结果与试验结果均显示了液膜体积与毛细数之间幂次式指数相比前人理论减小的趋势,揭示了微米尺度图形定向组装过程中液膜形成受到黏性影响减弱的规律。

3）表面能诱导定向组装制备具有四层结构的金属氧化物薄膜晶体管

试验利用表面能诱导定向组装工艺制备的图形化氧化铝薄膜电容密度和漏电流密度,与工艺处理参数(退火温度、溶液浓度、干燥湿度)之间的关系进行研究。研究结果显示随着退火温度升高、溶液浓度增大、干燥湿度增大,制备出图形化氧化铝薄膜的电容密度和漏电流密度均呈减小趋势,但是干燥湿度对这两个指标的影响明显弱于退火温度和溶液浓度;基于表面能诱导定向组装工艺在高掺氧化硅片基底上制备图形化半导体氧化铟薄膜,并制成底栅结构薄膜晶体管以验证制备出薄膜具备开关特性。为了验证以氧化铝作为栅绝缘层材料能够提升组装制备的薄膜晶体管的性能,在旋涂制备的氧化铝薄膜上组装氧化铟薄膜,以此制备薄膜晶体管。并在氧化硅片基底上按顺序组装氧化铟、氧化铟锡(ITO)电极和氧化铝制备了顶栅结构的全溶液制备金属氧化物薄膜晶体管。性能测试表明,通过组装工艺制备的薄膜晶体管具备达到了商用标准的迁移率和良好的开关特性,验证了表面能诱导定向组装工艺在显示领域的应用前景。

4）显示驱动电路设计制造

基于表面能诱导定向组装工艺制备底栅结构金属氧化物薄膜晶体管,将该晶体管与单个LED连接构成单像素驱动电路,并利用探针台施加电压进行测试,测试结果表明表面能诱导定向组装工艺制备出的薄膜晶体管能够控制单个LED像素点的亮灭。基于L-Edit软件设计了分辨率为8×8的显示屏像素驱动电路,将来可应用于表面能诱导定向组装工艺制备透明OLED显示屏。

4. 结论

(1)提出了一种可实现高达10 μm分辨率图案制备的表面能诱导定向组装工艺,并验证了该工艺可用于不同材料、不同形状、不同尺寸图形化薄膜的大面积、阵列化制备。

(2)理论分析并试验验证了表面能诱导定向组装过程机理,并通过数值仿真和试验,验证了液膜体积与毛细数之间幂次式关系,揭示了微米尺度图形幂次式指数减小的规律。

(3)基于表面能诱导定向组装成功制备了性能达到商业标准的四层结构金属氧化物薄膜晶体管,并设计和制备像素驱动电路验证了所提出工艺在显示领域的应用潜力。

5. 创新点

(1)实现了高达10 μm分辨率的图案制备。

(2)通过数值仿真和试验,揭示了微米尺度高表面能图形区定向组装生成液膜体积与毛细数之间幂次式关系的指数减小的规律。

(3)成功实现了性能达到商业应用标准的四层结构金属氧化物薄膜晶体管的定向组装制备。

6. 设计图或作品实物图

表面能诱导定向组装工艺组装效果如图 1 所示,定向组装制备出薄膜晶体管如图 2 所示,像素驱动电路设计与实物如图 3 所示。

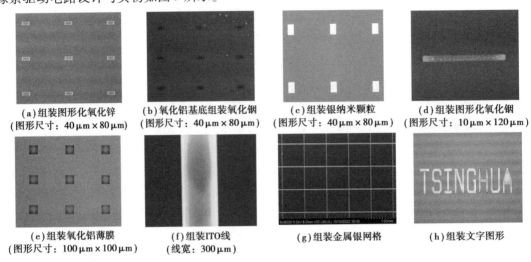

(a)组装图形化氧化锌
(图形尺寸:$40\,\mu m \times 80\,\mu m$)

(b)氧化铝基底组装氧化铟
(图形尺寸:$40\,\mu m \times 80\,\mu m$)

(c)组装银纳米颗粒
(图形尺寸:$40\,\mu m \times 80\,\mu m$)

(d)组装图形化氧化铟
(图形尺寸:$10\,\mu m \times 120\,\mu m$)

(e)组装氧化铝薄膜
(图形尺寸:$100\,\mu m \times 100\,\mu m$)

(f)组装ITO线
(线宽:$300\,\mu m$)

(g)组装金属银网格

(h)组装文字图形

图1　表面能诱导定向组装工艺组装效果

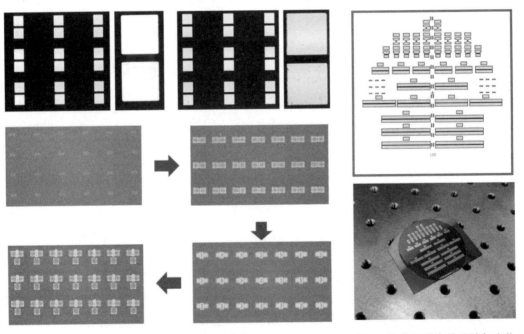

图2　定向组装制备出薄膜晶体管

图3　像素驱动电路设计与实物

高校指导教师:柴智敏;企业指导教师:周文斌

Cf/SiC 复合材料飞秒激光切割仿真及试验研究

焦荣哲

Jiao Rongzhe

大连理工大学　机械工程

1. 设计目的

随着国防对战斗机及飞行器性能要求的不断提高,未来发动机向着大推重比,飞行器向着超高音速的方向发展,这对构件的服役性能提出更加苛刻的要求。例如,新型航空发动机的工作温度会提升到 1 800 ℃以上,航天发动机工作温度高达 3 000 ℃,超高音速飞行时前端与大气摩擦也会产生极高的温度。寻求一种能够承受极端服役环境的新型耐高温材料是研发下一代飞行器的关键。

2. 基本原理及方法

陶瓷基复合材料(ceramic matrix composites,CMC)是一种以 SiC 为基体,C 或 SiC 为增强相的新型材料,分为 Cf/SiC 和 SiCf/SiC 复合材料,其以高温性能好、抗腐蚀、比强度高、耐磨性等优点,成为未来航空发动机非常理想的材料,获得了国内外学者的广泛关注,在核能、高温气体滤芯和热能交换器、燃气轮机高温部件,以及高效刹车系统等设备的核心零部件中具有极高的应用价值。例如,超级跑车制动系统中被用作刹车盘,航空发动机上被用作高温环境部件如涡轮、燃烧腔和尾喷管等。

CMC 具有各向异性、非均质及硬脆等特点,属于典型的难加工材料。目前,CMC 切割的主要加工方式有超声辅助加工、磨削加工、水射流加工及激光加工。超声辅助加工和磨削加工都属于纯机械的加工方式,难以在保证 CMC 加工质量的前提下实现材料去除,存在飞边、裂纹、分层、刀具磨损等问题。水射流加工存在加工质量差、能量利用率低、污染环境等问题。在传统机械加工无法取得优良成果时,超快激光加工成为了更优选择。

3. 主要设计过程或试验过程

针对超快激光复杂的加工机理及 CMC 的超快激光切割未得到实际应用等现状,开展 Cf/SiC 复合材料飞秒激光切割仿真及试验研究。本课题基于双温模型(two-temperature model,TTM)建立烧蚀仿真模型,结合试验讨论 Cf/SiC 复合材料的飞秒激光烧蚀机理,同时进行 Cf/SiC 复合材料的飞秒激光切割试验研究,为 Cf/SiC 复合材料飞秒激光高质高效切割提供理论和数据支撑。具体研究内容如下:

(1)探究飞秒激光对 Cf/SiC 复合材料的烧蚀机理。基于飞秒激光烧蚀原理及 TTM,建立飞秒激光烧蚀 Cf/SiC 复合材料的仿真模型,对单脉冲模型及多脉冲模型进行数值仿真,分析不同边界条件下烧蚀结果的温度场分布、电子-晶格温度变化和烧蚀轮廓形貌规律。

（2）分析 Cf/SiC 复合材料飞秒激光单道线烧蚀行为。对不同扫描速度和不同激光功率下的线烧蚀行为进行分析，掌握宏观形貌变化规律，对不同扫描速度及不同激光功率的数值仿真结果加以试验验证，得到微观形貌变化规律，从微观角度对烧蚀机理进一步探究，了解 Cf/SiC 复合材料飞秒激光线烧蚀行为机理。考虑扫描速度、激光功率、加工效率的综合影响，选择最优的扫描速度和激光功率参数。

（3）开展 Cf/SiC 复合材料飞秒激光切割试验。对不同扫描线距和不同步进深度下的切割结果进行分析，掌握表面及截面的宏微观形貌变化规律，结合表面及截面的物相扫描结果，分析 Cf/SiC 复合材料飞秒激光切割产物分布规律，研究加工参数对切割效率的影响。考虑扫描速度、激光功率、扫描线距、步进深度及切割效率的综合影响，选择最优的扫描线距和步进深度参数。

4. 结论

本课题探究了飞秒激光对 Cf/SiC 复合材料的相互作用过程，并进行了数值仿真，分析了烧蚀机理。进行飞秒激光切割 Cf/SiC 复合材料试验，得到了不同扫描速度、激光功率、扫描线距及步进深度下，切割槽的宏/微观形貌变化规律、烧蚀机理及元素分布规律。现将研究结果总结如下：

（1）分析飞秒激光对 Cf/SiC 复合材料的烧蚀原理，基于 TTM 分析飞秒激光作用过程中电子与晶格的能量传递过程，建立了飞秒激光烧蚀 Cf/SiC 复合材料的仿真模型。进行了单脉冲与多脉冲仿真，发现电子温度在脉冲时间内快速升温，并在弛豫时间内与晶格进行能量传递，晶格温度上升到烧蚀阈值，发生材料去除。随功率增加，烧蚀坑深度和宽度都逐渐变大，多脉冲时，晶格的最低温度逐渐上升，产生热积累现象，最终趋于平衡。

（2）开展了 Cf/SiC 复合材料飞秒激光单道线烧蚀试验，分析扫描速度和激光功率对加工质量的影响。扫描速度在 200 mm/s 以下增加时，会对烧蚀槽的深度产生较大的影响，表面及槽底沉积物增多，随后对烧蚀深度的影响减小。仿真试验出现温度最高点偏移的现象，随扫描速度加快，电子-晶格耦合最低温度变低，材料达到稳定烧蚀的脉冲数变短，随激光功率增加，电子-晶格耦合最低温度变高，材料达到稳定烧蚀的时间变短。扫描速度较低时，表面会出现 LIPSS，扫描速度较高时，表面被沉积物覆盖。随激光功率增加，烧蚀宽度和深度都将增加，热积累影响变大，烧蚀边缘质量变差，沉积物和氧化物增多，飞溅加剧。当激光功率为 0.5 W 和 1 W 时，出现 HSFL（亚波长量级的高频率周期性结构），激光功率增大后，该结构消失，大量沉积物附着在表面，伴随相爆炸产生洞穴结构。考虑扫描速度、激光功率、加工效率的综合影响后，确定最优参数扫描速度为 100 mm/s、激光功率为 8 W。

（3）开展了 Cf/SiC 复合材料飞秒激光切割试验，得到了扫描线距和步进深度对切割质量的影响。随扫描线距增加，切割槽宽度不变，切割深度减小，槽侧面的倾斜度变大，烧蚀区与未烧蚀区的过渡区域变得更加平整。在扫描线距为 7 μm 时，槽边左侧出现 HSFL，右侧有大量沉积，并有因为沉积物沸腾产生的礁石状结构。在扫描线距为 18 μm 和 25 μm 时，槽底出现竖向沟壑，伴随有小段纤维剥落。随步进深度减小，切割槽宽度不变，切割深度变大，底部出现 HSFL，在深度为 500 μm 以上的部分，切割槽锥度较小，在深度为 500 μm 以下的部分，烧蚀槽锥度变大，逐渐向中间收缩，切割槽锥度变小，随步进深度减小而减小。切割槽侧面以及槽边质量较好，槽边过度平滑，侧面切割纤维断裂平整，无拔出、残留等现象，与基体之间无明显的起伏，接触面平滑，平整度高。沉积物大多为氧化物，表面离切割槽的距离越远，氧化物含量越低,截面未发生氧化。切割效率在扫描线距为 18 μm 时出现最大值,随步进深度增大而增大,考虑扫描速度、激光功率、扫描线距、步进深度及切割效率的综合影响后,确定最优参数扫描线距为 12 μm、步进深度为 20 μm。

5.创新点

探究飞秒激光对 Cf/SiC 复合材料的相互作用过程,并进行数值仿真,分析了烧蚀机理。进行飞秒激光切割 Cf/SiC 复合材料试验,得到了不同扫描速度、激光功率、扫描线距及步进深度下,切割槽的宏/微观形貌变化规律、烧蚀机理及元素分布规律。

6.设计图或作品实物图

相关试验与仿真结果如图 1—图 12 所示。

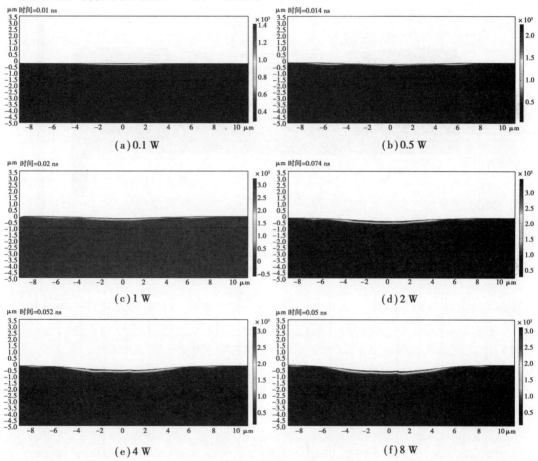

图1　不同激光功率的温度场分布

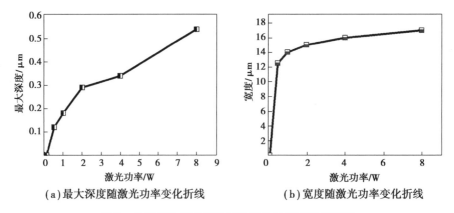

（a）最大深度随激光功率变化折线　　　　　（b）宽度随激光功率变化折线

图2　仿真烧蚀结果与激光功率关系光变化折线图

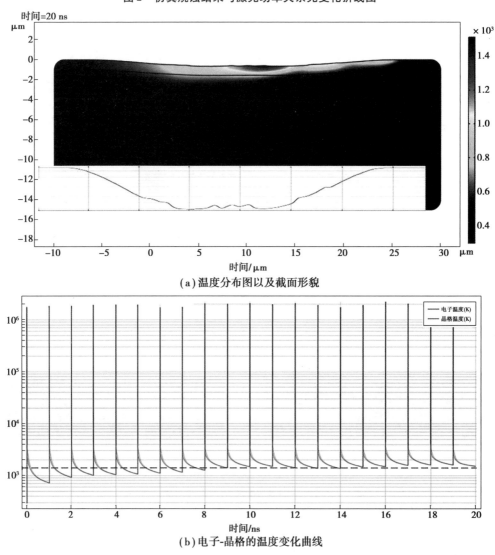

（a）温度分布图以及截面形貌

（b）电子-晶格的温度变化曲线

图3　多脉冲仿真结果

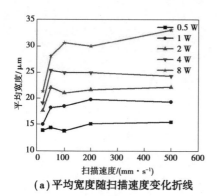

（a）平均宽度随扫描速度变化折线

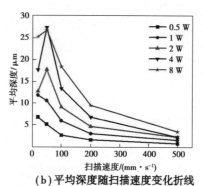

（b）平均深度随扫描速度变化折线

图4　烧蚀结果与扫描速度的关系

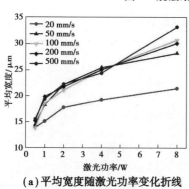

（a）平均宽度随激光功率变化折线

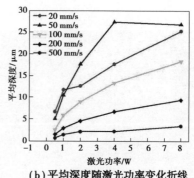

（b）平均深度随激光功率变化折线

图5　烧蚀结果与激光功率的关系

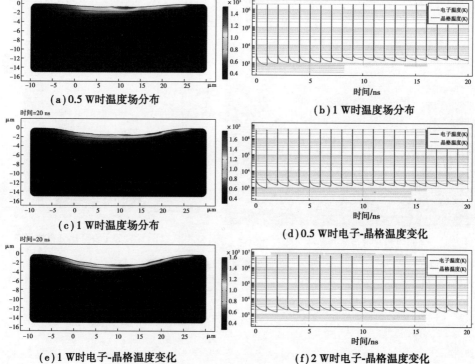

（a）0.5 W时温度场分布

（b）1 W时温度场分布

（c）1 W时温度场分布

（d）0.5 W时电子-晶格温度变化

（e）1 W时电子-晶格温度变化

（f）2 W时电子-晶格温度变化

图6　不同激光功率仿真结果

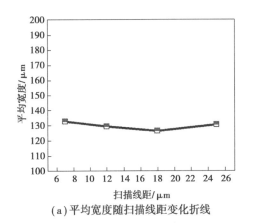

（a）平均宽度随扫描线距变化折线　　　　　（b）平均深度随扫描线距变化折线

图 7　切割结果与扫描线距的关系

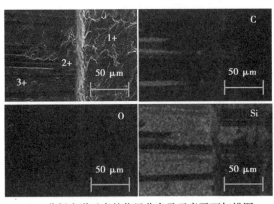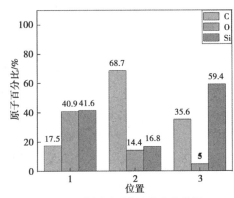

（a）分析点谱元素的位置分布及元素平面扫描图　　　　（b）元素原子百分比分布柱状图

图 8　单层扫描表面 EDS 扫描数据

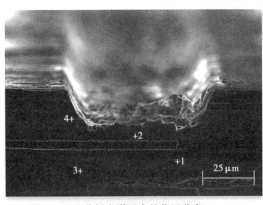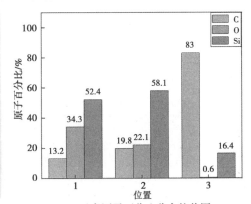

（a）分析点谱元素的位置分布　　　　（b）元素原子百分比分布柱状图

图 9　单层扫描截面 EDS 扫描数据

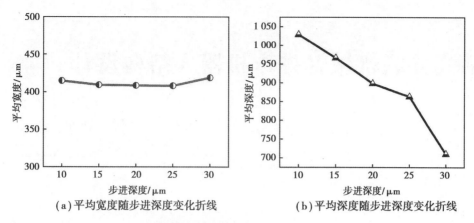

（a）平均宽度随步进深度变化折线　　　　　（b）平均深度随步进深度变化折线

图 10　　切割结果与步进深度的关系

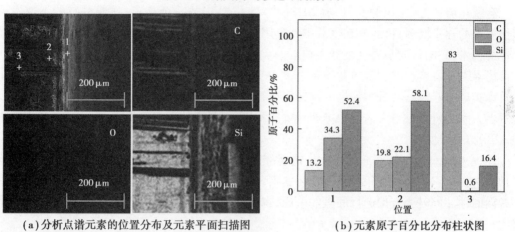

（a）分析点谱元素的位置分布及元素平面扫描图　　　（b）元素原子百分比分布柱状图

图 11　　多层扫描表面 EDS 扫描数据

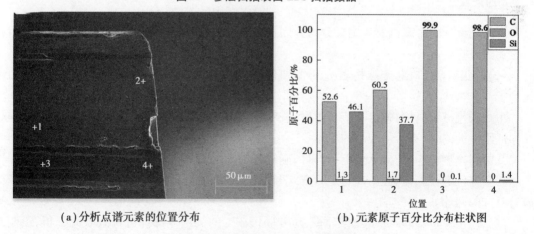

（a）分析点谱元素的位置分布　　　　　（b）元素原子百分比分布柱状图

图 12　　多层扫描截面 EDS 扫描数据

高校指导教师：董志刚；企业指导教师：徐　亮

移动式并联机械臂排球机器人结构设计

游子儆

You Zijing

东北大学　车辆工程

1. 设计目的

　　智慧化服务是《全民健身计划(2021—2025 年)》中的一个亮点,随着科技的飞速发展及社会需求的逐步增多,机器人在生活中的应用越来越广泛。服务机器人技术是一项综合性、渗透性的技术,它的目的是通过机器人技术来实现对人类有利的服务。服务机器人领域存在巨大市场潜力和发展空间。针对智慧化全民健身需求,设计一款基于 Delta 机械臂、全方位走行式自动排球机器人。其目的是推广机器人在智慧化服务中的运用,响应全民健身计划,实现多台机器人间或机器人与人之间的排球对抗比赛,吸引更多的人来认识排球,让更多的人有兴趣加入到排球运动中。

　　Delta 机械臂以能够在三维空间中快速准确地移动的优点,成为需要精确和快速移动应用的理想选择。它的结构也相对更加轻巧紧凑,更加可靠,其完全对称的结构也使其有更好的运动各向同性。同时全方位走行底盘的采用,也使得机器人能灵活应对比赛接球过程中的快速移动。

2. 基本原理及方法

　　本课题设计的排球机器人主要分为并联机械臂机构、中间连接机构、全方位走行式底盘机构三大部分。

　　(1)收集资料,制定排球机器人所需要满足的性能指标和参数,对各个部件进行初步设计。

　　①并联机械臂机构:确定关节自由度、关节连接方式和关节数目。满足接、发排球的需求。在保证刚性的同时,有尽可能小的质量。

　　②中间连接机构:连接承载上下部件,确定各个部件的分布位置。

　　③全方位走行底盘机构:确定走行方式和定位方式,使机器人能适应比赛场地,快速移动,应对对方的回球。

　　(2)使用 SolidWorks 完成三维建模,对并联机械臂的关键零部件进行有限元分析,绘制二维图纸。

　　(3)完成机器人的装配,测试调试机器人。

3. 主要设计过程或试验过程

　　1)排球机器人整体设计

　　并联机械臂机构主要起到接、发球的作用,其需要足够灵活,同时还有足够的刚性应对接球时的冲击。中间连接机构主要起到连接支撑作用,是整体的躯干,将并联机械臂与底盘连接。全方位走行底盘机构使机器人在进行接球准备的时候保持车身姿态,使三维激光雷达保持朝向对面,实时采集数据进行球的轨迹预测。

2)并联机械臂机构结构设计

为了使排球机器人能移动迅速且灵活,同时又有较好的刚性-适应接、发球时的冲击,本课题采用 Delta 并联机械臂。整体机构都采用轻量化设计,主体以 3D 打印件为主,运动关节采用类似虎克铰的结构,使该关节有较高的刚性。在动平台上装有摄像头,采用手眼结构,利于后续控制。最终主动臂长为 150 mm,从动臂长为 170 mm,主动臂与静平台相交投影中心圆直径为 200 mm,从动臂与静平台相交投影中心圆直径为 200 mm。

3)全方位走行底盘机构结构设计

考虑到排球机器人需要在运行过后保持姿态,并识别对方的回球,预测落点;同时考虑到排球场的形状,一般需要的横向移动速度需要比纵向更快些。本课题采用全向轮走行机构,轮子呈 120°均布。

4)中间连接机构结构设计

中间连接机构是整体机器人的框架,起到支撑上部并联机械臂、连接底盘和上层结构的作用。考虑到整体轻量化的设计和应付对方回球时的需要,中间连接机构上有亚克力转盘能使上部机构在保持底盘姿态不变的情况下航向旋转,快速将球向希望方向回击。

5)并联机械臂机构运动学分析

并联机械臂是排球机器人接、发球的主要部件,运动学分析主要是要研究机械臂的输入和输出间的对应关系。通过数学模型和软件分析,能确定机械臂的工作空间是否满足需求,同时也利于后续的控制。

6)并联机械臂关键部位的静力学仿真分析

并联机械臂是排球机器人关键部件,对其进行有限元分析,并对关键零件进行拓扑优化及轻量化设计。

4.结论

本课题在国家对全民健身的推广和科技飞快进步的大背景下,设计了一款移动式并联机械臂排球机器人。针对机器人的工作场景和作业内容进行了分析,预设了机器人的功能和性能需求。重点对并联机械臂进行了研究,包括机械结构的设计、运动模型的仿真、关键部位的有限元分析,也对机器人的走行部分进行了分析设计。在分析设计中利用软件辅助仿真,完成机器人的三维结构模型。最后,对其部分零件进行加工装配,对实物进行测试,验证了本课题设计的合理性与可行性。

5.创新点

(1)提出了一种刚性高、结构紧凑、精度高的 Delta 并联机械臂机构,与市面上常见的装配生产流水线上的机器人不同,将动平台装于静平台上方,用于接、发排球。

(2)Delta 关节部位不同于常见的球铰链与弹簧的使用,采用了基于十字轴的虎克铰式旋转关节,增强关节刚性。

(3)采用全方位移动式底盘,能够在保持姿态的同时快速灵活地移动。

6. 设计图或作品实物图

移动式并联机械臂排球机器人三维图如图 1 所示，Delta 并联机械臂实物如图 2 所示，全方位走行式底盘实物如图 3 所示。

图 1　移动式并联机械臂排球机器人三维图

图 2　Delta 并联机械臂实物　　　　图 3　全方位走行式底盘实物

高校指导教师：李一鸣；企业指导教师：丛德宏

自激振荡喷嘴流场分析及优化设计

邓济阳

Deng Jiyang

燕山大学 机电控制工程

1. 设计目的

传统消防喷嘴结构简单,仅适用于远距离直流射流,其出口直径必须与系统流量相匹配,达不到远射程和精准灭火的要求。双腔自激振荡喷嘴结构简单,能产生较强脉冲空化射流,可满足消防灭火时的大打击力,远射程、高射流聚合度和高灭火效率需求,广泛应用于消防灭火、切割及与此相关的绿色环保技术。

应用于各个领域的自激振荡喷嘴进行大批量产时,质量和性能检测是重中之重。试验平台的可靠性决定了这种长时间间歇性的测试工作是否能够稳定进行。基于这样的工况,试验台具备对提供给射流喷嘴水源的液压泵进行元件可靠性试验的功能。同时,当喷嘴测试工作时间过长,由于液压系统的有效效率偏低,这样很大程度上会造成功率的损失。因此,试验台增加对测试系统进行电功率回收的功能很有必要。

本课题以双腔自激振荡喷嘴为研究对象,设计一款能够完成对双腔自激振荡喷嘴射流性能研究的综合试验台,同时满足对供能液压泵的可靠性测试、电功率回收等功能,最后对喷嘴射流性能展开研究。

2. 基本原理及方法

(1)应用于各个领域的自激振荡喷嘴生产要求和量产标准十分严格,因此喷嘴批量生产时需进行质量检测。批量检测喷嘴的测试系统具有长时间间歇工作的工况特点,因此测试系统的可靠性分析尤为重要。该水液压综合试验台的液压系统功能之一是对被测射流喷嘴供能的液压泵、进行电功率回收的液压马达进行元件可靠性试验,从而评估该测试系统的稳定性。

对于本课题所提系统中被试液压泵和被试液压马达的可靠性评估方法应依据《液压元件可靠性评估方法》(GB/T 35023—2018)的要求。对于本课题所提系统中液压泵、马达可靠性试验液压系统的设计可以参考《液压传动 电控液压泵 性能试验方法》(GB/T 23253—2009)和《液压马达》(JB/T 10829—2008)。

(2)批量检测喷嘴的测试系统是长时间间歇工作的工况,因此测试系统的设计电功率回收功能可以回收部分电能提供给驱动被试变量泵的电机。同时,选择电功率回收的形式,增设回收电能的液压马达,该马达作为被试液压泵的加载对象。该工况决定了功率回收用的液压马达同样需要进行可靠性试验分析。

测试系统要求被试变量泵和被试液压马达可直接安装在系统中进行测试。而该系统为综合型试验系统,应选择变量柱塞泵和轴向柱塞变量马达,以便模拟不同工作条件的液压泵和液压马达。

水液压综合试验台液压系统的电功率回收原理为电机驱动被试变量泵,进而驱动被试变量马达转动,被试变量马达连接发电机,驱动发电机转动从而产生电能。电能如果较大可储存到储能装置中,较小可以直接输送到电机供能。溢流阀作为安全阀保护系统。由于被试液压马达为变量马达,因此此马达转速可能根据模拟工况发生变化,这时可在系统中增加整流、逆变的电器元器件,对相位频率不同的电流进行处理从而达到储能或者驱动液压泵的电机所需电流的要求。

(3)水液压综合试验台主要功能是对双腔自激振荡脉冲空化射流喷嘴进行射流特性试验和脉冲打击力试验,从而研究双腔自激振荡喷嘴不同结构参数及工作压力等主要参数对其脉冲效果和打击力的影响。双腔自激振荡脉冲空化射流喷嘴射流特性试验台部分主要分为水液压试验台泵站和射流喷嘴流场可视化两部分。水液压泵站可以提供给喷嘴水或者乳化液,并且实现对水或者乳化液的压力和流量进行比例调节。同时,试验台需安装压力表、压力传感器和流量计来检测系统的压力和流量。为了实现水循环,保证试验能够连续进行,试验台需另设计单独的水或乳化液收集装置,收集内安装吸水泵、减压阀、过滤器等元件,将收集起来的水或者乳化液输送至水液压泵站的油箱内,从而实现水循环。射流喷嘴流场可视化部分主要分为集水装置、进水和排水管路、监测装置等,这部分进行喷嘴射流性能试验。

3.主要设计过程或试验过程

1)水液压综合试验台液压系统设计

水液压综合试验台的液压原理需实现对提供给自激振荡喷嘴液压能源的液压泵和功率回收液压马达进行可靠性试验,电路部分需实现对该水液压综合测试系统进行电功率回收,同时实现对双腔自激振荡喷嘴射流流场的供能来探究其脉冲打击性能,由此拟定液压原理方案图。该试验台液压系统原理分为两部分,一部分是泵、马达可靠性测试试验回路,另一部分是自激振荡脉冲空化喷嘴试验回路。

该液压系统由主泵电动机为被试变量液压泵提供机械能,同时转矩转速仪检测被试泵的转速转矩,压力表和流量计监测液压泵提供给系统的压力和流量,三位四通电液比例换向阀实现对被试泵的变量控制,溢流阀作为元件可靠性测试系统的安全阀,设定压力较大,调压阀为元件可靠性测试系统调定系统压力,实现压力的精确调节,压力设定值小于溢流阀,三位四通电磁换向阀、插装式液控单向阀和二位三通液控换向阀控制可靠性测试系统进油方向进而控制被试变量马达的转向。二位三通电磁换向阀,液控单向阀和二位三通液控换向阀控制回油方向。缓冲溢流阀和单向阀起到缓冲保护液压马达,防止液压马达吸空。发电机加载在液压马达上,实现对电功率的回收,转矩转速仪监测液压马达的转矩转速,三位四通电液比例换向阀实现对液压马达的变量控制,二位三通电磁换向阀实现对液压马达的减速制动,进回油流量计和压力表监测液压马达不同转向时进油路和回油路的压力流量,进而可以得到液压马达的泄漏流量。二位三通电磁换向阀与插装阀组成开关阀控制液压元件可靠性试验的起停,二位三通电磁换向阀与插装阀则控制双腔自激振荡脉冲空化射流喷嘴试验的起停。调压阀为射流喷嘴系统调定系统压力,比例调速阀调定喷嘴流量,压力表和流量计检测喷嘴水源的压力和流量。

冷却装置是由电机驱动定量齿轮泵供油,测温头检测油液温度,温度升至设定温度后,反馈控制二位三通电磁换向阀换向,进而控制插装阀开启,从而实现水冷循环。

2）水液压综合试验台先导控制油路阀块设计

本课题选取水液压综合试验台系统中先导系统油路中的一部分管路和液压阀进行集成设计，阀块上需要安装 6 个液压阀、7 个工作油口的管接头、1 个吸油口管接头和 1 个压油口管接头。将阀块所有内部油路设计出来。除油路以外，还需要将各个阀的螺纹安装孔、管接头安装孔、开槽柱形螺塞安装孔、吊环螺钉安装孔、阀块底座等设计出来。元件布局和阀块油路确定后，进行阀块工程图的绘制。将各个液压阀的油口绘制在各个安装面上，并对特殊的管路布置进行说明，提出技术要求，完成阀块工程图的绘制。

阀块设计完成后，将相应的液压控制阀、螺钉、弹簧垫圈、管接头、开槽柱形螺塞、吊环螺钉、阀块底座以及密封圈等安装上。装配后液压集成阀块的整体尺寸为 334 mm×304 mm×201 mm。

3）水液压综合试验台油箱及泵站设计

在设计液压油箱时，液压油箱的容积在满足系统所需油液的所盛容量的同时，还要留有足够的空间以满足油液散热的需求和系统正常工作的液位要求。

为了更换箱内油液，保持油液的清洁性，油箱底板必须具有一定倾斜度，油箱必须设置放油螺塞或者放油阀用于放油，同时放油孔设计在油箱最低侧且必须与油箱底面相切，以此保证油液能够释放完全。为保证更换的油液具备较长时间的清洁度，需在系统的各个吸油管和回油管上安装对应的过滤器以保证吸入系统和排回油箱的油液有足够的清洁度。

油箱中间需设计隔板来隔开吸油区和回油，隔板上须有滤网或者孔道保证吸回油相通，且布置的位置尽量保证油液有足够的流动距离，这样有助于增加散热效果。隔板高度和油液高度参考相关技术要求。油箱底面需与底面保持一定的距离，从而满足散热、放油和搬动的需要，并且需要在油箱底部设置筋来满足支撑强度。

油箱需设计清洗口，清洗盖、各管接头安装法兰，各辅助元件和控制元件安装法兰，阀块固定底板，电机、管路安装法兰等，并按照各部件连接设定具体尺寸。

对于油箱内外的管路安装与布置，需要满足《冷拔或冷轧精密无缝钢管》（GB 3639—2021）。插入油箱的吸油管路和回油管路必须斜切 45°且对向油箱壁。吸油管和回油管的布置尽可能使箱内油箱有大的流动距离，以满足散热需要。吸油管和压油管不能布置过近，各吸油管布置不能过近。

水液压综合试验台的工作介质为水或者含 5%乳化油的乳化液。因此，需在油箱内壁均匀涂一层耐油耐水清漆或者防止水、乳化液侵蚀油箱内壁的耐蚀涂料。

其余设计基本准则和技术要求参考相关国家标准和行业标准。

4）双腔自激振荡被喷嘴射流性能研究

利用 Fluent 软件对喷嘴进行内流场的仿真，探究双腔自激振荡喷嘴的结构参数和工作压力对喷嘴射流性能的影响。

4. 结论

（1）水液压综合试验台液压原理方案设计。根据国内外喷嘴射流方面和电功率回收型液压元件可靠性试验台方面的相关理论，结合本试验台所处的工作背景和情况，对比确定了本试验台液压系统的原理设计，满足了试验台喷嘴测试、元件可靠性测试和电功率回收的三大功能。根据实际需求，确定了液压系统的主要工作参数，系统元件的选型。根据液压系统设计规范，对设计的液压系统进行校核，满足了系统性能上的要求。

（2）水液压综合试验台重要元部件三维建模设计。利用 SolidWorks 对水液压综合试验台中的液压阀块、液压油箱和液压泵站进行设计。完成试验台中集成阀块的装配、油箱焊接设计与泵站的总装设计。

（3）水液压综合试验台重要元部件工程图和装配图绘制。利用 AutoCAD 绘制了液压阀块工程图、阀块装配图、液压油箱焊接图和液压泵站装配图。为试验台后续实物生产制作提供了指导性图纸。

（4）双腔自激振荡喷嘴流场可视化试验台实物设计。根据喷嘴试验的要求，制作了喷嘴流场可视化试验台。试验台能够实现对喷嘴射流性能和脉冲打击力的试验。

（5）双腔自激振荡喷嘴射流性能的仿真计算。利用 Fluent 软件对喷嘴进行内流场的仿真，研究喷嘴主要结构参数和不同工作压力对射流性能的影响，为喷嘴结构和工作条件进一步优化提供了研究基础。

5. 创新点

（1）分析了喷嘴量产时所产生的稳定性问题，设计了一款能够完成对双腔自激振荡喷嘴射流性能研究的综合试验台，可实现供能液压泵和回收液压马达的可靠性测试。

（2）结合资源循环利用、工业节能的背景，试验台设计对系统进行电功率回收的功能，以期将用于液压元件可靠性测试的电能进行重新回收并储存，提高液压元件可靠性试验部分的效率。

（3）采用仿真的手段对双腔自激振荡喷嘴的结构参数和工作压力对射流性能的影响进行进一步的研究。

6. 设计图或作品实物图

双腔自激振荡冲喷嘴流流场可视化试验台如图1所示，喷嘴实物如图2所示，水液压综合试验台液压系统原理图如图3所示，水液压综合试验台泵站装配图如图4所示，喷嘴测试点速度脉动曲线如图5所示，不同压力的喷嘴频率和振幅曲线如图6所示。

图1　双腔自激振荡脉冲喷嘴流场可视化试验台　　图2　喷嘴实物

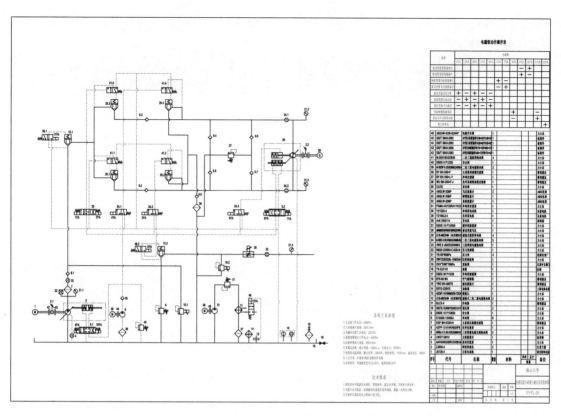

图 3　水液压综合试验台液压系统原理

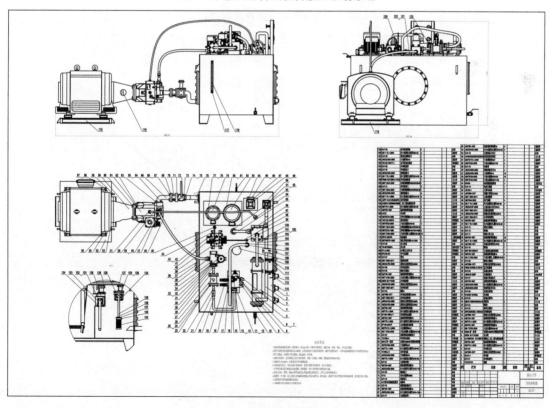

图 4　水液压综合试验台泵站装配

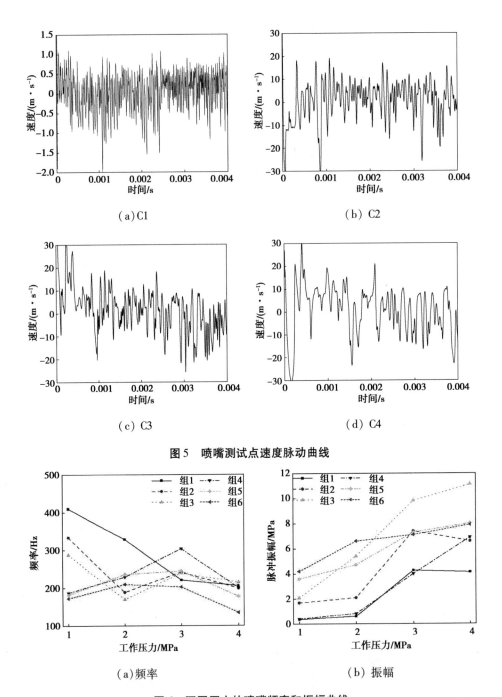

（a）C1　　　　　　　　　　　（b）C2

（c）C3　　　　　　　　　　　（d）C4

图5　喷嘴测试点速度脉动曲线

（a）频率　　　　　　　　　　（b）振幅

图6　不同压力的喷嘴频率和振幅曲线

高校指导教师：袁晓明；企业指导教师：葛俊礼

连续作业式猕猴桃采摘机器人设计

陈安雨

Chen Anyu

东北林业大学　机械电子工程

1. 设计目的

目前我国猕猴桃的收获方式以人工采摘为主,这种收获方式劳动强度大、工作耗时长、生产效率低。猕猴桃机械化采摘设备在果园中的推广与使用率不高,且大多数采摘设备采用夹持式单果采摘的作业方式,在对果实进行拉拽或旋拧的过程中,极易造成果实损伤,并且这种采摘方式工作效率较低。针对上述问题,设计了一种可进行多果采摘的连续作业式猕猴桃采摘机器人,旨在提高猕猴桃的采摘效率、降低果实损伤率,为我国自动化果实采摘机械的发展提供新的思路和可行性方案。

2. 基本原理及方法

在猕猴桃采摘方式的选择上,本课题设计总结对比了不同的采摘方案,采用一种包络式聚拢、剪切式分离与管道式收集相结合的采摘方式。

基于采摘要求与猕猴桃果实的物理特性,合理设计末端执行器的总体尺寸,末端执行器的采摘仓单次可容纳果实数目为 4~6 个,可实现猕猴桃的多果聚拢,为后续的果实分离操作提供条件;在保证强度足够的同时尽量减轻采摘仓的质量,进行轻量化设计。在果实分离方面,通过旋转电机带动刀片以特定速度切割果梗,将果实从果树上分离下来。为降低果实的机械损伤率,在采摘仓内设计带有弧形结构的曲形导向杆,增加对掉落猕猴桃果实的缓冲性,同时也增加猕猴桃果实通过采摘仓的平稳性。利用软体管道让猕猴桃从特定路径通入收集装置,在降低甚至避免对猕猴桃损伤的同时,又不需要机械臂的其余动作,让采摘和收集操作独立进行,从而保证工作效率。

试制采摘机器人的末端执行器实物,进行采摘试验,验证末端执行器工作的可靠性,以及是否达成设计参数要求(适应树高为 1 800~3 000 mm,采摘猕猴桃效率为 25~30 个/min),试验结果表明采摘末端执行器各个机构之间相互协调、互不干涉,作业动作平稳连贯,可达成预期设计目标。

3. 主要设计过程或试验过程

1)猕猴桃采摘机器人整体方案设计

根据猕猴桃的采摘工况和设计要求,分析比较不同的采摘方案,设计了采摘机器人的整体结构以及末端执行器的控制系统,整体结构设计包括末端执行器、收集装置、机械臂及行走装置。

2)猕猴桃采摘机器人机械结构设计

利用 SolidWorks 软件建立猕猴桃采摘机器人的三维模型,并使用 CAXA 软件进行主要零部件工程图纸的绘制。

对末端执行器部分的采摘仓、活动刀片、转轴和曲形导向杆等零件进行了结构设计及参数计算,通过有限元静力学分析对转轴的强度进行校核,结果表明,转轴的强度满足使用要求。设计的末端执行器采用包络与剪切相结合的方式完成果实采摘,可以实现多果采摘,有利于提高猕猴桃的采摘效率。收集装置采用软体管道与收集箱结合的收集方式,可保证末端执行器连续作业,在提高采摘效率的同时降低果实的机械损伤率。在机械臂方面,本设计选择四自由度关节型机械臂,可满足采摘工作需求;相比其他机械臂,关节型机械臂占据空间最小,灵活性最高。机器人的行走装置由导航定位系统和底盘装置两大部分组成。导航定位系统用于指挥机器人精确定位到果园果树;底盘装置选用履带式底盘,具有良好的稳定性和通过性,负责供电、载重和行走。

3)末端执行器控制系统设计

在末端执行器整体结构的基础上,提出一种单片机控制系统方案,以实现猕猴桃采摘的自动化。控制系统设计主要包括硬件系统和软件系统的设计,硬件系统设计包括单片机、传感器等元件的选型及硬件电路的设计;软件系统设计包括末端执行器的工作流程设计和采摘控制程序设计,使用 MDK 软件进行采摘控制程序的编写与调试。

4)末端执行器样机试制及采摘模拟试验

基于机械及控制系统的设计,按等比例试制末端执行器的实物模型并完成模型的调试。在校内搭建仿真棚架进行采摘模拟试验,验证设计方案的可靠性。

4. 结论

(1)设计了一种可进行多果采摘的连续作业式猕猴桃采摘机器人,该机器人的适应树高为 1 800 ~ 3 000 mm,采摘猕猴桃效率为 25 ~ 30 个/min。

(2)设计了一种采用包络与剪切相结合的方式进行多果实采摘的末端执行器,提高了果实采摘效率;采用四自由度关节型机械臂进行工作;通过软体管道与收集装置相结合的方式完成果实收集。

(3)完成了末端执行器控制系统的硬件部分和软件部分的设计;使用 MDK 软件完成末端执行器采摘控制程序的编写。

(4)完成了末端执行器的样机制作,进行了采摘试验。试验结果表明,采摘末端执行器的各零件的协调性较好,可以实现多个果实自动采摘的预期设计目标。

5. 创新点

(1)提出一种采用包络式聚拢、剪切式分离与管道式收集相结合的多果采摘方案。

(2)末端执行器针对一簇猕猴桃果实进行工作,可进行多果采摘,且实现猕猴桃采摘动作的连续性,实用性较高。

(3)设计了一种带有弧形的曲形导向杆,降低猕猴桃果实的机械损伤率并提高猕猴桃果实通过采摘仓的平稳性。

6. 设计图或作品实物图

猕猴桃采摘机器人的整体三维结构如图 1(a)所示,末端执行器的三维结构如图 1(b)所示,末端执行器实物如图 2 所示,试验场景如图 3 所示。

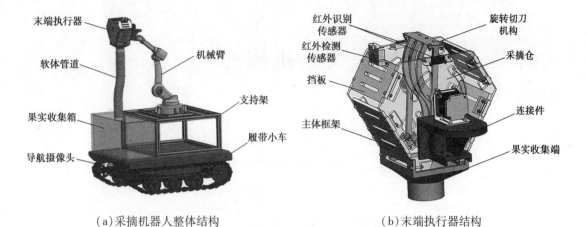

（a）采摘机器人整体结构　　　　　　　（b）末端执行器结构

图1　猕猴桃采摘机器人三维结构

图2　末端执行器实物

图3　采摘试验场景

高校指导教师：付　敏；企业指导教师：邓　宇

一种基于站立-倾倒变形机构的履带式机器人

徐 然

Xu Ran

北京交通大学　机械工程

1. 设计目的

履带式机器人已广泛应用于军事、反恐和救灾等领域,然而传统的履带式机器人存在越障能力低下的问题,难以翻越如矮墙、台阶、废墟、岩石等大尺寸障碍,极大程度限制了机器人的机动性能。同时由于机器人的可翻越高度通常与机器人的线性尺寸成正比,机器人必须满足一定的尺寸下限才能保持一定的地形通过能力,因此越障能力的不足也间接阻碍了机器人的小型化,影响其便携性。

针对上述问题,本项目意在研发一种同时具有较好的便携性及优良越障性能的变形履带式机器人。机器人尺寸须限制在可由单人携带并部署的规模,并具有能够翻越高度至少为自身线长度 0.45 倍的障碍物的能力。同时考虑的机构可靠性及实用性需要,机器人的变形机构须为单自由度机构,且需具有用于安装不同任务模块的通用平台。

2. 基本原理及方法

为满足上述设计目标,本项目观察了动物翻越障碍的动作,并从动物越障时会主动抬高重心这一现象(图 1)获得启发,创新提出了站立-倾倒越障原理及动作策略。

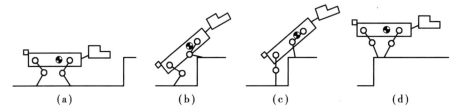

(a)　　　(b)　　　(c)　　　(d)

图 1　动物越障过程重心主动抬升示意

基于这一原理,本项目设计了一种新式变形履带机构,其可通过履带变形主动抬高重心,实现“站立”,进而通过主动“倾倒”的方式利用重力势能辅助越障,如图 2 所示。这种新型越障策略能够显著提升机器人的越障能力,使得机器人能够在拥有较小尺寸的同时翻越较高的障碍。

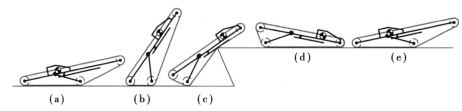

(a)　　(b)　　(c)　　　(d)　　　(e)

图 2　站立-倾倒变形履带机构越障过程构思

本项目研究过程中主要采用了以下研究方法：

（1）力学模型分析。通过对越障过程进行受力分析，建立了机器人的越障力学模型，基于该模型可分析出机器人最大越障高度与机器人自身尺寸属性之间的关系，为机构设计及不同设计方案的选型提供指导。

（2）计算机辅助机械设计。利用 CAD 软件针对所确定的机构方案进行机械设计；利用 CAD 软件所带的标准件数据库，可快速高效地进行轴系设计、紧固件选择及制定装配方案。通过干涉检查功能可以快速、无遗漏地发现机械设计中存在干涉问题的不合理之处，从而进行修改。

（3）遗传进化算法。由于本项目中所涉及的优化目标函数与各尺寸自变量间关系无解析解，且边界条件复杂，属于黑箱问题，无法直接求解最优解。遗传优化算法原理类似于自然界中生物进化过程，能通过逐代进化的方式筛选出最优"基因组"，从而实现优化。

3. 主要设计过程或试验过程

为了解决传统履带式机器人越障能力不足、机动能力受限的问题，基于所提出的创新站立-倾倒越障原理，设计研究一款机构自由度少，越障能力强，自身尺寸较小的新式变形履带机器人，具体内容如下。

1）创新构思提出

分析国内外履带机器人研究现状，总结不同类别设计方案的优缺点，并由此根据动物的运动特性提出新的站立-倾倒越障动作策略，提出原始的站立-倾倒变形机构，并对该机构深入讨论，细化功能分工，展开进一步设计。

2）变形履带移动机构的设计与方案选择

建立力学数学模型讨论机器人最大越障高度与机器人移动机构各尺寸之间的关系，从而确定不同尺寸参数的变化对机器人越障性能的影响情况。以此为依据，提出并分析了数种详细的移动机构方案的特性，并基于之前根据力学数学模型得出的结论进行了方案选择。

3）站立-倾倒变形履带机器人机械结构设计

根据所确定的机构方案进行机械设计，进行致动器及配套电气设备的选型、布设规划，使用有限元分析工具校核关键零部件强度，检查机械结构合理性并在满足结构与连接强度的前提下避免干涉。并由此确定了机器人各内在属性（结构件尺寸、重量分布与重心位置等）之间的边界条件关系。

4）机器人关键尺寸参数优化

依照同类研究中通用的越障性能衡量标准确定机构优化的目标函数，并结合先前所得的机构尺寸边界条件关系设计遗传优化算法，编写算法实现程序对机器人的关键尺寸参数进行优化，以进一步增强机器人越障性能。

5）全向移动转运平台虚拟样机仿真验证

对优化后的站立-倾倒变形履带机器人设计进行虚拟样机仿真验证。使用 Recurdyn 动力学仿真软件完成了机器人在不同坡度地形的站立-倾倒及还原动作试验，保证机器人在绝大多数环境中进行履带变形均能达到预期的站立-倾倒效果。之后测试了机器人在高台、楼梯、沟壑地形的通过性能，验证了其越障性能和在不同地形环境下的适应能力。

6）实物样机研制与试验

以优化后的机器人设计为基础，绘制装配图与零件图，制作对应零部件并搭建了实物样机,并在多种地形环境中展开测试。经测试,机器人样机成功完成全部地形通过试验,验证了其越障性能以及在不同地形环境中的通过性能。

4.结论

本项目受到现有的履带式机器人有关研究启发,参照动物翻越障碍动作的动力学原理创新提出了适用于变形履带式机器人的站立-倾倒越障动作策略,并设计了可完成这种动作的变形机构,变形机构仅具有 1 个自由度,最大程度降低了控制难度并提升稳定性,提高了功率-质量比,为后续研究提供了参考价值。研究通过观察动物越障过程中的身体姿态变化分析出其内在原理,并进一步将其总结为站立-倾倒越障策略;详细讨论了使用站立-倾倒越障动作翻越障碍时,机器人重心与障碍物的位置和机器人最大越障高度的数学关系,同时论证出类似的关系在跨沟过程中同样适用。提出了多种机构设计方案,并基于所得的数学关系讨论了各方案对机器人越障性能的影响;选择了最优的机构设计方案进行机械设计,选择电机及电气设备,机器人尺寸、质量分布与重心位置等内在属性之间的数量关系限制得以进一步明确。由此,使用遗传进化算法进一步对机器人各零件尺寸进行了优化,以提高机器人的越障性能;在力学仿真环境中构建了机器人模型,在验证其动作可行性后,设置了越障、下平台、跨沟、上楼梯等场景对机器人模型进行测试,验证了其可行性。最终搭建了实物样机并测试了其在不同环境下的通过性能。

本项目研究成果如下:

(1)创新提出了站立-倾倒越障策略,并设计对应的变形履带移动机构。研究着重关注了四足动物在爬行翻越障碍时的重心移动特点,从而设计了适用于履带机器人的站立-倾倒越障策略及对应的变形履带机构,显著增强了机器人的越障能力。

(2)设计机械结构并使用遗传算法进行优化。研究根据所提出的新式移动机构设计方案进行了机械结构设计,在机械设计过程中,由于干涉等原因限制,机器人各尺寸间存在一定的约束条件,研究以此为边界条件,并依照一种认可度较高的越障性能衡量方法设计优化目标函数,利用遗传优化算法对机械结构进行优化。

(3)通过动力学仿真与样机试验验证所提出方案的可行性。研究通过力学仿真初步验证所设计机械结构可行性,之后搭建了实物样机,设计电气控制系统,通过样机试验的方式进一步验证了所设计机器人在各种环境的通过性能。

5.创新点

(1)受动物越障时重心抬升动作启发,创新提出站立-倾倒越障原理及动作策略。

(2)创新提出基于上述站立-倾倒越障动作原理的新型变形履带移动机构。

(3)创新提出站立-倾倒变形履带机器人在不同地形环境下的变形动作形态。

(4)提出机器人的全套机械结构设计方案。

(5)提出所设计机器人的黑箱优化算法。

6.先进性

根据有关领域通用的越障性能定义(最高越障高度/机器人长度),综合对比了本项目所设计机器人与同类产品的越障性能,如图 3 所示。本项目所研发的站立-倾倒变形履带机器人越障性能高于同类产品 34%,达到国际最先进水平。

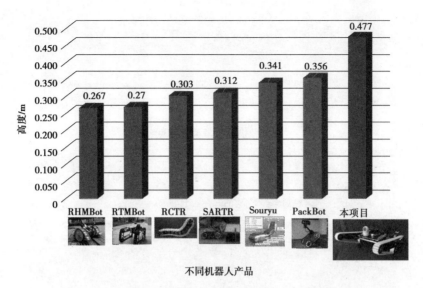

图3　站立-倾倒变形履带机器人与同类产品越障性能对比

7. 设计图或作品实物图

　　站立-倾倒变形履带机器人三维设计图（含尺寸标注）如图4所示，机器人变形站立姿态如图5所示，实物样机如图6所示。越障仿真结果和实物样机越障测试过程分别如图7和图8所示。

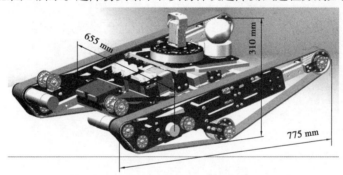

图4　站立-倾倒变形履带机器人三维设计图与尺寸

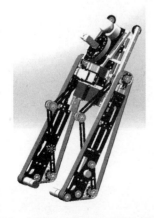

图5　机器人变形站立形态三维图　　　　　　图6　机器人实物样机

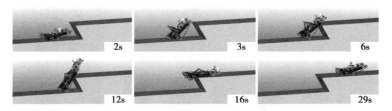

图 7　机器人越障仿真试验

图 8　机器人实物样机越障测试

高校指导教师：刘　超；企业指导教师：刘兴杰

面向脑控机械臂的脑机协同控制方法

王梓潼

Wang Zitong

北京理工大学 智能制造工程

1. 设计目的

前脑机接口技术发展迅速,脑控机器人因其交互方式不依赖外周神经和运动系统,为存在运动障碍的老年和残疾人提供了一种解决日常生活问题的希望。但受限于准确率不足、信息传输率低、命令数量少等脑机接口固有问题,脑机接口直接控制不能满足机械臂的需求。因此,发展脑机接口协同控制系统,利用智能控制器提高脑控机械臂的安全性、稳定性和易用性,具有很大的研究和应用价值。

2. 基本原理及方法

1) 稳态视觉诱发电位原理与特性

稳态视觉诱发电位(steady-state visual evoked potentials, SSVEP)是指人眼注视 4 Hz 以上稳定频率的周期性视觉刺激时在大脑内产生的脑电响应,响应集中在输入刺激频率及该频率的各级倍频上,频谱能量随倍频次数增大而迅速衰减。SSVEP 源自初级视觉皮层,基本是一种生物学而非心理学作用,也不必然触发高级视觉加工。SSVEP 的产生最初被认为局限于枕叶区,但通过功能磁共振方法,证明 SSVEP 主要来自于初级视觉皮层与运动敏感区域,而在枕叶区也对 SSVEP 的产生起到一定作用;并发现 SSVEP 中基波和谐波分别由不同的神经区域产生。尽管 SSVEP 的诱发频带很广(可高至 100 Hz),但研究显示在人收到与脑电 α 波(8 ~ 12 Hz)相应的视觉刺激时稳态视觉电位具有最佳的诱发速度和信噪比。此外,该频段由于频率较低,在常规的液晶显示器(刷新率约在 60 Hz)上能产生更加稳定的显示效果。因此,低频 SSVEP 受到了大量系统的采用,但视觉操作界面中大面积的低频、高对比度的闪烁,会造成使用者视觉疲劳,并产生严重的不适。

2) 基于快速扩展随机树的轨迹规划

快速扩展随机树(rapidly-exploring random trees, RRT)是一种用于求解非凸高维空间中可行解的搜索算法,常用于高自由度机械臂空间路径规划。RRT 算法简单易于实现,在高维空间中首先偏向于探索工作空间的四周,之后再进行细分,具有概率完备性,因此在较为充裕的求解时间下具有很高的成功概率。

本研究所使用的 RRT 轨迹规划器由 ROS-noetic 的 MoveIt 功能包实现。由于 RRT 算法使用随机生成树形成轨迹规划,其规划的途径点数量及计划运动时间不固定,这在通常的机械臂控制中是允许的。但本研究中,RRT 生成的轨迹将作为协同控制器的输入,为了之后的优化过程能够正确进行,轨迹的途径点数目 $N+1$ 和时间步长 Δt 必须固定,因此需要对轨迹进行后处理。轨迹后处理主要包括时间缩放和途经点插值两个过程。经过时间放缩和途经点插值后形成的轨迹 X'' 满足共有 $N+1$ 个途经点和相邻点时间间隔为 Δt 两个条件。

3）模型预测控制理论

模型预测控制是 20 世纪 70 年代发明的用于工业过程控制的启发式控制算法,它基于最优控制理论包括预测模型、滚动优化和反馈校正三个部分。模型预测控制理论可以通过模型对系统的未来动态进行预测,将约束施加到未来的输入输出或状态上,从而实现对各种约束的显式处理。模型预测控制具有多种实现形式,但核心的内容都是根据预测模型和当前时刻测量的状态量进行规划,在线地在控制时域内求解一个优化问题,之后只将最优输入的第一个命令输出到被控对象,在下一次控制中重复执行上述求解。线性模型预测控制的开环优化问题通常可以转化为一个二次优化问题,从而使用常规的二次优化求解器进行解算。

3. 主要设计过程或试验过程

1）SSVEP 视觉刺激界面的设计

本研究设计了一种在显示设备上同时摆放 SSVEP 刺激和观察窗口的界面,其中观察界面位于屏幕中部,而刺激位于屏幕边缘。该界面尺寸固定为标准 720P 视频的长宽(1 280 像素×720 像素),从而与视频流的尺寸相匹配。5 个刺激的尺寸均为 200 像素×200 像素,其中 4 个运动指令刺激(+X、−X、+Y、−Y)分别分布在窗口的四边中点,而抓取指令紧靠窗口右下角。

这种设计是基于以下原则的考虑:

(1)使用者在进行观察和控制的切换时,视觉焦点运动的平均距离尽量小,不仅可以提高观察、控制两行为切换的速度,还能减少眼部疲劳。

(2)刺激在不过度遮挡观察的前提下尺寸尽量大,可以增加视觉刺激的强度,提高 SSVEP信号的幅值和质量。

(3)不同刺激的间距尽量大,使使用者在注视目标刺激以发出命令时,非目标刺激距离视野中心尽量远,降低其他刺激对视觉的刺激,避免刺激命令之间相互干扰。

尽管这种界面中部运动显示区的动态视频可能会为 SSVEP 带来一定的视觉干扰,但总体而言,试验证明了本研究设计的 SSVEP 显示-控制结合界面的准确率相对较高,足以满足机械臂实时控制的要求。此外,试验还验证了上述原则的正确性和必要性。

2）机械臂的模型预测协同控制器

本研究使用关节空间的二阶微分方程描述机械臂的运动学,构建机械臂的运动预测模型。根据优化目标选择代价函数。将上述求解方法的代价函数和预测模型转化为 C++代码,在每个控制步长内使用二次优化问题的求解算法对上述模型进行优化求解,得到机械臂的控制参数。

MPC 协同控制器输出的轨迹尽量跟随根据脑机接口和智能控制器给出指令分别生成的 2条轨迹,同时尽量避免较大的关节速度和关节加速度,以满足对轨迹的平顺性的要求和避免冲击的目的。

3）协同控制系统试验验证

本研究在 Gazebo 仿真平台上搭建机械臂仿真环境,被试者使用真实的脑机接口操控虚拟机械臂完成任务。对设计的脑机接口的准确率进行测试,证明其性能满足脑控机械臂的需求。同时设计了面向机械臂实际应用的自由路径抓取任务和轨迹跟踪任务,对本研究提出的脑机协同控制器和脑机接口直接控制进行对比,证明协同控制的实际任务性能由于直接控制。

4. 结论

本研究构建了机械臂的脑机协同控制系统,设计了面向脑控机械臂场景的 SSVEP 脑机接口、基于 MPC 的脑机接口协同控制器和脑控机械臂仿真试验平台。脑机接口的平均准确率达到了 96%,满足脑控机械臂的任务要求,且设计该接口时所使用的原则符合实际规律。基于MPC 的脑机协同控制器相比于脑机接口直接控制在试验所设计的自由抓取任务场景下,节约了 10.81% 的任务完成时间。末端执行器的轨迹平滑性改善,相对长度显著减少。在轨迹跟踪任务中,MPC 协同控制器相比脑机接口直接控制,轨迹相关性提升 5.20%,且各时刻各关节的角速度和角加速度平均值降低 7.76% 和 61.66%。说明该协同控制器相比于直接控制,改善了脑控机械臂末端执行器轨迹依从性差、命令切换时抖动等问题,提高对轨迹的跟踪能力和各关节运动的平顺性。证明了本研究提出系统对机械臂控制性能的增强。

5. 创新点

(1)设计基于 SSVEP 脑机接口,面向机械臂具体任务场景的人机交互界面,使其在满足一般 SSVEP 脑机接口界面要求的前提下,在本研究任务场景中能产生更高的准确率和控制速度。

(2)设计基于模型预测控制理论的脑机协同控制器,解决人类使用者与智能控制器在机械臂控制过程中如何协同控制的问题。应用该协同控制器相比于不应用控制器的直接脑机接口控制相比,在本研究任务场景中具有更高的准确率和更平顺的运动。

(3)建立仿真试验环境,对上述设计及构建的脑机接口协同控制整体系统进行试验验证,记录机械臂完成任务的成功率、耗时,以及执行任务过程中的轨迹(位移、速度和加速度)。通过与传统的脑机接口直接控制方案进行比较,验证该脑机接口协同控制系统在本研究任务场景下可以改善脑控机械臂的性能。

6. 设计图或作品实物图

脑机接口显示-控制界面如图 1 所示,仿真系统的环境如图 2 所示,被试者佩戴采集设备进行试验如图 3 所示。

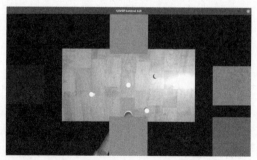

图 1　脑机接口显示-控制界面

图 2　仿真系统的环境

图 3　被试佩戴采集设备进行试验

高校指导教师:毕路拯;企业指导教师:田　坤

玻璃钢罐体直径 40～800 mm 孔加工机器人设计

陈昱霖

Chen Yulin

燕山大学　机械设计制造及其自动化

1. 设计目的

现有技术中,玻璃钢罐体的开孔方式多以人工手持角磨机或开孔器和水刀切割设备开孔,均需要人工协助,且开孔质量不佳,不仅粉尘危害工人身体,效率也较低,无法实现玻璃钢罐体上的多孔高效加工作业的需求。与传统的人工制孔相比,自动化开孔加工过程按照设定的程序进行,更加稳定可控,加工的材料力学性能和装配性能更加优越,同时可以减少玻璃钢粉尘对工人的危害。针对工程实际中对不同直径尺寸的玻璃钢罐体侧面自动化加工不同直径圆孔这一实际生产需求,设计了一款由有轨制导车辆(rail guided vehicle, RGV)移动平台搭载的龙门加工机器人对罐体实现自动化开孔总体结构方案。

2. 基本原理及方法

为了顺应玻璃钢储罐自动化加工趋势,本课题根据工程实际参数,分析调研现有的玻璃钢储罐加工方式,设计并提出了一种可以适应不同尺寸罐体和不同孔径要求的龙门加工机器人,围绕龙门机器人的机械结构设计总体方案设计,主要完成如下工作:

(1)查阅资料,确定玻璃钢材料特性,分析并调研玻璃钢的加工方式,并确定末端加工方式和执行方案,针对刀具的不同刀型、材料等方面对玻璃钢适用性分析,选用合适的加工刀具,并通过文献等资料计算切削力和转矩,以确定末端执行器的功能参数。

(2)根据实际工况需求,对工作空间进行分析计算,对比现有孔加工机器人,以低成本、高刚性、轻量化为目标,确定适合的总体结构方案,基于龙门式机械作业空间大,刚性高的特点,提出并设计一种带有无级调节滑台适应罐体尺寸的三平移串联高刚性龙门自动加工机器人,龙门机器人由 RGV 搭载精确定位。

(3)使用 SolidWorks、ANSYS 等软件完成三维模型的绘制,对龙门加工机器人关键零部件进行有限元分析、自由频率模态分析,细化并优化结构。绘制二维图。

3. 主要设计过程或试验过程

本课题设计来源于生产实际,面向作业环境设计,罐体材料为玻璃钢,罐体长达 10 m,直径为 2～4 m;罐厚度为 20～30 mm,针对罐体侧面孔轴线与罐体轴线相交并垂直的直径 40～800 mm 孔加工。设计可以代替人工自动加工的设备,具体内容如下:

(1)根据龙门式机械作业空间大的特点,提出并设计一种带有无级调节滑台适应罐体尺寸的三平移串联高刚性龙门自动加工机器人,龙门机器人由 RGV 搭载移动,根据传动方案对比,确定无级调节滑台由滚珠导轨承载滚珠丝杠传动,达到单设备可以适应不同尺寸产品的产线的目的。绘制工作空间示意图,确定龙门工作空间为 2 000 mm×1 000 mm×300 mm。RGV搭载平台罐体径向调整空间为 1 000 mm,地面钢轨铺设长度为 10 000 mm。

(2)利用现有试验数据分析玻璃钢的加工特性,对比了不同加工方式,确定"以磨代切"的加工方式。根据刀具涂层的作用机制选用 CVD 金刚石涂层刀具。根据切削力的经验公式计算了不同的切削参数下的切削力,转矩和加工时间,确定采用 2.5 kW 主轴头电机作为末端执行器。通过计算选型和参考试验数据结果表明,涂层玉米铣刀可以完成开孔切削工作,通过建模检验干涉,并选用直径为 12 mm,有效刃长为 40 mm 的刀具。

(3)针对龙门加工过程的实际工况环境,提出运用尼龙纤维可伸缩风琴式防护罩作为设备的传动机构防护件,考虑了龙门在移动底盘搭载下加工时受到振动可能存在的晃动问题,提出在导轨滑块的两侧加装 8 个常开气动钳制器,每个钳制器需要 0.6 MPa 气压以提供 2 000 N 的保持力将龙门与底盘锁紧。

(4)考虑到由于导轨加工精度的限制,滚珠导轨存在间隙,在龙门受到切削载荷时可能发生振动,扩大加工误差,提出并设计了两种分别针对 Y 轴和 X 轴的导轨预紧方案。运用材料力学针对立柱压杆稳定问题进行计算校核,计算并校核立柱底座螺栓直径和预紧力;制定了采用 PLC 通过 IO 方式的控制方案,并绘制了控制流程图和电气原理图。

(5)从工艺和结构的角度,根据各零件的功能设计了零部件,并运用 SolidWorks 和 ANSYS仿真软件对个别关键零部件以及设备整体进行了有限元分析。

(6)针对实际生产中设备的共振问题,运用 SolidWorks 对关键零部件进行五阶拓扑分析并得到五阶共振频率,设备使用过程中应避开共振问题。

4. 结论

(1)设计了一种由 RGV 搭载三平移串联机器人的玻璃钢储罐加工设备,龙门工作空间为 2 000 mm×1 000 mm×300 mm。RGV 搭载平台罐体径向调整空间为 1 000 mm,龙门 X 轴由行程为 300 mm 模组搭载主轴头进行加工。

(2)确定了采用长度为 70 mm,有效刃长为 40 mm 的金刚石涂层玉米铣刀刀具为加工刀具,根据切削力经验公式计算最大切削力为 366 N,最大转矩为 2.1 N·m,800 mm 孔最快加工时间为 2.5 min。

(3)提出并设计一种由钳制器代替插销拧螺栓的龙门固定方式,以解决龙门机器人在加工时与底盘之间的固定问题,效率更高,更安全。

(4)利用 SolidWorks 软件对关键零部件和龙门整体进行了三维建模和有限元分析,有效检查排除干涉情况,并验证了结构的可行性和合理性。

5. 创新点

(1)设计了一种结构简单,成本低,高刚性的玻璃钢储罐侧面孔加工设备。
(2)设计了一种由钳制器实现加工时与底盘固定的方式。

6. 设计图或作品实物图

龙门加工机器人三维模型如图 1 所示,罐体侧面安装示意图如图 2 所示。

图 1 龙门加工机器人三维模型

图 2 工厂示意图

高校指导教师:李艳文;企业指导教师:潘秋明

智能锁紧释放机构增材制造研究

杨仕达

Yang Shida

吉林大学　机械工程

1. 设计目的

4D 打印技术具有独特的"形状记忆"能力,因而在多个领域具有广泛的应用前景。然而,4D 打印技术具有驱动速度慢,响应时间长的缺点,难以实现快速弹射这一功能。本研究在自然界某类植物的启发下,欲提出一种利用 4D 打印技术的智能锁紧释放机构,可以在温度、湿度、外应力、电磁场等一种或多种激励下,以很小的驱动力达到较快的弹射速度,为 4D 打印驱动速度慢的问题提出一种新的解决思路。

2. 基本原理及方法

4D 打印技术相较于传统的 3D 打印技术多出了一个时间的维度,进一步来说是当外界环境发生改变时(温度、湿度、电磁场、外应力等),打印成品能够按照事先设计的要求进行形状变化,进而实现一些相关功能。4D 打印技术受仿生学启发,不妨换个角度从自然界中进行取材。自然界中的植物为了繁衍,已经将其传播之道演化得十分巧妙,其中不乏一部分植物对力量的运用已经达到了炉火纯青的地步。如果将这些植物弹射种子的原理或结构与 4D 打印技术结合起来,是否有望实现利用 4D 打印的快速响应及爆炸弹射构件。

3. 主要设计过程或试验过程

本研究分别从宏观和微观角度入手解析生物原型弹射机理,首次揭示了兰花草的弹射播种机制,并用有限元仿真分析软件对机理进行验证。基于该弹射原理并结合 4D 打印技术特点设计了仿生弹射模型,并对模型弹射原理进行了描述,随后对模型进行了相关力学推导,得到了模型变形后存储的理论弹性势能与变形角度之间的关系,并用推导指导模型的参数选择。此后将模型增材制造,组装打印样件,并对组装完成的仿生弹射器进行激励触发试验,试验结果显示该 4D 打印仿生弹射器具有体积小、响应快、速度高的特点。该弹射器可以应用于很多领域,有广阔的应用前景。

1)植物原型开裂高速摄像试验

通过高速摄像对植物原型开裂行为进行逐帧分析,对蒴果果皮形变与内部种子运动情况的行为进行表征分析,随后对蒴果开裂前后的特征形貌如心皮,隔膜等结构进行详细解析,揭示出植物原型在宏观层面下开裂行为以及弹射播种的原因。

2)显微 CT 电镜扫描切片分析

通过显微 CT 对蒴果原型在 5.5 μm 和 1 μm 这两个尺度下进行扫描切片表征,5.5 μm 尺度下可见蒴果完整形态,通过对数据的后处理进一步阐述了蒴果内部形貌特征,如种子与隔膜的连接方式与种子在蒴果内部的排布方式。对 5.5 μm 尺度下隔膜明显特征区域放大至 1 μm,该尺度下对细胞进行区域划分染色,从细胞形态、位置、结构层等对弹射原理进一步解析。最后采用有限元分析方法验证蒴果宏微观结构对果荚弹射的影响机理。

　　3)构建仿生智能锁紧释放机构模型

　　结合 4D 打印工艺特性与仿生原理,构建智能锁紧释放机构模型,研究模型三维结构设计对锁紧释放的影响机制,分别对弹射模型从材料、结构、力学性能三个方面进行设计选型,测试分析成形零件的储能性能,建立 4D 打印储能样件的材料、结构、力学的一体化评价体系。

　　4)智能锁紧释放机构增材制造成形

　　对智能锁紧释放机构模型进行打印成形,通过高速相机记录成形件在红外光、热空气、外界干扰力、水浴加热四种触发方式下的弹射行为,分析四种触发方式下成形样件的高速弹射行为,揭示触发方式及参数对智能锁紧释放机构的影响机理,分析该智能锁紧释放机构在工程中的应用前景。

4. 结论

　　(1)通过对植物原型兰花草的蒴果开裂过程进行高速摄像拍摄,对开裂原因从宏观角度进行阐述,随后由两个大小不同尺度的显微 CT 切片数据分析,在微观层面进一步推测出开裂的具体原因,最后通过有限元仿真验证了原理的正确性。

　　(2)根据上述植物原型的弹射原理并结合 4D 打印技术特点,设计了智能锁紧释放机构模型,该模型的创新之处是并未直接将 4D 打印件作为驱动件,避免了驱动力过小及形状记忆效应导致的弹射失败,而是将 4D 打印件作为触发器。随后对模型理论上储存的弹性势能进行了推导分析,得到了所储存弹性势能与夹角的之间的关系,进而指导模型参数的选择。

　　(3)随后对模型进行了 4D 打印成形,并分析了不同的打印参数对打印样件的影响,选择出了合适的打印参数。仿生弹射器的制备由基体、弹射物、触发器进行组装,本研究对弹射器设置了四种不同的触发方式,并对弹射过程进行高速摄像,对四种触发方式下的弹射异同进行了分析。该仿生弹射器能够在几毫秒内完成弹射,具有驱动速度快,响应速度快,触发灵敏的特点。

　　(4)设计的 4D 打印样件具有野外科考车辆散播传感器或航空航天领域的卫星发射等应用前景。后续将对该智能锁紧释放机构进行服役试验研究,进一步探究弹射器在不同工况环境下使用情况,针对性地提高弹射器的各项性能,使其从实验室设计研究阶段过渡到面向工程应用阶段。

5. 创新点

　　(1)首次解析了该种植物原型,揭示了该植物蒴果弹射机理。

　　(2)采用宏微观分析方法相结合,宏观高速摄像分析开裂行为表象,微观 CT 切片剖析动力成因,结合有限元分析肯定了弹射原理的正确性。

　　(3)将仿生与 4D 打印技术相结合,构建了分离式锁紧释放机构,触发器可在多种物理场下触发,具有快响应,高速度的特点,为 4D 打印件驱动慢的问题提供了仿生思路。

6. 设计图或作品实物图

　　智能锁紧释放机构原理如图 1 所示,应用试验如图 2 所示。

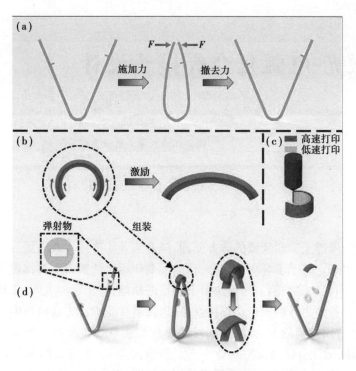

图1 智能锁紧释放机构原理

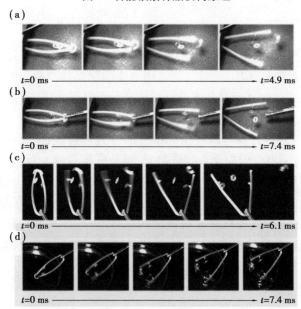

图2 应用试验

高校指导教师:吴文征、李桂伟;企业指导教师:曹 岩

手持式激光-电弧复合焊接头设计

项思远

Xiang Siyuan

浙江工业大学 机械工程

1. 设计目的

焊接技术已经渗透至工业领域的方方面面,随着工业生产的不断发展,传统焊接设备的不足之处逐渐暴露出来。对于现场应急作业,目前主要使用手持式单一焊接设备,该焊接方式存在能量利用率低、功耗大等缺陷。为解决单一焊接的缺陷,提出了激光-电弧复合焊接设备,但现有的复合焊接设备多为旁轴固定式焊接设备,焊接质量受焊接方向的影响极大,难以实现曲线焊缝的焊接,且占用空间较大,无法达到现场作业及狭小空间作业的要求。因此,设计一种手持式激光-电弧同轴复合焊接头对工业生产具有重大意义,手持式结构简单紧凑,提高焊接头的灵活性,同时同轴结构解决了曲线焊缝的焊接问题,提高了焊接质量。

2. 基本原理及方法

当激光束照射到金属表面时,会产生光致等离子体,其大量的堆积会导致激光束的散射和吸收,从而减少激光能量的利用率。同时,通过用电弧预热基体材料,也可以提高金属材料对激光的吸收,因此将激光与电弧焊接技术进行同轴复合可以提高能源的利用率,基于此原理进行设计,该设计可分为光学系统设计与机械结构设计。

(1)光学系统:通过理论计算与软件仿真结合的方式进行设计。使从光纤发出的发散光束经准直镜整形成平行光束后射向光束变化单元,经分光反射镜和反射镜组反射形成两束对称布置的激光,最后由聚焦单元聚焦后和 MIG 电极共同作用于工件同一表面实现有效同轴复合焊接。

(2)机械结构:通过三维建模软件对机械结构进行设计,其尺寸通过光路确定,要保证光路的准确性。同时,通过有限元分析的方式,对设计的机械结构进行轻量化设计及静力学分析,保证机械结构的力学性能。

3. 主要设计过程或试验过程

本课题通过查文献阅,对整体方案进行了确定,采用电弧位于激光中间的复合方案,根据该方案对光学系统及机械结构进行设计。

1)光学系统的设计与优化

设计了一套简单有效的呈左右对称分布的光学系统,该系统由 1 块准直保护镜、1 块准直透镜、1 块反射三棱镜、1 对反射镜、1 对聚焦镜、1 对保护镜由 9 块光学镜片组成的。该设计通过理论计算与 Zemax 仿真结合完成,确定了光学元器件的结构参数:准直镜的曲率半径为 25.394 mm,圆锥系数为 -2.274;聚焦镜的曲率半径为 80.465 mm。同时,对该系统进行低阶鬼像位置分析,可知最终元器件都避开了一阶和二阶鬼点,光学系统安全性满足要求。

2)机械结构的设计与优化

运用 SolidWorks 对手持式激光-电弧复合焊接头各部件进行结构设计与定位,并对系统内的光学元件进行了定位,使激光束可按照既定路线进行传播、反射、汇聚。同时,运用 ANSYS 对焊接头进行有限元分析,针对手柄壁厚、壳体壁厚、连接件壁厚进行参数优化使得尺寸更加合理,优化后总变形量有所下降,且焊接头整体质量下降明显,最终焊接头质量(不包括螺栓等连接件)为 2.79 kg,减重比例达到 5.1%,达到了轻量化的目标。并对优化后的焊接头进行静力分析,其结果表明结构设计满足力学性能要求。

4. 结论

(1)手持式激光-电弧同轴复合焊接头采用电弧位于激光中间的复合结构,整体呈对称分布。

(2)通过理论计算与 Zemax 仿真确定了光学元件的结构参数,其中准直镜的曲率半径为 25.394 mm,圆锥系数为−2.274;聚焦镜的曲率半径为 80.465 mm。且对光学系统进行低阶鬼像分析,可得元件均避开一阶和二阶鬼点,满足安全性要求。

(3)运用 SolidWorks 对焊接头进行机械结构设计,并通过 ANSYS 进行轻量化设计,最终焊接头质量(不包括螺栓等连接件)为 2.79 kg,减重比例达到 5.1%。同时对整体结构进行静力分析,其结果表明结构设计满足力学性能要求。

5. 创新点

(1)通过光学设计与机械结构设计得到了一种新型的可用于曲线焊接的激光-电弧同轴复合焊接头。

(2)现有复合焊接头整体设备复杂且笨重,设计一种结构简单、灵活性高的小型手持式复合焊接头。

6. 设计图或作品实物图

激光-电弧复合焊接头三维模型如图 1 所示;光路传输示意图如图 2 所示。

图 1　激光-电弧复合焊接头三维模型　　图 2　激光-电弧复合焊接头光路传输图

高校指导教师:张群莉、姚建华;企业指导教师:吴让大

局域银镀层的激光诱导电化学沉积技术

李攀洲

Li Panzhou

江苏大学　机械设计制造及其自动化

1. 设计目的

金属银具有优良的导电、导热和焊接性能,且镀层细致光亮、容易抛光,广泛应用于半导体电镀、机械制造、仪表仪器和装饰照明等领域。如新能源汽车充电枪枪头的接触件为铜表面局部镀银处理,新能源汽车的充电接口也是同样的铜表面局部镀银处理,这种充电口需要经过上万次插拔,每一次接触件都会受到挤压、摩擦,对镀银层有很高的硬度和耐磨性要求。电镀银以其相对较低的成本,成为获取银镀层的主要途径。电镀银工艺过程分为预镀银、正镀银和退镀银三步,传统仿形夹具正镀银工艺具有生产效率高、成本低的优势得到广泛应用,但是该工艺获得的银镀层容易存在着麻点、气孔等缺陷,镀层精度和良品率难以满足高端产品需求。

2. 基本原理及方法

在电化学沉积中引入激光辐照,利用激光的热力效应诱导镀层的产生。激光辐照引起温升,降低沉积所需的活化能,诱发电化学反应,同时提高电流密度,细化晶粒。激光辐照区域和周围形成温度差,产生热梯度,形成压力场,带来对流搅拌,缓解浓差极化,同时驱逐氢气泡,这是激光的力效应。因此,合理利用激光能提高镀层质量。但是,过高能量的激光会使基底表面过热,刻蚀基底。

3. 主要设计过程或试验过程

本课题设计了一套加工系统,并开展了加工试验,研究了激光单脉冲强度、扫描间距、电流密度和液层厚度对表面形貌、尺寸精度和耐腐蚀性等性能。

1) 激光诱导电沉积加工系统设计

将原有的横轴辊(图1)改为竖轴(图2),水平的冲液装置同步竖立起来,加工过程中铜料带不再处于水平状态,从而使气泡产生之后不再影响局域银镀层的生成以提高加工精度。此制备系统可根据客户需求为加工不同镀件,通过调整激光和镀件的相对位置来调整激光强度及照射位置,还可通过调整照射区域的大小,调整局域银镀层的大小。

2) 局域银镀层加工试验结果及分析

研究激光单脉冲能量强度、扫描间距、阴极电流密度、液层厚度对局域银镀层沉积速率和沉积质量的影响规律。在激光单脉冲能量强度为 90 μJ、扫描间距为 20 μm、阴极电流密度为 8.42 A/dm^2、液层厚度为 25 mm 时,制备局域银镀层沉积速率和沉积质量综合为最佳,即为优选条件。

3) 尺寸精度和耐腐蚀性分析

进一步研究激光单脉冲能量强度和阴极电流密度对局域银镀层尺寸精度的影响规律,得

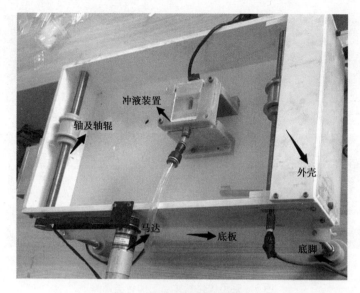

图 1　课题组原有加工系统

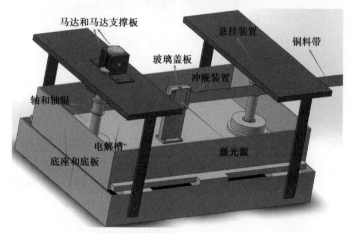

图 2　本课题设计的加工系统

出单脉冲能量强度为 90 μJ、阴极电流密度为 8.42 A/dm² 时,镀层尺寸精度最高的结论;研究单脉冲能量强度对局域银镀层耐腐蚀性的影响规律,得出单脉冲能量强度为 90 μJ 时,局域银镀层的耐腐蚀性能最好的结论。

4. 结论

（1）局部镀层的诱导主要依靠激光的热效应。

（2）合适的参数可以改善镀层的形貌、尺寸精度和耐腐蚀性。

5. 创新点

实现了无掩膜定域银镀层的微米级尺寸精度无缺陷高柔性制备。

6. 设计图或作品实物图

采用优化参数加工的各类图案如图 3 所示。

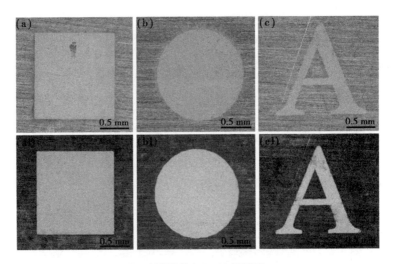

(a-c)退镀前(a1-c1)退镀后

图3　采用优化参数加工的各类图案

高校指导教师:徐　坤;企业指导教师:刘思水

蔬菜穴盘育苗补苗机器人的设计与仿真

毛丛余

Mao Congyu

温州大学　机械工程

1. 设计目的

补苗工作是温室大棚蔬菜穴盘育苗过程中一个重要的生产步骤。目前国内尚未出现能够适应其温室场景的、成熟的穴盘补苗机器人,大多仍需人工来完成补苗操作。而国外虽然已有相关的补苗设备,但由于其育苗方式与国内有一定的差异,相关的补苗机器人在国内并不具有适用性。因此,研发一款适用于国内温室大棚蔬菜穴盘育苗场景的蔬菜穴盘育苗补苗机器人具有很好的市场前景。

2. 基本原理及方法

本课题致力于研发一款适用于国内温室大棚蔬菜穴盘育苗场景的补苗机器人,以72孔标准聚苯乙烯穴盘(540 mm×280 mm×45 mm)为作业对象,作业场景定宽度为1 700 mm的苗床,以实现温室大棚蔬菜穴盘育苗全自动剔、补苗工作为设计目标。根据机器人各个装置的功能要求,提出设计方案的基本原理如下:

(1)选定合适尺寸的穴盘作为研究对象,调查现有的穴盘补苗末端执行器种类,结合不同种类各自的优点,制定末端执行器的设计方案。

(2)分析对比末端执行器搭载平台设计方案的优缺点,确定末端执行器搭载平台最终设计方案及其空间位置分布。对比末端执行器两种不同的工位设计方案,选择最优解。

(3)参考现有的轨道轮,对蔬菜穴盘育苗补苗机器人的移动装置进行初步设计,具体包括T型轨道从动轮、侧边压紧轮和主动轮的方案设计。

(4)根据蔬菜穴盘育苗补苗机器人工作平台复位的工作要求,结合离合器与齿轮传动机构,提出离合齿轮复位装置的初步方案设计。

(5)根据蔬菜穴盘育苗补苗机器人工作平台稳定性的设计要求,根据对中夹紧机构原理,提出机器人工作平台稳定装置的初步方案设计。

(6)为减少蔬菜穴盘育苗补苗机器人的工作盲区,提出待换穴盘苗存储移动平台的初步方案设计。

(7)根据蔬菜穴盘育苗补苗机器人在不同苗床上工作的要求,基于温室大棚现有运送轨道,提出机器人运送平台及上轨装置的初步方案设计。

3. 主要设计过程或试验过程

蔬菜穴盘育苗补苗机器人主要包括机器人运送平台和机器人工作平台两部分,运送平台整机尺寸为2 150 mm×2 200 mm×1 900 mm(长×宽×高),工作平台整机尺寸为2 000 mm×

1 450 mm×600 mm(长×宽×高)。

(1)根据现有温室大棚环境,对蔬菜穴盘育苗补苗机器人整机布局和结构进行设计,确定其外形尺寸及性能参数。

(2)为达到较好的取苗、放苗效果,采用夹取式末端执行器,根据穴盘上穴孔的尺寸对末端执行器关键零件尺寸进行设计分析,建立机构简图及夹取针尖的运动轨迹公式,推算出末端执行器设计关键参数。

(3)基于末端执行器移动平台初步设计方案,对末端执行器移动平台进行具体的结构设计,主要包括 CoreXY 运动机构及 T 型丝杠两部分,分别控制末端执行器水平方向移动和垂直方向移动,对关键零部件尺寸进行设计计算,对电机进行选型。

(4)基于机器人工作平台移动装置初步方案设计,对机器人工作平台移动装置进行具体的结构设计。首先设计 T 型轨道轮和主动轮,主要控制机器人工作平台进行直线运动。由于 T 型轨道轮圆台型轮面设计与机器人工作平台重力产生的向外的作用力,设计侧边压紧轮。

(5)基于离合齿轮复位装置的初步方案设计,对离合齿轮复位装置进行具体的结构设计,对机器人工作平台总电机进行选型。

(6)基于机器人工作平台稳定装置的初步方案设计,对机器人工作平台稳定装置进行具体的结构设计,提出通过对中夹紧机构实现机器人工作平台的固定,并对其使用电机进行选型。

(7)基于待换穴盘苗存储平台的初步方案设计,对待换穴盘苗存储平台进行可移动式设计,加入 FLS40 直线模组,并对其所使用的直线模组进行尺寸设计。

(8)基于机器人运送平台及上轨装置的初步方案设计,对机器人运送平台及上轨装置进行具体的结构设计。

4. 结论

本课题设计了一款能适用于国内温室大棚蔬菜穴盘育苗补苗工作环境的蔬菜穴盘育苗补苗机器人,主要工作内容及结论如下:

(1)对国内外穴盘补苗机器人研究现状进行了分析。通过查阅整理相关文献资料,发现现阶段国内外穴盘补苗机器人均存在明显不足。国外穴盘补苗机器人虽然起步较早,但其多适用于专业温室大棚作业场景,前期投入成本大,不具有普遍适用性。而国内由于起步较晚,对于穴盘补苗机械的研究大多还停留在理论研究及试验机阶段。

(2)基于国内温室大棚穴盘补苗的工作环境,提出蔬菜穴盘育苗补苗机器人的设计方案,主要包括末端执行器、末端执行器移动平台、机器人工作平台移动装置、离合齿轮复位装置、机器人工作平台稳定装置、待换穴盘苗存储移动平台,以及机器人运送平台和上轨装置七个部分。

(3)针对所提出的蔬菜穴盘育苗补苗机器人七个部分装置,通过 SolidWorks 软件进行建模,确定了蔬菜穴盘育苗补苗机器人结构的具体设计方案,并对各个装置的关键零部件及驱动电机详细参数进行设计、分析与选型。

(4)对蔬菜穴盘育苗补苗机器人的关键零部件进行了强度校核,并使用 ANSYS 软件对相关零件进行静力学分析,确定了设计结构与所选材料的合理性。

5.创新点

（1）研发了一款适用于国内温室大棚蔬菜穴盘育苗场景的补苗机器人。

（2）区别于传统的 XYZ 三轴移动方式，采用 CoreXY 运动机构与 T 型丝杠结合的方式完成末端执行器的控制。

（3）提出了离合齿轮复位装置与稳定装置的结构设计。

（4）提出了一套基于链与齿轮的传动系统。

6.设计图或作品实物图

蔬菜穴盘育苗补苗机器人运送平台如图 1 所示，蔬菜穴盘育苗补苗机器人工作平台如图 2 所示。

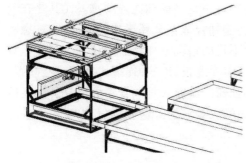

图 1　蔬菜穴盘育苗补苗机器人运送平台

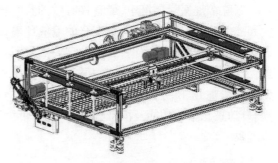

图 2　蔬菜穴盘育苗补苗机器人工作平台

高校指导教师：申允德；企业指导教师：张成浩

便携式智能输液装置设计与分析

周世豪

Zhou Shihao

西安理工大学　机械设计制造及其自动化

1. 设计目的

医院常规医疗环境中,最直接有效的及时输送药物方法就是静脉注射药物。尤其是在救灾和战争的紧急医疗中,没有安全的输液环境,只能转移到合适安全环境才能输液,往往患者无法得到及时的医疗救助,并且常常要面对医疗人员不足的情况。现有输液装置大多体积较大,无法满足野外战斗和救灾中便携性的要求。因此,本课题设计一种便携式智能输液装置,无须利用重力可将药物输入患者身体,同时还具有调控药物流速、恒温、自动检测是否存在液泡、自动紧急报警功能及携带方便等功能,可大大提高病人输液的舒适度,避免出现回血等危险现象。

2. 基本原理及方法

本课题设计的输液泵主要基于野战和救灾等紧急救援使用,应具备安全性高,便捷快速的优点。设计要求如下:

(1)能够准确地控制输液速度,实现 $30 \sim 200 \ mL/min$ 流量调控。

(2)能够准确检测温度并将温度调整到适宜人体的 $35 \sim 41 \ ℃$。

(3)设计出完整的智能输液装置结构。

(4)以 STM32 完成输液监控、气泡检测、温度检测硬件设计。

输液方案采用气泵活塞管式输液泵。装置通过气泵将气体注入活塞输液瓶的上部,使上部的密封腔内产生压力,推动活塞将药液注入人体。输入药液的速度和容量,通过控制气泵的输气速度和输气量来控制。同时在气泵和密封盖之间设置气罐,以保证气压输出的稳定性,起到缓冲的作用,在气罐与密封盖设置调速阀以保证流速的控制,设置单向阀及气压检测传感器以保证活塞管内上部气腔的气压的稳定性。本课题主要考虑安全性和便携性,且药液有较好的隔离性,安装快捷,使其能完成预期的设计要求。

3. 主要设计过程或试验过程

本课题以简易有效的原理来实现输液泵的基本功能及完成各项输液指标精准的控制的要求,研制出适合野战救灾、紧急救援,并保证输液安全性,且符合救援要求和医疗卫生要求,以及易于携带和操作的便携式智能输液装置。

本课题主要完成的工作如下:

(1)便携式智能输液装置总体方案设计。制定便携式智能输液泵的整体方案设计,对整体结构的设计进行简要说明,进行不同方案的对比,从结构合理性,实用经济性分别提出不同的解决方案,根据实际的功能要求选择最佳的解决方案以及进行理论的探究。

(2)关键零部件的选型计算。针对整个装置的各个模块进行选型计算;针对输液泵的硬件组成,分别对电源供电、输液活塞瓶、气泵选型计算、气泡检测、报警响应、加热恒温等模块进行分析和设计。

(3)硬件电路设计。针对输液泵软件的主要模块,如电机控制输液速度和输液量、气泡检测等,进行程序设计。

(4)密封部件的有限元仿真分析。对输液泵的重要零件通过 ANSYS 进行力学校核,对输液活塞瓶进行流体分析。验证设计零件是否满足实际应用要求,并得出试验的结果,分析在输液时产生的实际用量的误差,是否会影响实际的使用,提出进一步的改进方法。

(5)样机制作。制造样机,进行功能试验验证,实现预期功能,达到设计要求。

4. 结论

本课题设计了一种气泵活塞式的便携式智能输液装置,无须利用重力可将药物输入患者身体,同时还具有调控药物流速、恒温、自动检测是否存在液泡、自动紧急报警功能及携带方便等功能,可大大提高病人输液的舒适度,避免出现回血等危险现象。

主要结论如下:

(1)针对智能输液装置的技术要求,设计了基于蠕动泵原理和气泵活塞管式两种输液泵方案,但蠕动泵方案结构较为复杂,实现较为困难,实际生产应用成本相较于气泵输液管式输液泵较高,因此最后选择气泵活塞管式输液泵方案。输液时气泡检测方案采用超声波检测。

(2)对输液装置实现功能的各个机构进行了选型计算。首先,对活塞泵进行了结构设计计算,通过活塞结构,测算气压最大值,选择了合适的气泵。其次,对超声波检测气泡的相关数据进行了测算和验证,选择合适的超声波频段。再次,对加热贴片进行了选型计算,选择了合适的加热方式及加热功率,对气压传感器进行了选型。最后,构建了智能输液装置的三维模型。

(3)基于 STM32F103ZET6 单片机对该输液装置进行硬件部分电路设计。分别对便携式智能输液装置中气泡检测硬件电路、电源系统硬件电路、恒温控制、气泵电机驱动等电路进行了设计。

(4)基于 ANSYS 分别对装置中的密封盖、锁紧支架、输液管支架,进行了静力学校核,确保设计的结构符合设计预期,在使用过程中足够可靠。确保气罐气腔部分的密封性,从而使工作原理顺利实现,还对活塞管内液体流动进行了流体分析,确保液腔内液体流动的平稳性。

(5)针对提出的两种方案分别完成了三维建模和零件图绘制,制造了实物样机,并进行了试验。通过验证,智能输液装置基本达到了设计的要求,装置能够随身携带。药液输入人体,有适宜的温度和流速,在密封性上达到要求。

5. 创新点

(1)针对智能输液装置的技术要求,提出了一种气泵活塞管式输液泵方案,可以通过超声波方法检测输液时产生的气泡。

(2)设计了一套完整的便携式智能输液装置,无须利用重力可将药物输入患者身体,同时还具有调控药物流速、恒温,自动检测是否存在液泡,自动紧急报警及携带方便等功能。

6. 设计图或作品实物图

安装输液管时的装置三维图如图 1 所示,未安装输液管时的装置三维图如图 2 所示。

图 1 安装输液管时的装置三维图   图 2 未安装输液管时的装置三维图

高校指导教师:杨振朝;企业指导教师:姜飞龙

心轨铣削加工在机检测系统的开发

范宇涵

Fan Yuhan

西安理工大学　机械设计制造及其自动化

1. 设计目的

　　心轨是用于铁路轨道道岔连接的关键零件,其作用是保护车轮安全地通过两股轨线的交叉之处,列车在通过心轨的过程中,车轮与心轨工作面直接接触,因此心轨的加工精度直接影响着列车运行的安全性、平稳性。心轨上最重要的工作面以楔形结构为主,还兼有弧形曲面,其主要加工部位采用数控铣削加工。在数控铣削完成之后,一般情况下都依靠人工进行检测,然而,人工检测方法效率低、误差大,不利于对加工精度的准确评价和加工误差的及时准确修正,不符合现代制造的要求。为此,本课题拟基于其现用数控龙门铣床,设计一种心轨铣削加工在机检测装置,在此基础上开发检测和评价系统,并将检测结果反馈给数控系统,完成心轨加工精度的原位检测、评价和补偿的一体化,以实现心轨的高质高效加工。

2. 基本原理及方法

　　为提高企业生产效率,本课题首先在现有的数控龙门铣床上搭建在机检测装置与切屑清理装置,然后开发心轨加工在机检测的控制系统和数据处理系统,生成加工误差检测报告,并实现不同部门之间的数据共享,最后基于 FANUC 0i -MA 数控系统开发加工误差的反馈和补偿系统,实现加工—测量—反馈—补偿的闭环控制。

　　结构光检测法:结构光系统因其高精度、高鲁棒性、抗干扰能力强等优点,被广泛应用于高速铁路道岔检测中。结构光视觉测量系统中,一般由结构光激光器与 CCD 相机共同组成结构光传感系统,其测量过程分为两步:首先,由激光器向测量零件表面投射形成特征点或特征线,并通过 CCD 相机拍摄图像。其次,利用空间三角法球的特征点或特征线与 CCD 相机之间的距离,由此可以得到零件该位置的深度信息,对采集到的图像需要通过坐标变换,得到世界坐标系下的三维坐标信息。结构光测量法根据其光源模式不同,会在测量零件表面投射出不同特征的形态,分为点结构光测量、线结构光测量与面结构光测量。线结构光检测法能获得较高精度的检测数据,且其图像信息易于提取,非常适用于机械加工后的质量检测。

　　最小二乘法拟合:最小二乘法曲线拟合是一个重要的数值分析方法,可以使拟合出的曲线尽可能接近给定数据。本课题采用最小二乘法对获取的心轨外轮廓数据进行处理,拟合出心轨轮廓面。

　　误差补偿宏程序:数控铣床编程中,对于椭圆、抛物线、双曲线等特殊曲面的加工无法用直线插补或圆弧插补进行,宏程序变量编程因其可变、简洁、高效的特点在面对一些简易产品的加工中具有极大的优势,同时,结合系统变量可以利用宏程序方便地实现加工误差的反馈和补偿。本课题将对加工后心轨的工作面轮廓进行现场检测,将生成的检测程序输入到数控系统中,若加工后心轨表面尺寸不符合设计要求,将调用加工程序进行二次走刀,实现心轨的高质量加工。

3. 主要设计过程或试验过程

1)机械结构设计

为实现心轨的在机检测且减少机床工作时切屑和振动等对激光器的伤害,需要在数控铣床上为线激光器搭建检测平台。滚珠丝杠与直线导轨结合,其运动平稳,传动效率高,且有较高的定位精度和重复定位精度,本课题采用这种方式实现 YZ 轴的运动,运动精度依靠光栅尺检测,借助机床本身的 X 轴实现检测装置在工件全长范围截面的测量。运用 ANSYS Workbench 对升降部件进行变形分析,验证了设计的合理性。

采用喷气与扫除方式相结合的方式实现清屑,在数控机床刀架前设置喷气扫除装置,将加工后的切屑清离测量表面。选用气压缸与直线导轨结合,保证清屑装置在较短时间内到达工作位置,提高企业生产效率。

2)心轨测量数据处理

由于外界环境和检测装置的影响,获取的心轨外轮廓数据会出现一些奇异点与噪声点,利用 MATLAB 对数据进行处理,选用高斯滤波对检测数据进行预处理,随后对数据进行最小二乘拟合,得到心轨外轮廓图。根据要求,需要对心轨工作段高度与宽度进行测量,截取心轨高度与宽度数据,每 20 组进行一次提取,所提取的 5 组数据对应心轨 10 mm 的长度,对心轨工作面高度是否合格进行试验,提取的 5 组数据平均值为 60.552 9 mm,规定尺寸误差为 60±0.75 mm,该段检测合格。

要实现工—测量—反馈—补偿的闭环控制,需要结合 FANUC 系统实现误差补偿功能。对加工后心轨的工作面轮廓进行现场检测,将生成的检测程序输入到数控系统中,在心轨高度测量过程中,将测量值#137 赋予#700,若该值小于误差允许范围内的最小值则工件报废,若大于误差允许范围内的最大值,则计算补偿量并修改刀具半径,跳至精加工段二次走刀。

4. 结论

本课题基于其现用数控龙门铣床,设计了一种心轨铣削加工在机装置,在此基础上开发出检测和评价系统,并将检测结果反馈给数控系统,完成了心轨加工精度的原位检测、评价和补偿的一体化,实现了心轨的高质高效加工。

主要研究工作有以下方面:

(1)对以人工测量和三坐标测量机为代表的接触式测量方式与以结构光检测为代表的非接触性检测方式进行对比,同时针对采用的线结构光传感器设计了一套在机检测设备,对加工后的心轨实现在机检测。采用滚珠丝杠与直线导轨结合的方式实现检测装置在 YZ 轴方向上的移动,并对滚珠丝杠与直线导轨进行校核与有限元分析。

(2)因心轨采用电磁吸盘与机床固定,导致心轨铣削加工后表面常有难以去除的切屑,基于现有的数控龙门铣床,设计了一套清屑装置,采用伺服电机与锥齿轮传动,对电机与锥齿轮进行选型校核。

(3)基于 MATLAB 开发心轨加工在机检测的软件控制系统和数据处理系统,生成检测精度报告,并实现不同部门之间的数据共享。同时基于 FANUC 0i -MA 数控系统,开发测量结果的反馈和补偿系统,实现加工—测量—反馈—补偿的闭环控制。

5.创新点

(1)选择在数控铣床龙门架上搭载检测装置,最大程度减少了机床振动等对检测精度的影响。检测装置可根据现场情况对检测机构位置进行微调,保证检测平面垂直于加工零件且检测装置可使测头随工件移动,确保工件始终位于测头检测范围内。

(2)工件无须专门搬运,在机床上即可实现高精度检测,检测速度与检测精度远高于传统人工检测。

(3)采取喷气与扫除结合的方式对切屑进行高效清理,提高生产效率,降低人工成本,保证了测量数据的精确性。

(4)可以将检测出的加工误差反馈给机床,基于宏程序实现误差补偿,实现心轨高质量加工。

6.设计图或作品实物图

光学检测机构如图1所示,切削清理机构如图2所示,搭建简易检测平台如图3所示,心轨三维模型如图4所示。

图1 光学检测机构

图2 切削清理机构

图3 搭建简易检测平台

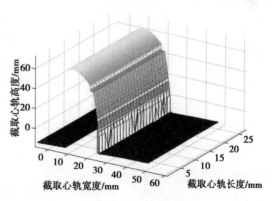

图4 心轨三维模型

高校指导教师:董永亨;企业指导教师:贺小武

高立式芦苇沙障成栅机械的设计

王志兴

Wang Zhixing

石河子大学　农业机械化及其自动化

1. 设计目的

　　高立式芦苇沙障是沙区防风固沙技术的重要措施之一,但目前芦苇高立式沙障的制作大多靠人工完成,工人先将芦苇定量分束,再用铁丝捆扎若干道,最后将芦苇束用铁丝捆编成芦苇排,并将其绑扎在立柱之间的铁丝上。工人长期重复旋转、扭紧铁丝的操作,劳动强度大、效率低,严重影响了铺设防沙沙障工程的推进速度。亟须机械化批量捆扎芦苇束,减少用工人数,提高生产力。本设计以高立式芦苇沙障制作机械为研究对象,解决芦苇定量喂入与捆扎成栅两大环节机械化程度低的问题,最终实现集芦苇定量喂入与捆扎成栅于一体的高立式芦苇沙障成栅机械。具体要求:将喂入的芦苇捆摊铺、定量分束为(50±5)mm的芦苇束,并沿芦苇轴向将其推入芦苇束打捆成栅装置完成芦苇沙障的制作。

2. 基本原理及方法

　　本设计中高立式芦苇沙障成栅机械的主要工作对象是经过定长切割后的芦苇物料,芦苇长度在(1 150±30)mm,需要将其摊铺为30~40 mm的芦苇层,分束为(50±5)mm的芦苇束并喂入捆扎装置,通过捆扎装置在(1 150±30)mm的芦苇束上均匀捆扎3~4个铁丝结,做成芦苇沙障。故整机需要设置定量分束喂入及芦苇束捆扎成栅两大装置来实现芦苇沙障成栅功能。在定量分束喂入装置中需实现芦苇从"捆"到"束"并送入捆扎成栅装置,应保证芦苇喂料、摊铺、输送、分束、推送等过程密切配合。因此将整机设计为芦苇喂料摊送、定量分束、成束推送、打捆成栅四大部件。具体工作流程为芦苇物料通过喂料箱进入摊铺装置,经过上下钉齿板摊铺后,由两条同步的传送带送到分束装置下,经过分针分束后芦苇束掉入集束槽被推送机构推送喂入捆扎成栅装置捆扎,至此完成一个工作周期,连续喂入,则将芦苇束制作成芦苇沙障。

3. 主要设计过程或试验过程

　　本设计以打捆成栅装置的定量喂入需求为任务驱动,围绕芦苇定量喂入及打捆成栅装置展开相关研究和设计,具体内容如下:

　　(1)任务需求分析,确定高立式芦苇沙障成栅机械的总体方案。

　　从手工制作芦苇沙障的步骤入手,结合现有的芦苇沙障成栅机械的工作流程,分析芦苇定量喂入装置的设计需求,从而初步确定定量喂入装置的设计方案及主要设计参数。

　　(2)结合不同部件功能需求,分别设计各个部件的关键零部件。

　　①芦苇喂料摊送机构:确定芦苇喂入、摊铺、输送的方案。针对芦苇秸秆的物料特性,设计

时尽量多做圆角或者钝化处理,在保证机构功能的同时降低其对芦苇物料的损伤。

②芦苇定量分束机构:确定高效的分束方法。在分束机构工作时,要克服芦苇侧枝之间的干扰,实现彻底分离,并且由于其往复工作频率较高,要保证其结构强度。

③芦苇成束推送机构:确定曲柄滑块式的推送方式。本设计需要将分束后的芦苇沿其轴向方向送入芦苇束打捆成栅装置,推送过程中需要确保芦苇束整体的直径。

(3)针对各个机构工作部件的运动方式确定合适的传动方案,并进行计算选型。

(4)根据设计结果进行建模装配,并且针对高立式芦苇沙障成栅机械的关键零部件分束针和推板进行有限元分析,验证其结构参数及选材是否符合设计要求。

(5)搭建芦苇分束试验台,并进行相关性能试验,验证分束角度与芦苇秸秆分离率的关系。

4.结论

本设计以高立式芦苇沙障成栅机械为研究对象,围绕芦苇定量喂入装置的机械结构、传动系统进行设计,对其关键部件进行静力学仿真分析,并且搭建芦苇分束试验台进行相关性能试验,得到以下结论:

(1)研究了高立式芦苇沙障成栅机械的工作需求,通过方案对比得出了最佳设计方案并且对其详细机械结构进行了设计。

(2)通过 SolidWorks 完成整机三维模型的绘制,并且对分束机构的分束针及推送机构的推板进行了静力学分析。通过分析可知,分束针和推板的设计均满足使用要求。

(3)搭建芦苇分束试验台,并进行相关性能试验。通过对试验数据统计分析表明,在分束角度为 90° 时,芦苇秸秆分离率最高可达 100%,满足设计要求。

5.创新点

(1)整机集芦苇喂料、摊铺、分束、推送及打捆成栅于一体,能进一步提高生产效率。

(2)通过分束试验验证了分束角度与芦苇秸秆分离率的关系,确定了分束方案的可行性。

(3)整机采取模块化设计,降低了制造和能耗成本,便于后期维修。

6.设计图或作品实物图

高立式芦苇沙障成栅机械整机三维模型如图 1 所示,芦苇分束试验台如图 2 所示。

图 1　高立式芦苇沙障成栅机械整机三维模型　　　　图 2　芦苇分束试验台

高校指导教师:葛　云、郑一江;企业指导教师:李文春

生产线具有异形成型面零件的运输机器人设计

孙嘉琛

Sun Jiachen

长安大学　机械工程

1. 设计目的

随着智能制造、黑灯工厂等智能化生产技术的发展,生产线上的智能搬运机器人需求越来越高,但是对于具有异形成型面零件的生产线,传统搬运机器人难以适用,这主要是由于异形成型面零件的夹持器是唯一对应的,不可通用,这将大大降低机器人搬运效率。对于这种情况,需要搬运机器人能够适应各种异形成型面零件,并将其运输到特定位置进行放置、装配和安装等工作。

本课题则通过多点接触的原理,设计了一种能够自动适应物体形状的柔性夹持器,夹持器在工作面具有均匀分布的金属探针阵列,在夹持过程中,金属探针阵列能够根据零件成型面形状锁定零件,实现零件的固定和夹持。通过将其应用到机器人上的方式,来实现搬运各种异形成型面零件的功能,以此解决异形面零件生产线及生产多类不同零件的生产线上产品的搬运问题。

2. 基本原理及方法

1) 自适应夹持器原理

本课题通过多点接触的方式,对物体侧面进行挤压,夹持器表面会与物体之间产生摩擦力,并在摩擦力的作用下"抓紧"物体,从而实现夹取物体的功能。探针从下方装入壳体内,并在上方进行限位,其尾部细轴与挡板和后壳的孔进行配合,弹簧上部与探针中部凸轴的底面相接触,下部被挡板进行限位。当夹爪夹取时,探针接触到物体被压缩,会带动其连接的弹簧进行压缩,以此来对物体施加作用力。当有多个探针时,夹爪不断收紧,各个探针会根据物体的形状进行被动压缩,逐渐贴合被压物体的形状从而达到自适应的目的。

2) 全向移动底盘原理

底盘安装时麦克纳姆轮要呈菱形或叉形排列,即相邻的两个轮系均为不同手轮系,且麦轮辊子的呈现的形状应为叉形或菱形。这是因为麦克纳姆轮由轮毂和围绕轮毂的辊子组成,麦轮辊子轴线和轮毂轴线夹角成45°。在轮毂的轮缘上斜向分布着许多小轮子,即辊子,故轮子可以横向滑移。辊子是一种没有动力的小滚子,小滚子的母线很特殊,当轮子绕着固定的轮心轴转动时,各个小滚子的包络线为圆柱面,因此该轮能够连续地向前滚动。中心轮的前进速度分解成 X 和 Y 两个方向,故轮子可以横向滑移,实现前进及原地转向。在成叉形或菱形排列后,依靠各自机轮的方向和速度,这些力的最终合成在任何要求的方向上产生一个合力矢量,从而保证这个平台在最终的合力矢量的方向上能自由地移动,而不改变机轮自身的方向。

3. 主要设计过程或试验过程

1）自适应夹持器结构设计

目前市面上夹持器的种类多样,不同的夹持器应用于不同场景,因此如何设计一种结构能满足对多种不同形状的物件的夹取需求,是本课题主要解决的问题,同时在设计时需要考虑夹持器和物件的受力情况,以便其能更好地加紧物件,完成夹取作业。本课题参考了现有的各种柔性夹具,通过多点接触原理,完成夹持器整体结构的设计,分析了各个组成部件的设计要求和基本功能。

2）全向移动麦轮底盘设计

由于该机器人主要工作环境在生产线上,行进路线较为复杂,需要良好的通过性。同时由于机器人需要在夹取物件的情况下行走,因此需要保证机器人的重心稳定。那么机器人该采用何种悬挂、采用何种动力源、如何设计去提高其稳定性、如何降低其重心以达到了流畅地完成夹取这一作业的目的?以上是需要解决的问题。本课题通过铝管和板材进行搭建完成了底盘整体框架,并在板材上为其他电器元件等的安装预留了安装孔位,同时设计了防撞框架,保护重要的电子元件,并且在框架四角安装了导轮使得机器人在碰到墙壁后能更迅速、更顺畅地移动离开。之后通过绘制避震器两端的运动拟态曲线,确定了避震器的安装位置,同时根据其位置绘制出了侧板。最后对电机的参数进行了计算,根据计算结果选择了合适的直流电机,完善底盘设计。

3）有限元和动力学仿真分析

通过有限元分析软件,对底盘上的主要受载部件进行有限元分析,通过应力应变图来验证其承载能力,对出现应力集中的结构进行拓扑优化。之后通过动力学仿真软件,对夹持器进行动力学分析,进行仿真后处理,生成相关图像来验证夹持器结构是否具有自适应的特点。

4）自适应夹持器和搬运机器人测试试验

通过对材质不同、重量不同、形状各异的物体进行多次夹取,验证了该夹持器具有良好的自适应性。同时通过搬运测试,验证了麦轮底盘具有良好的全向移动能力。并且通过测试发现了设计中存在的问题,由于夹爪所在的铝管与夹爪升降机构的装配问题,导致部分原先预定要夹取的部件无法完成夹取,在单个气瓶的驱动下,夹取作业时间能维持约1 h,存在很大的续航问题。之后针对相应问题提出了合理的解决方案。

4. 结论

本课题以生产线物料搬运为研究方向,从解决异性面零件生产线及生产多类不同零件的生产线上产品的搬运问题出发,经过仿真分析和试验验证得到以下结论。

（1）在对网球、剪刀、方铝管、异型轴类零件、异形3D打印件、矿泉水瓶等材质不同、质量不同、形状各异的物体进行多次夹取时可以观察到,不同形状的物体在被加持时,夹持器的变形量不同,能很好的适应物体的形状,验证了该夹持器具有良好的自适应性。

（2）在搬运测试试验中,操控搬运机器人进行前进、后退、原地转向等操作,发现机器人能够很好地完成这些指令,验证了麦轮底盘具有良好的全向移动能力。

5. 创新点

（1）设计了一款具有自动适应物体形状的柔性夹持器,能够完成对材质不同、重量不同、形状各异的物体进行夹持。

（2）将柔性夹持器与全向移动麦轮底盘相结合,解决了异性面零件生产线及生产多类不同零件的生产线上产品的搬运问题。

6.设计图或作品实物图

自适应柔性夹持器设计如图1所示,搬运机器人整体设计如图2所示。

图1　自适应柔性夹持器设计

图2　搬运机器人整体设计

高校指导教师:黄超雷;企业指导教师:魏　维

面向半导体生产的数字孪生车间建模与生产调度

孔现微

Kong Xianwei

重庆大学　工业工程

1. 设计目的

全球已经迎来移动智能终端、智慧汽车等产品的研发热潮,对芯片的需求波动给半导体生产企业提出了更高的要求。同时,半导体生产过程受到来自外部条件和自身生产过程的扰动事件的影响,有必要对半导体作业车间实施动态调度,保证生产稳定性,提高生产效率。因此,本课题以半导体作业车间为研究对象,根据其生产特点和需求,建立半导体生产的数字孪生车间,并利用遗传算法和数字孪生技术构建基于孪生学习框架的动态调度系统,向车间提供生产状态监测、调度方案优化等服务。

2. 基本原理及方法

生产调度解决的是 n 项任务在 m 台机器上的加工排序问题,是一项重要的车间活动,起到保障车间顺利生产、优化生产流程、提高车间效率的作用。经典的生产调度研究方法有最优化方法、启发式方法和仿真建模法。最优化方法通过建立目标函数和约束条件,使用运筹学工具求得调度问题的最优解。启发式方法在调度规则的引导下搜索可行解,但缺乏对解的评价机制,只能求得近似最优解。仿真建模法能提供可视化的生产模拟过程和仿真数据,可为调度状况提供评价依据。本课题考虑到半导体生产的工序和机器数量多,半导体生产调度问题的计算量较大,因此选择使用启发式方法求解调度问题,并结合仿真建模法对调度状况进行模拟和评价。

数字孪生车间是物理车间的虚拟映射,与物理车间数据互通、虚实相映、同步演化。与普通的仿真模型相比,数字孪生车间不仅能模拟、评价生产过程,而且有助于对车间进行实时监测、配合车间的调度工作。本课题使用 Plant Simulation 软件建立半导体生产的数字孪生模型,使用 SQL Sever 建立孪生数据的数据库,明确物理车间、数据库、数字孪生车间之间的数据传输方式,从而在此基础上进行调度规则性能测试和动态调度系统设计。

本课题针对半导体生产调度问题,利用课题所建立的数字孪生车间并结合遗传算法,提出一个基于孪生学习框架的动态调度系统。该系统的动态调度流程是,预置一个静态调度方案,当车间内发生扰动事件后,对原调度方案进行修改得到新的调度方案。为实现该系统的功能,本课题用仿真评价的方式测试各种常见调度规则的性能,为预置静态调度方案提供参考,此外,通过数字孪生车间感知扰动因素,利用动态调度系统的遗传算法模块优化调度方案。

3. 主要设计过程或试验过程

1）半导体生产的调度问题分析

经分析半导体生产的特点和需求可知，半导体生产采取按订单生产、多品种中小批量生产的生产模式，工艺流程复杂，具有可重入性，存在机器故障、订单变动等扰动因素，且技术成本高、设备昂贵，对加工效率和设备利用率的要求较高。对此，本课题确定了此次研究采用的方法是启发式方法和仿真建模法，对车间实施动态调度，并确定调度目标为最小化最大完工时间、最小化平均流经时间和最大化设备平均利用率。

2）数字孪生车间建模

本课题使用 Plant Simulation 软件建立半导体生产的数字孪生车间模型，包含几何模型建立、行为模型建立、规则模型建立和孪生数据设计共四项建模任务。首先，通过添加实体模型，建立映射设施布置和设备外观的几何模型。其次，导入生产订单、加工流程、加工时间等数据的数据表，用 Simtalk 编程语言向模型添加加工方法、运输方法、调度规则等约束，从而建立映射加工行为和搬运行为的行为模型，以及映射调度规则的规则模型。最后，在 SQL Sever 内定义数字孪生车间涉及的孪生数据，建立孪生数据的数据库。物理车间的数据可通过射频识别设备、传感器、管理信息系统等传入数据库，该数据库利用 ODBC 或其他接口与 Plant Simulation 内的数字孪生车间模型连接。

3）调度规则性能评价

使用启发式方法进行生产调度时，调度规则起到的作用是引导分配各设备在不同时期中的工作任务。目前，已经产生许多经典的调度规则。经过大量的文献阅读，本课题搜集了 12 种常见的、性能较好的调度规则，在半导体生产的数字孪生车间模型的离线模型中进行仿真。根据最大完工时间、平均流经时间、设备平均利用率三个指标下的仿真数据，对各调度规则进行单目标评价和基于层次分析法的多目标评价，分别得出单目标性能和综合性能最好的调度规则，可供半导体作业车间在选择调度规则时进行参考。

4）基于孪生学习框架的动态调度系统设计

本课题提出基于孪生学习框架的动态调度系统，设计了该系统的框架结构、动态调度机制、车间可视化监测功能、重调度必要性判断功能、调度优化功能和用户交互功能，并结合多个实际案例验证了系统的可用性。其中，车间可视化检测、重调度必要性判断和调度优化功能依靠本课题建立的数字孪生车间而实现。此外，为实现调度优化功能，本课题在动态调度系统内加入遗传算法模块，从而对加工任务进行重排和优化。

4. 结论

（1）建立数字孪生车间的几何模型、行为模型和规则模型，并设计孪生数据的数据库和数据传输方式，使所建立的数字孪生车间具备虚实相映、同步演化的特性。

（2）经过对 7 种半导体产品在 24 个加工站点的调度过程的仿真测试得出，在半导体生产的场景下，LTPT 规则和 LRPT 规则在最小化最大完工时间和最大化平均设备利用率方面表现出良好的性能，而 FIFO 规则有利于最小化平均流经时间。

（3）经过实际案例验证，设计的动态调度系统能够有效地监测车间状况、判断重调度必要性、优化调度方案、提供交互服务并实现数据驱动的调度模型重构，为半导体生产的动态调度和数字孪生技术的应用提供了一个可行方案。

5.创新点

（1）结合运用启发式方法与仿真建模法研究半导体生产的调度问题,减少计算量的同时,用仿真建模法弥补了启发式方法缺乏评价机制的短板。

（2）在半导体生产环境下对各种调度规则进行仿真评价,从而为半导体作业车间提供针对性和适用性较强的调度规则参考建议。

（3）提出基于孪生学习框架的动态调度系统,通过数字孪生车间感知实时调度状况,提高了调度的动态性与及时性,同时,引入基于工序表达法的遗传编码,使遗传算法在变异算子、交叉算子和遗传编码的作用下持续优化调度方案,进而使动态调度系统具备自优化和自决策的能力。

6.设计图或作品实物图

本课题建立的数字孪生车间模型如图1所示,动态调度系统的系统框架和动态调度流程分别如图2和图3所示。

图1　数字孪生车间模型

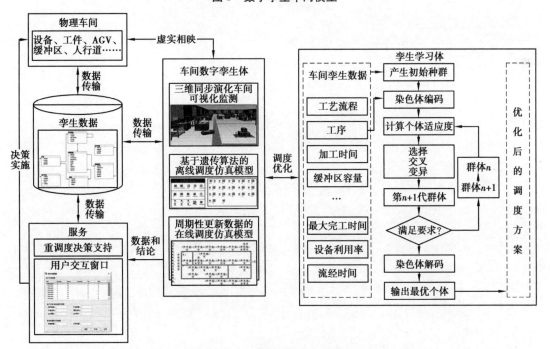

图2　基于孪生学习框架的动态调度系统的系统框架

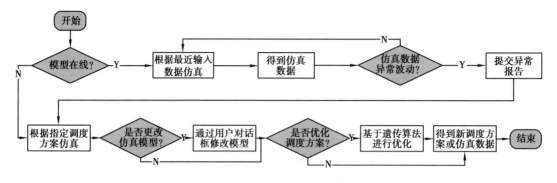

图3　基于孪生学习框架的动态调度系统的动态调度流程

高校指导教师:陈晓慧;企业指导教师:谢进成

航空发动机附件传动系统试验台陪试齿轮箱和安装台架设计

文武翊

Wen Wuyi

湖南科技大学 机械设计制造及其自动化

1. 设计目的

　　航空发动机附件机匣是航空发动机的关键机械系统之一,承担着发动机的功率分配和输送的功能,直接决定航空发动机安全服役性能。航空发动机附件机匣的传动特征为单输入多输出齿轮传动,其输入轴与航空发动机主轴相连而输出部件可与飞机滑油泵、发电机等部件匹配,从而进行能量分配和输送。由于航空发动机对安全性和可靠性要求极高,须在完成严格的地面试验验证使其技术成熟度达 5 级以后才能开展飞行试验。如今,随我国航空发动机事业的逐步发展,航空发动机附件机匣的设计和试验规范也逐步完善,但附件机匣性能试验台匮乏,导致我国大量航空发动机附件机匣地面试验难以按期完成,严重影响我国航空发动机型号项目的正常推进。因此,本设计以某航空发动机附件机匣耐久性能试验,根据《航空涡轮喷气和涡轮风扇发动机通用规范》(GJB 241A—2010)等相关规定,开展某航空发动机附件机匣耐久性能试验台架机械结构设计。

2. 基本原理及方法

　　采用 KISSsoft 辅助设计齿轮箱传动系统并采用尼曼标准完成齿轮箱箱体设计。针对高速情况下的齿轮传动系统设计,包括齿轮基本参数设计、齿轮的接触、弯曲疲劳校核和胶合校核及轴的基本参数设计、静校核和疲劳校核及危险截面的计算等,均采用 KISSsoft 辅助完成设计。齿轮箱体采用德国尼曼关于高速重载齿轮箱箱体的设计经验完成参数设计。

　　采用德国尼曼标准完成陪试齿轮箱强制喷油润滑的喷油量计算。根据德国尼曼关于喷油润滑的相关经验,齿轮箱强制润滑的喷油量取决于两个因素:一个是喷油量能够保证油膜的形成,避免齿轮啮合过程中齿面直接接触造成的摩擦磨损和胶合;另一个是喷油量能够保证带出齿轮运转过程中,尤其是高速齿轮运转时产生的热量,从而维持齿轮处于合适的工作温度范围。采用德国尼曼标准提供两个因素的经验公式完成喷油量计算,进而完成强制喷油润滑系统的设计。

　　采用 DyRoBes 软件分析齿轮转子系统临界转速。针对陪试齿轮箱当中运转速度高的轴,有必要对其进行动力学相关的分析,尤其需要计算其临界转速范围,避免工作转速与临界转速发生重叠而引发共振,对传动系统造成危害。利用 DyRoBes 软件对转子系统完成建模和临界转速分析,并对结构存在的问题进行优化。

　　利用有限元分析软件,采用有限元分析方法对陪试齿轮箱和安装台架进行动力学相关的分析。由于工作转速高,齿轮箱和安装台架常处于高频负载的激励之下,为避免结构出现共振,并优化结构的振动性能,对其进行固有频率和振型的提取分析。并采用谐响应的分析方法分析各方向载荷对结构振动的影响,为结构的优化提供指导方向。

3.主要设计过程和试验过程

本设计以电功率封闭试验台为基础,经过方案的对比,提出采用普通变频电机+陪试齿轮箱的驱动方案和分体式安装台架的安装方案作为该试验台的主要功能结构。针对试验台当中的高速陪试齿轮箱和试件的安装台架为设计目标展开详细设计,并针对高速陪试齿轮箱的润滑问题提出采用强制喷油润滑作为润滑方式,并进行强制喷油润滑系统的原理图设计和关键元件选型,最后针对试验台所处的工作情况,展开动力学分析,并针对其存在的问题展开优化。主要的工作内容如下:

(1)进行陪试齿轮箱和安装台架的详细结构设计。利用 KISSsoft 辅助完成齿轮箱齿轴设计校核,确定传动部件的基本参数和结构。通过尼曼关于高速重载齿轮箱的设计经验进行齿轮箱箱体的设计,确定齿轮箱大致结构。考虑到齿轮箱在高速运转过程中存在的由于油液雾化而导致的密封问题,依据《密封设计手册》设计以迷宫密封为原理的高速端密封端盖以解决存在的密封问题。通过分析附件机匣的安装形式,结合安装精度和微调可行性相关的考虑,设计分体式安装台架来安装试验件,并利用螺纹自锁原理设计微调结构,以保证安装可靠性的情况下提高调整能力和对中精度。

(2)针对高速齿轮箱存在的润滑问题,设计相配套的强制喷油润滑系统。根据德国尼曼标准中关于喷油润滑喷油量相关经验,即保证油膜形成的情况下,喷出的油液可以带出齿轮运行产生的热量。运用其经验公式完成喷油量的计算。接着根据喷油润滑系统主要由安全保障系统、循环保障系统、供油压力保障系统、温度和黏度保障系统、油质保障系统、流量保障系统、状态监测系统等子系统组成,并依次设计选择相应的液压元器件实现各子系统功能。最终完成喷油系统液压原理图的设计。

(3)针对已设计的结构展开分析,并对产生的问题进行相应的结构优化。首先进行静力学分析,针对安装台架连接薄弱处和采用强度较低的铝合金制作的密封端盖进行静力学分析,观察其强度是否满足要求。接着开展动力学方面的分析,针对齿轮箱高速输出轴和中间轴利用 DyRoBes 展开临界转速的计算分析。针对高速输出轴存在共振的风险,采用降低轴刚度以降低零件转速的措施,使其临界转速与工作转速区分开,从而避免共振。利用 ANSYS 动力学分析模块对齿轮箱箱体和安装台架进行模态分析和扫频分析,分析其振型及载荷与振型之间的关系,从而为动力学结构优化提供指导方向。最后针对齿轮箱箱体和安装台架在动力学方面出现的问题进行优化处理。

4.结论

(1)完成了某航空发动机附件传动系统试验台高速陪试齿轮箱和安装台架的设计。使得试验台具备为试验件提供大功率高转速驱动的能力,并能使试验件可靠安装。

(2)完成了陪试齿轮箱的润滑系统原理图设计。计算了齿轮和轴承润滑和散热所需要的喷油量。并将润滑系统分解成多个子系统,逐步分析完成润滑系统各部分设计,并对重要液压元件完成选型设计,完成润滑系统原理图。

(3)针对结构可能出现的动力学问题进行了分析验证,并对存在的问题进行了结构优化,以保证结构满足基本要求。

5.创新点

(1)综合利用设计理论与 KISSsoft 的结合,设计了一种满足高转速输出需求(50 000 r/min)

的陪试齿轮箱,并为其设计了相关强制喷油润滑系统,以保证齿轮箱可以正常工作。

（2）利用螺纹自锁原理设计了一种试验台微调对中机构,降低水平对中难度的同时提高对中的效率。

（3）利用仿真模拟的方法,对试验台结构中可能存在的问题进行分析,并以仿真的结果指导结构的优化设计。

6.设计图或作品实物图

三维总装图如图 1 所示,箱体装配图如图 2 所示,台架装配图如图 3 所示。

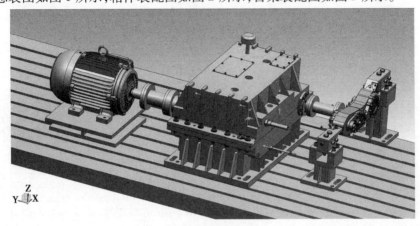

图 1　三维总装图

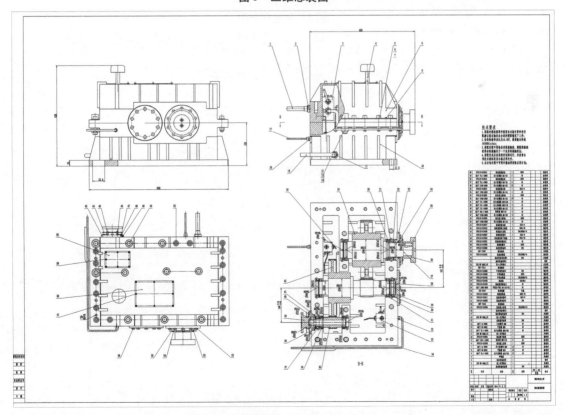

图 2　箱体装配图

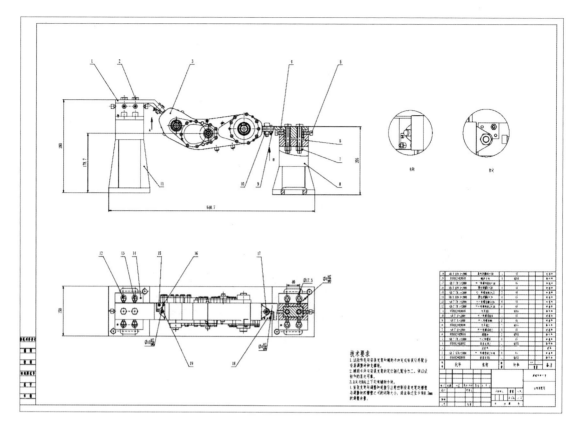

技术要求
1.试验件毛坯安装要覆和螺纹孔中心应安装置再配合安装调整支承座。
2.螺纹孔中心安装要覆的定位销孔服分为二,保证试验件的其充可靠。
3.各.紧固螺上下均有辅助垫片。
4.安紧支架和调整垫要安装时要控制好安装高度及间隙调整,与调整垫的螺整之间的间隙大小,通过轴孔至少有0.5mm的调整余量。

图3　台架装配图

高校指导教师：毛征宇;企业指导教师：彭　波

五自由度3D打印机结构及控制系统设计

朱博能

Zhu Boneng

合肥工业大学　机械设计制造及其自动化

1. 设计目的

　　FDM 打印作为一项先进制造技术在各个领域得到广泛应用,相比于传统的减材制造,它能够实现形状更为复杂的零件定制。然而当零件有悬垂特征时,需要打印额外的辅助支撑。这不仅增加打印时间,浪费打印材料,还会导致后期处理困难并降低零件表面的光洁度。为了摆脱对支撑的依赖,本课题搭建了五自由度打印平台并开发了相应的控制系统,同时对五自由度分层切片及打印路径规划展开研究。除此之外,为了验证五自由度打印平台的各项功能,本课题对薄壁弯管和螺旋弯管模型进行分层切片及打印路径规划,并利用五轴打印机进行打印试验。

2. 基本原理及方法

　　本课题对五自由度 3D 打印机结构及控制系统的研究主要分为平台结构设计、控制系统硬件组成设计、控制程序开发、五自由度分层切片及路径规划研究四大部分。

　　1) 平台结构设计

　　经过分析计算,本课题以 CoreXY 型为基础架构,采用 X、Y、Z 三个线性轴和 A 轴摆动、C 轴旋转的摆台式结构,作为五轴 3D 打印机的总体结构。

　　2) 控制系统硬件组成设计

　　本课题选用 MONSTER8 V2.0 主板作为控制核心,为各轴步进电机构建了闭环驱动,且设计了各轴限位开关的电路结构。在打印时,控制主板协调控制六个步进电机并综合处理各传感器信息从而完成五自由度打印工作。

　　3) 控制程序开发

　　本课题对控制程序 Marlin 固件进行修改。修改配置文件中的功能选项以完成基本的五轴打印功能。除此之外,还需修改引脚处理文件,将 A、C 轴驱动分配到 E1、E2 挤出端口从而实现对五轴的控制。

　　4) 五自由度分层切片及路径规划研究

　　本课题打印的对象为管类零件。利用管类零件 STL 模型三角面片顶点分布特点,采用沿骨架进行法面等距分层切片的方法,并利用轮廓偏置法获得最终的打印填充轨迹。

3. 主要设计过程或试验过程

　　1) 搭建五自由度 3D 打印平台

　　五自由度 3D 打印机的总体结构设计为框架、XY 轴组件、Z 轴组件、打印床组件四个部分。

框架用于支撑打印机的所有部件;XY轴组件采用CoreXY机构实现喷头在XY平面内的运动;Z轴组件以丝杆传动的方式实现打印床的升降。区别于三轴打印机,五轴打印机的打印床设计为摆台和旋转台两部分,分别负责实现打印件的旋转和摆动。为了确保打印平台的精度和稳定性,还对打印机关键部件和机构进行选型计算。

2)开发五自由度3D打印控制系统

选择具有8个驱动口的MONSTER8主板作为五轴控制主板,同时为了提高打印精度,为各轴步进电机构建闭环驱动。根据各轴的运动特点,选择合适的限位开关并设计相应电路结构。为给A、C轴分配驱动,修改Marlin固件引脚文件,将主板上空闲的挤出驱动口E1、E2分配给A、C轴。为了实现五轴打印控制还需更改固件配置选项,如通信设置、基本设置、机械设置、电机驱动设置、温度设置等。

3)研究五自由度打印分层切片及打印路径生成

本课题研究的切片对象为薄壁弯管类型,根据该类零件STL模型三角面片的顶点分布特点,采用沿骨架法面等距切片法。该方法的处理思路为利用相邻搜索法提取同层点集并内缩为骨骼点,用样条曲线拟合出模型的中心骨架。沿中心骨架线选择一系列等距点作为切点进行切片,切面与模型外轮廓相交生成外轮廓点。对外轮廓点的三维坐标进行相应的旋转变换,并利用轮廓偏置法获得填充轨迹。

4)五自由度3D打印平台测试与调整

首先对打印机各项功能进行了测试,如测试各轴运动方向是否正常、限位开关是否工作、温度控制是否正常、校准挤出机运动精度等。然后对打印机调平,包括调整Z轴限位位置、打印床调平和确定摆台回零位置。最后利用该打印机进行五自由度无支撑打印并分析打印结果。

4.结论

(1)对五自由度3D打印平台进行了设计、建模与实物搭建,对关键零部件进行选型计算,从而满足打印精度。

(2)设计并搭建了五轴3D打印机的控制硬件系统,修改打印控制程序Marlin固件以实现五轴打印功能。

(3)沿模型中心骨架线选择一系列等距点作为切点进行切片,切面与模型外轮廓相交生成外轮廓点。对外轮廓点的三维坐标进行相应的旋转变换并利用轮廓偏置法获得填充轨迹。

5.创新点

(1)该打印平台在打印悬垂特征时能够避免支撑结构的使用,减少打印时间和打印所需耗材,提升打印效率。

(2)该打印平台能够实现更灵活的打印路径,为打印路径规划处理留有更多选择空间。

(3)采用沿模型中心骨架等距分层切片的方法来处理管类零件,从而使其在打印时打印面始终垂直于中心骨架。

6.设计图或作品实物图

五轴3D打印机三维模型如图1所示,五轴3D打印机样机实物如图2所示,五轴3D打印机打印实物如图3所示。

(a)主视方向   (b)俯视方向   (c)侧视方向

图1 五轴3D打印机三维模型

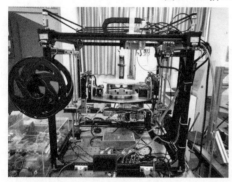

(a)正面   (b)侧面

图2 五轴3D打印机样机实物

STL模型图   外轮廓打印轨迹   打印实物

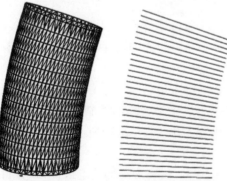

(a)STL模型   (b)外轮廓打印轨迹   (c)打印实物

图3 五轴3D打印机打印实物

高校指导教师:董方方;企业指导教师:管文田

基于 SLAM 与惯导多模态数据融合的移动机器人设计

刘祥程

Liu Xiangcheng

合肥工业大学　机械设计制造及其自动化

1. 设计目的

移动机器人是智能制造领域的重要技术之一,是高水平科技自立自强的关键核心。随着移动机器人技术跨越式的发展,智能化、无人化已成为当前的研究热点。这种机器人通过一套完整的传感器系统,获取传感器节点信息来感知不确定环境中的动态环境信息,并通过优化算法控制机器人的运动。本课题设计了一款自主移动机器人,并采用基于激光即时定位与地图构建(simultaneous localization and mapping,SLAM)的自主地图构建方法、基于模型预测控制的移动机器人轨迹追踪方法,以及融合 A * 算法全局最优与动态窗口法局部最优相结合的路径规划方法。同时,本课题还搭建了机械臂控制模块,为机器人的实际应用提供了更为全面的功能支持,使其能在动态不确定性环境下能够完成相关复杂作业,并通过机械零部件选型、嵌入式模块开发、控制算法仿真与测试等步骤搭建了试验测试平台。

2. 基本原理及方法

(1)通过对不同功能进行划分实现模块化设计,通过零件设计、传感器选型、嵌入式硬件设计、运动平台控制等环节完成移动机器人的总体平台搭建,并通过两种激光 SLAM 算法分别通过粒子滤波与图优化方法构建了二维栅格概率占据地图。

(2)利用模型预测控制理论,对四轮差速移动机器人进行运动学分析并基于自行车模型进行模型简化;利用状态空间法对运动控制平台进行运动学建模与控制量、状态量的分析;根据最优控制方法设计模型预测控制器,实现移动机器人在线跟踪离线轨迹的功能,并完成控制算法的仿真与验证。

(3)利用 A * 算法实现全局路径最优,利用动态窗口法实现局部状态最优,以各自优点实现了融合路径规划,其能够实现全局最优路径的搜索与局部最优路径的规划,在仿真环境下实现了动态障碍物的避障与较大复杂环境的路径搜索。

3. 主要设计过程或试验过程

本课题研究的内容可以分为激光 SLAM 自主建图、基于模型预测控制的轨迹追踪方法与基于动态窗口法的路径规划方法三个部分,各研究内容的相互关系如图 1 所示。

1)移动机器人的总体设计

移动机器人总体设计可以分为机械结构、电子硬件搭建与软件算法设计三大主要部分,其实现的功能与整体架构如图 2 所示。

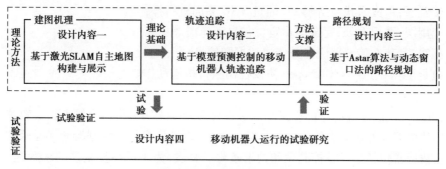

图1 设计内容相互关系

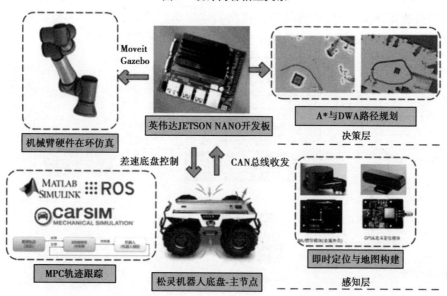

图2 基于SLAM与惯导多模态数据融合的移动机器人原理

2）移动机器人的软件层架构设计

移动机器人系统框架示意图如图3所示。

图3 移动机器人系统框架示意图

（1）交互层：由嵌入式设备与 PC 通过 VNC 界面进行操作。

（2）应用层：调用 ROS，完成同步定位与自动建图等功能。

（3）感知层：建立传感器网络并传递数据和信息。

（4）执行层：利用 CAN/CANopen 协议控制执行机构动作。

3）移动机器人轨迹追踪控制设计

移动机器人轨迹控制的总体思路是通过设计控制器来实现机器人沿着预定轨迹运动。首先，根据移动机器人的运动学特征进行建模。然后，设计模型预测控制器的目标函数和约束条件，目标函数通常包括最优解控制项和约束条件。其次，为了提高控制器的求解速度和效率，利用泰勒展开将设定的目标函数和约束条件进行线性化，以此可以快速求解出最优的控制量。线性化过程需要计算偏导数，并将其放入优化器中求解。最后，使用求解器计算最优的控制量，并使用 MATLAB 验证算法的可行性。移动机器人模型预测控制框图如图 4 所示。

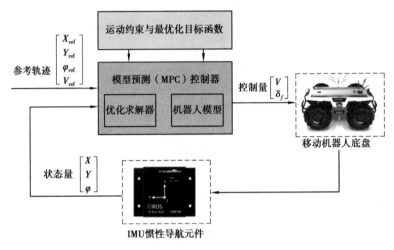

图 4　移动机器人模型预测控制框图

4）移动机器人路径规划设计

通过激光 SLAM 技术，可以构建出二维栅格地图，并利用基于融合 A＊与动态窗口法的规划方法进行路径搜索。优化 A＊算法的启发式函数，加快搜索速度，采用关键点提取策略，提取路径的关键节点，利用 A＊算法计算全局最优路径，动态窗口法利用相邻关键点进行引导移动机器人运动。

4. 创新点

（1）搭建了移动机器人实物样机一台，并实现了智能移动机器人的相关功能。

（2）编写了基于模型预测控制的控制程序与融合路径规划程序，完成仿真测试。

（3）将激光 SLAM 算法部署到嵌入式设备，实现了基于 Yolov5 的视觉信息分析。

5. 设计图或作品实物图

移动机器人设计图与实物如图 5 所示。

(a)设计图   (b)实物图

图5　移动机器人设计图与实物

高校指导教师:董方方;企业指导教师:管文田

桁架机械手垂直轴防坠落装置的设计

窦 健

Dou Jian

青岛理工大学　机械设计制造及其自动化

1. 设计目的

桁架机械手在自动化车间内应用广泛,带载垂直轴的坠落问题亟待解决。本设计的主要目的为设计一种桁架机械手垂直轴防坠落装置,彻底杜绝机械手垂直轴高空坠落事故,保障企业的财产及人民生命安全。

2. 基本原理及方法

该桁架机械手垂直轴防坠落装置的主要原理为采用"同步齿轮轴编码器检测"协同电磁失电制动器实现垂直轴防坠落。

如图 1 所示,在垂直轴上配做一个与驱动齿轮参数相同的检测齿轮,利用编码器同时对驱动齿轮、检测齿轮进行实时检测,当驱动齿轮发生轮齿折断,也就是坠落事故发生时,驱动齿轮、检测齿轮连接的两编码器发出的脉冲数会产生差异,通过 S7-1200PLC 检测这种差异,并在检测到差异的瞬时发出信号控制电磁制动器制动垂直轴来实现防坠落功能。

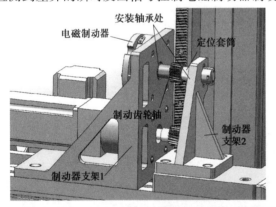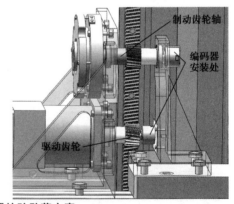

图 1　基于电磁失电制动器的防坠落方案

3. 主要设计过程或试验过程

1) 控制电路的设计

电气部分采用 S7-1200PLC 进行总控制,通过输入触点接收行程开关的开关量输入信号,以及编码器 1(PG$_1$)、编码器 2(PG$_2$)的模拟量输入信号,分别存储在各自的地址中;通过输出触点向下控制中间继电器,进而控制电磁失电制动器。电路原理如图 2 所示。

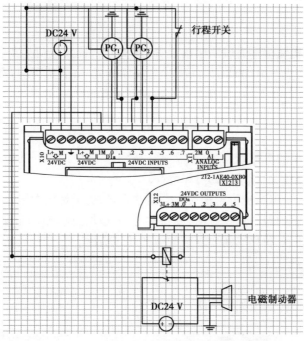

图 2　电路原理

2）主要零件的选型与设计

选取 TJ-D20 型号电磁失电制动器,如图 3 所示,其静摩擦扭矩为 175 N·m,动摩擦扭矩为 160 N·m,功率为 45 W,定制轴颈为 35 mm。

选用实心轴 A/B 相增量式编码器,型号为 GTS06-OC-RAG360Z1-2M,如图 4 所示,制动器支架的设计如图 5 所示,最终的设计结构如图 6 所示。

图 3　电磁失电制动器

图 4　A/B 相增量式编码器

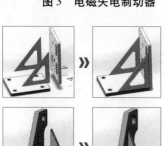

图 5　电磁失电制动器

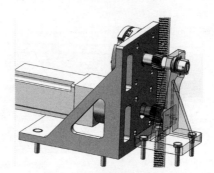

图 6　防坠落装置最终结构

4.结论

设计了一套桁架机械手垂直轴防坠落装置,垂直方向最大载荷为4 000 N,系统响应时间小于100 ms,使用寿命大于10 000 h,总成本约为6 480元,安装后可防止桁架机械手垂直轴发生坠落事故,对于提高企业效益、改善工人的工作环境有重要意义。

5.创新点

该方案以十分简单的机械结构解决了潍柴一号工厂内生产车间的桁架机械手垂直轴坠落的问题,成本低,并且整体设计结构的可靠性高。

在检测机构方面,采用同步齿轮轴加编码器的方式,抗干扰能力强,增加了检测的可靠性,提高了使用寿命。在制动器的选择方面,放弃常用的气动抱闸,使用电磁制动器代替,能够更好地适应潍柴一号工厂自动化车间内复杂的生产环境情况。

6.设计图或作品实物图

整体设计结构的三维模型如图7所示。

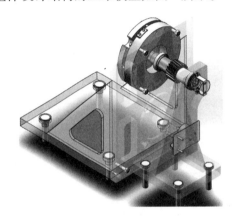 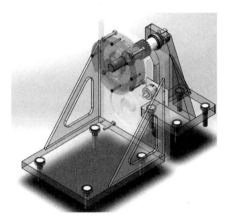

(a)方位1　　　　　　　　　　　　　　(b)方位2

图7　最终设计结构展示

高校指导教师:彭子龙;企业指导教师:王树军、杨德仁

碳纤维复合材料纳秒激光制孔热损伤对静力学强度影响行为

滕 森

Teng Sen

华中科技大学 机械设计制造及其自动化

1. 设计目的

碳纤维复合材料因具有比强度/比模量高、抗疲劳性和耐腐蚀性能优异等优势,是航空航天领域重要基础构件应用广泛的先进材料。由于碳纤维复合材料多层铺设结构,叠加高强度与高硬度特性,传统机械钻铣加工难以满足其高品质制造需求。纳秒脉冲激光加工具有无接触、易控制、窄脉宽等优势,是碳纤维复合材料高品质制造的潜在可行手段。然而,碳纤维复合材料非均质、各向异性、两相材质热物性差异大,切割边缘极易产生较大范围热损伤,严重削弱材料力学性能,影响构件服役寿命。必须从多工艺参数交互影响下热损伤行为、损伤对材料力学强度影响规律开展深入研究,获得高力学性能切割工艺数据集,实现碳纤维复合材料高品质制造。

2. 基本原理及方法

在纳秒级别的紫外激光加工中,激光发生器产生高能量、短脉冲宽度的紫外激光束。激光束具有很高的能量密度和较小的光斑尺寸。

当纳秒紫外激光束照射到 CFRP 材料表面时,材料吸收光能并发生光热效应。由于紫外光同时作用在 CFRP 材料的基体和碳纤维部分,能量均匀传导。集中在激光照射点的小区域内的高能量密度和短脉冲宽度的紫外激光,能够使 CFRP 材料局部产生高温。当温度超过材料的分解温度时,材料发生热分解,并且激光束的能量被转化为热能,引起材料局部的熔化和蒸发。由于紫外激光束的光斑尺寸较小,因此能够在 CFRP 材料上实现高精度的加工。通过控制激光的输出功率和扫描速度等参数和振镜对光束焦点位置的控制,可以实现不同形状、大小和深度的加工效果。

图 1 为通过工控机软件控制,激光器发出激光,经过"调整焦点位置,光路反射,光束整形"等过程后对 CFRP 进行加工。将 CFRP 的上表面与焦平面对齐,通过激光同心圆扫描,外圆部分形成一定宽度的切缝,中心切块自然脱落实现切孔加工,如图 2 所示。

3. 主要设计过程或试验过程

1) 正交试验设计与结果表征

以常用厚度为 2 mm 的 CFRP 板为试验对象,选取激光重复频率(F)、相邻扫描轨迹间距(d)、扫描速度(v)作为自变量加工参数,选取为工艺指标,其他试验参数设置为固定值,根据标准正交试验对照表,使用 SPSS 软件设计 L16 三因子四水平正交试验,共 16 组试验。每组工艺参数组合重复试验 3 次,使用光学显微镜测量切孔边缘的 HAZ 宽度(包括 MR 和 HAM 宽度),取平均值作为某组工艺参数下的 CFRP 切割质量,并记录集合形貌缺陷和 HAZ 的最大宽度。

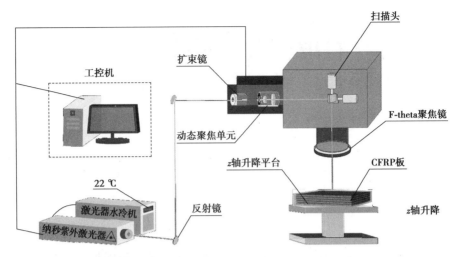

图 1　纳秒加工平台原理

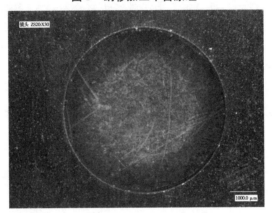

图 2　切块脱落后 CFRP 激光切孔形貌

2）单因素试验设计与结果表征

为进一步探究各个因素对于加工质量和加工缺陷的影响，设计了扫描速度、扫描间距、激光重复频率三个因素的多水平工艺试验，并对试验后的切孔质量进行观察分析。

3）不同制孔方式的 CFRP 板力学性能测试

激光加工过程中不可避免会因为热量累积对加工构件产生损伤，但两相材料物理性质差异显著，热损伤对 CFRP 材料的力学性能的影响规律不清。为此，在前期损伤分析基础上对不同程度热损伤的试样进行了拉伸、弯曲测试，并用于解释其机械性能和热损伤的关联关系。

4）灰色关联分析与最佳工艺参数预测

结合正交试验的试验结果，使用灰色关联分析法分析了多工艺参数对损伤的影响规律，并针对单目标优化和多目标优化给出了最佳参数集，结合正交试验结果验证了最佳参数集的合理性。

4. 结论

本课题以激光制孔工艺为研究对象，基于紫外纳秒激光加工平台，开展正交和单因素工艺试验，对激光制孔的各工艺参数对加工质量的影响效果进行了分析。对不同工艺参数下的切孔边缘热损伤程度进行了测量与表征。分别以未加工标准试样、机械钻孔试样、激光切孔试样为力学性能研究对象，并对不同损伤程度和类型的激光切孔 CFRP 层合板进行力学测试，测得了其抗拉、抗弯强度,观察分析不同加工模式下 CFRP 层合板的破坏形式。其中,在激光切孔试样中弯曲强度显示出与材料表层纤维方向垂直的基体材料缺失($MR_纵$)呈现较强关联。在拉伸载荷测试中,材料拉伸强度与表面热损伤程度相互关联不大,经过分析通过较大加工速度和较小激光重复频率加工获得的试样的抗拉性能较差,推测是由于孔边缘的波纹状结构导致材料出现应力集中现象从而使得材料呈现出较差的力学特性,并通过试验得到验证。

综合考虑加工质量和加工效率,分别以横、纵向的 HAZ 和 MR 尺寸,以及加工时间(t)为评价指标,使用灰色关联分析方法进行了单目标和多目标优化,获得了高质量切孔的加工工艺参数,结合正交试验结果验证了最佳参数集的合理性。各个工艺参数对于综合加工质量的影响程度顺序为:$\gamma_v > \gamma_d > \gamma_F$,兼顾加工效率和加工精度得到的最佳工艺参数组合:$v$ 为 1 500 mm/s,d 为 65 μm,F 为 70 kHz。

5. 创新点

(1)提出了加工过程中波浪纹结构的成型机制,并通过试验结果进行验证。

(2)使用灰色关联分析法针对热损伤单目标优化和多目标优化给出了最佳参数集,结合正交试验结果验证了最佳参数集的合理性。

6. 设计图或作品实物图

灰色关联分析各工艺参数对加工质量的影响程度如图 3 所示,加工过程中由于光斑重叠率产生的波浪纹加工缺陷如图 4 所示。

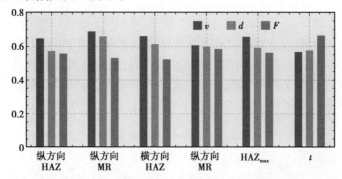

图 3 激光工艺参数与加工指标灰色关联度分析

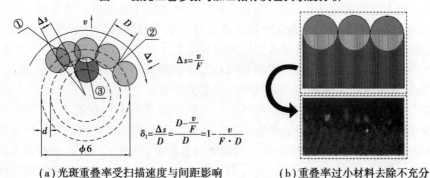

(a)光斑重叠率受扫描速度与间距影响 　　(b)重叠率过小材料去除不充分

图 4 加工缺陷波浪纹结构成型机制

高校指导教师:荣佑民、黄　禹;企业指导教师:郭　涟

柔性电子多场复合增材制造系统设计

任 宇

Ren Yu

合肥工业大学　智能制造工程

1. 设计目的

近年来高分辨率高精度柔性电子广泛应用于新型显示、人工智能、医疗健康等方面。国家战略层面也将柔性电子作为重点发展方向。电流体动力学喷射打印技术作为柔性电子增材制造技术的代表,因其在打印分辨率方面的优势备受国内外研究学者的关注。目前,针对电喷印的研究主要集中在喷印及基底材料、喷印技术的改进,以及喷印仿真分析三方面,而所凸显出的问题有两个方面,一是数值模拟研究,仿真的喷印因素并不完全,难以反映真实的喷印状态;二是视觉反馈闭环优化,只有视觉检测,缺少对视觉图像的处理及闭环优化。因此,本课题设计搭建柔性电子多场复合增材制造系统,通过参数仿真和工艺试验,得出最佳喷印参数,并搭建视觉反馈闭环优化系统,以实现最优喷印状态稳定进行的目的。

2. 基本原理及方法

电流体动力学基本原理方程可以看作是流体力学和电动力学相互作用的结果。在静电场中,不管是导体还是电介质,电场作用会使得流体受力,进而对流体的流动形成作用;同样的,流体的流动也会反向对电场产生影响。在电流体动力学中,将导体和电介质所受的电场力分别等效为面力和体积力来处理,即可得到如下的电流体动力学方程组:

$$\rho \frac{\partial u}{\partial t} + \nabla \cdot (\rho u u) = \rho g - \nabla P + \mu \nabla^2 u + F_{st} + \frac{\sigma^2 e_n}{2\varepsilon_0}$$

$$\rho \frac{\partial u}{\partial t} + \nabla \cdot (\rho u u) = \rho g - \nabla P + \mu \nabla^2 u + F_{st} + f$$

在电流体动力学喷射打印研究中,当对喷射头电介质液体施加电压增加到一定大小时,电介质液体内部电场力的不均匀分布会导致液体表面开始不稳定并发生拉伸变形,此时流体的平衡状态会被打破,液体会突破表面张力从喷嘴处滴落。对于不同的流体及不同的喷印参数,可能会产生不同的喷射流状态,包括液滴、锥射流、多锥射流等。而锥射流模式相比于其他状态,所喷射出的流体液滴尺寸最小,精度最高,同时更加稳定。

针对喷印电路的图像处理,其基本步骤依次包括对图像的灰度化处理、二值化处理、形态学膨胀处理、滤波去噪等。根据所处理出来的图像可获取所需要的数据,如尺寸、面积等数据。

闭环反馈系统是通过比较系统的输出与期望的目标值,根据这个差值来调整系统的输入,以使系统的输出更接近期望的目标值,其由参考输入、控制器、被控制系统和反馈等组成,具有鲁棒性、精确控制、稳定性和动态性能等优点。在设计闭环反馈系统时,需要充分考虑系统的稳定性、性能和实现成本等因素。

3. 主要设计过程或试验过程

针对目前所存在的问题,本设计的研究内容依次包括三个方面:首先是电流体喷射打印的数值模拟研究,通过仿真分析,得出理论性指导数据;其次是电流体喷射打印的工艺参数研究,得出最佳喷印参数并验证数值模拟模型是否准确;最后根据最佳喷印参数,搭建闭环反馈优化系统,实现最优喷印状态稳定进行的目的。

1)电流体动力学喷射打印数值模拟

定义电流体动力学喷射打印的多物理方程作为数值模拟仿真的理论基础,并搭建几何模型。由于电流体喷印喷头为轴对称模型,因此此处搭建一半模型,降低计算时间,之后定义材料属性及边界条件,划分网格,得到 12 153 个区域单元和 523 个边界单元。配置求解器,确定仿真间隔和仿真起始时间。通过控制变量的方法,探究喷头直径、喷射电压及喷印高度对于电流体喷射打印喷射流状态的影响。

2)电流体动力学喷射打印工艺参数

电流体动力学喷射打印状态与喷印速度、喷印电压、喷印高度等因素有关。为研究喷印工艺参数对喷印成线效果的影响,需要运用控制变量法,设计电流体动力学喷印成线试验方案,探究以上因素对于电流体喷印成线性能的影响,并验证数值模拟仿真模型是否合理。

(1)试验前的准备:安装喷头、启动试验平台、启动气压使得墨水充满喷头尖部,并调节观测相机到适合位置。

(2)调整观测相机:施加电压,控制喷头闪喷,调整观测相机的焦距及放大比例,直到观察到清晰的针头和喷射流状态。

(3)设置控制工艺参数:通过软件调整喷印高度、喷射速度、喷印速度等参数,以形成稳定的喷射流状态,按照模拟研究所得工艺参数进行试验。

(4)成线性能观测:通过设置工艺参数,利用观测相机观察喷射流成线过程,打印图案并固化烧结,完成后利用定位相机观察导线成型状态,保存试验数据。

3)基于机器视觉的电流体喷印闭环反馈优化系统

利用定位相机采集成型电路图像,并对其进行图像处理,得到清晰的成型电路黑白二值化图像。再对其进行边缘检测以及霍夫变换,求取成型电路的线宽数据。

依据以上流程对各个喷印因素所对应的成型电路线宽图像进行处理,并对数据进行 3 次多项式拟合,得到了线宽数据和各个喷印因素的数学关系。

在此基础上,设计了针对线宽数据的闭环反馈优化方案,图像处理求取成型电路线宽数据,并与初始理想数据做差得到偏差值,反馈控制器根据线宽数据偏差值,不断修正喷印参数,直到喷印轨迹结束。

本课题主要利用 Simulink 工具进行系统模型搭建,该系统主要基于 PID 反馈控制原理进行系统搭建。利用斜波和高斯噪声模拟环境干扰,生成新的线宽数据和偏差值,各喷印因素的 PID 控制器根据偏差值,提供喷印参数修正量,反馈出新的喷印参数进行喷印,从而实现视觉闭环优化。

4. 结论

(1)设计了电流体动力学喷射打印模拟数值研究方法,针对不同的喷头直径、喷射电压及喷印高度的喷射流状态进行了模拟仿真,得出了理论上的最佳喷印参数:喷头直径为 100 μm,喷印高度约为 0.3 mm,喷射电压为 3 kV。

(2)提出了电流体动力学喷射打印成线试验方案,利用已有电喷印设备喷印设计好的电路,探究喷印高度、喷射电压及喷印速度对于喷射打印成线性能的影响,通过比较不同喷印参数的成型导线状态,得到了最佳喷印参数:喷印高度约为 0.3 mm,喷射电压为 3 kV,喷印速度为 1.0 mm/s,同时该结果与数值模拟的结果相似。

(3)设计搭建了基于机器视觉的电流体喷印闭环反馈优化系统,利用图像处理得到喷印电路的去噪二值化图像,利用边缘检测和霍夫变换求取喷印电路线宽,并对线宽数据和喷印参数进行三次多项式拟合。利用 PID 反馈控制原理设计搭建闭环反馈优化 Simulink 模型,调节 PID 参数,使得电流体动力学喷印打印过程处于稳态,并对系统进行可行性验证,结果显示该系统可以实现预期目的,实际线宽与初始理想线宽基本保持一致。

5. 创新点

(1)完成了多因素电流体喷射打印数值模拟研究,更好地反映了真实的电流体喷射流状态,为后续的工艺参数研究奠定基础。

(2)设计了基于二值化图像的线宽检测技术,通过对图像进行灰度化、二值化、滤波去噪等操作,得到成型线宽的二值化图像,再利用边缘检测和霍夫变换求出成型电路的线宽数据。

(3)搭建了电流体喷印视觉反馈闭环优化系统,利用 PID 反馈控制原理设计搭建闭环反馈优化模型,调节 PID 参数,使得电流体动力学喷射打印一直稳定在最佳的喷印状态。

6. 设计图或作品实物图

研究思路如图 1 所示,视觉反馈闭环优化系统 Simulink 模型如图 2 所示。

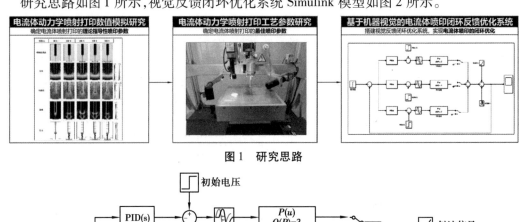

图 1 研究思路

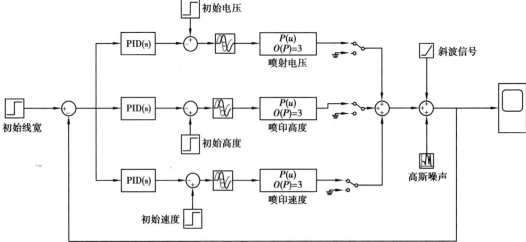

图 2 视觉反馈闭环优化系统 Simulink 模型

高校指导教师:田晓青、夏 链;企业指导教师:张文义

高精度无线无源声表面波阅读器系统

曹健辉

Cao Jianhui

湖南大学　机械设计制造及其自动化

1.设计目的

温度传感器在众多领域(如工业、交通等)中,对监测机器正常运转发挥着至关重要的作用。目前,国内外温度监测主要有以下几种检测手段:热电偶测温、红外热成像技术、光纤光栅传感技术。但是以上检测手段存在不足,在轨道交通列车轮轴、受电弓、开关柜等高速转动、强电强磁、空间密集等特殊工况下还存在一定局限性。声表面波(surface acoustic wave,SAW)传感器具有无线无源独特优势,适合高速转动、强电强磁、空间密集等特殊工况下测温,但因相关技术出口受限,属于我国"卡脖子"技术之一。因此,本设计开展无线无源温度测量系统的研究,为后续应用奠定基础。

2.基本原理及方法

SAW传感器是基于压电和逆压电效应的一种传感器。为了实现SAW传感器的无线无源,需要设计阅读器系统产生激励信号使得SAW传感器起振,也需要对其回传信号进行采集、处理分析。无线无源SAW传感器利用叉指换能器(interdigital transducers,IDT)的逆压电效应将由天线接收到的电磁能转化为声能,在压电基底上产生SAW,当SAW器件表面由于物理或化学因素发生改变时会影响SAW在压电基体上的传播速度和波长,进而影响传感器的谐振频率,传感器起振后再由IDT的压电效应产生电磁波信号经天线向外发出,阅读器接收电磁波信号并分析其频率或相位,即可实现待测参量的检测。

本设计采用直接数字频率合成(direct digital synthesis,DDS)与锁相环(phase-locked loop,PLL)环外混频的方法产生激励信号。利用数字信号处理(digital signal processing,DSP)将DDS和PLL进行独立的频率输出,再将两者频率进行上变频,从而产生约为433 MHz的激励信号。该方法能够充分利用DDS的高频率分辨率和响应速度,以及PLL高频率带宽输出能力。通过功率放大器对上变频信号进行放大并经由天线发出。SAW传感器接收到激励信号后起振,将携带传感信息的回波信号由天线返回到阅读器,阅读器对回波信号进行处理和采集并送至DSP内计算分析,最终获得传感器温度信号。

3.主要设计过程或试验过程

本设计从以下三大方面开展高精度无线无源声表面波阅读器系统研究。

1)设计快速响应、高分辨率发射链路,实现宽范围、远距离激励

DDS是一种新型的频率合成技术,难以产生所需的高频信号,但是可以输出具有高频率分辨率的低频信号。PLL是一种控制反馈电路,以产生单一高频信号,具有高频率带宽输出能

力,但是频率分辨率较大、响应时间较长。

利用 DSP 将 DDS 和 PLL 进行独立的频率输出,再将两者频率进行上变频,从而产生激励信号。此时能够充分利用 DDS 的高频率分辨率和响应速度以及 PLL 高频率带宽输出能力。DDS 选用 TI-AD9954,在外设 20 MHz 晶振工作下输出信号频率分辨率最高可达 0.005 Hz,而采用的 SAW 传感器的频率分辨率大约为 8 000 Hz/℃,因此理论温度分辨率可达 6.25×10^{-7}℃,并且响应时间为 1 ms,工作迅速。此时产生的激励信号功率较低不能使得 SAW 传感器起振,因此还需采用功率放大器对其放大处理。

2)设计低噪声、可变增益接收链路,实现高信噪比采集回波信号

传感器的回波信号具有以下特点:回波信号为小功率的幅值随着时间衰减的信号,信号的功率值一般约在 -30 dB,且随着接收距离的增加,传感器接收到的回波信号功率也随之下降,同时由于所需传感器具有的测温范围,因此回波信号带宽较大。

根据其回波信号的特征,阅读器接收链路需要对小功率的、动态范围较大的、具有一定带宽范围的信号进行不失真放大。本设计采用三联级低噪声放大器对传感器接收到信号进行放大同时提高信号信噪比。采用混频器与本振信号进行下变频,将回波频率降至 2 MHz 以内,便于后续 ADC 采样。变频信号通过低通滤波器处理保留低频部分,提高信噪比并降低带宽。再经过可变增益放大器将回波信号进行可控放大,增大阅读器可接收信号的动态范围。经过运算放大器将信号调制成 DSP 片上 ADC 可接收的模拟信号电压范围在 0 ~ 3 V,最后送至 ADC 进行采样处理。

3)数字信号处理,解析传感温度,提高温度监测精度及稳定性

SAW 谐振器的回波信号维持时间约为 20 μs,如果按照 4.17 MHz 的采样频率仅可采约 82 个点,导致 FFT 后的频率分辨率较大,本设计采用补相对零方式来增加采样点数,从而提高频率分辨率,每次采集 128 个点,然后补零填满 1 024 大小数组。通过传统的复制波形的方法提高频率分辨率,虽然整体功率幅值没有衰减,但是频率分辨率依旧没有得到提升,而在时域绝对补零方法会产生较大的畸变从而导致频谱图引入其他频率分量导致信号不纯净。相对于传统的方法,采用补相对零可以实现在提升了频率分辨率的同时,还避免了产生不必要的频率分量。

由于回波信号中存在相当部分的噪声,与此同时为了提升阅读器系统的抗噪声能力并提高信噪比,设计了基于 Hann 窗的 FIR 带通滤波器,该带通滤波器的通带为 0.2 ~ 0.5 MHz,阻带衰减达到 -50 dB,满足使用要求。对采样信号进行滤波处理,能够在阻带内大幅度抑制噪声频段,且通带内信号幅度得到增强,即信号的信噪比得到大幅度提升且系统的抗噪能力得到增强。

4.结论

(1)以单端口谐振型声表面波温度传感器作为测试器件,分析研究了单端口谐振型声表面波温度传感器的工作原理和回波特性,为无线无源声表面波温度传感器阅读器系统设计制作提供了理论基础。

(2)设计了一套无线无源声表面波温度传感器阅读器系统,系统包括发射链路、接收链路和数据处理模块。在硬件电路部分,实现了高频率分辨率、高功率的扫频激励信号的发射,以及对低功率回波信号降噪放大、调制和采样处理。在软件部分,实现了 PWM 波对阅读器电路分时控制,以及 DDS 和 PLL 产生频率的控制程序编写,并设计了 FFT 算法对采样信号进行温

度解析,通过延长时域和加窗滤波的方法提高了系统抗噪能力,并设计了上位机用于阅读器系统 PC 端上实时检测和保存记录温度数据。总的来说,阅读器实现了传感器激励信号的产生和发射、回波信号的捕捉和 DSP 数据处理以及温度解析及发送等功能。

(3)对无线无源声表面波温度传感器阅读器传感距离、测量温度范围和精度等性能指标做了相关的测试验证。

5. 创新点

(1)采用 DDS 和 PLL 环外混频的方法生成阅读器扫频信号,相对于传统的 DDS 直接激励 PLL 或内插 PLL 方法,该方法能够保留 DDS 快速调频的特点,可实现频率分辨率高达 0.005 Hz 的同时,可以具有更短的 1 ms 频率转换时间,系统响应更快。

(2)采用 DSP 对阅读器回波信号进行温度解析,相对于传统的 FPGA 处理,该方法在确保计算精度和处理速度的同时,能够降低阅读器系统的成本。

(3)加入了数字信号处理,采用时域补零的方法,极大程度上扩展了阅读器解析回波信号的频率分辨率,提高了阅读器系统的测量温度精度。另外,采用 Hann 窗设计的 FIR 带通滤波器对回波信号进行处理,提高了信号的信噪比和系统的抗噪能力。

6. 设计图或作品实物图

产品实物与拆解如图 1 所示。

图 1 产品实物与拆解

高校指导教师:周 剑;企业指导教师:赵亚魁

浅层取换套修井作业的新型地面卸扣装置设计与分析

杨士杰

Yang Shijie

中国石油大学(华东)　机械设计制造及其自动化

1. 设计目的

随着科技的进步和经济的发展,人们对能源的需求不断提升,促使油田开采力度加大,造成了修井次数的增多,修井效率的高低也就成为影响油田产量的重要因素。传统液压动力钳虽然能够适用大部分尺寸的套管,但目前对于 7 in(1 in=2.54 cm)及 $5\frac{1}{2}$ in 石油套管没有通用卸扣装置,使用 7 in 套管卸扣装置对 $5\frac{1}{2}$ in 套管卸扣时由于装置尺寸过大,不便于操作。对于不同的套管必须更换相对应的牙板部件,因为更换零件较多,且流程复杂,严重影响石油钻采作业的工作效率。针对这个问题,需设计一种能够适应 $5\frac{1}{2}$ ~ 7 in 套管的卸扣装置。

2. 基本原理及方法

为设计一种能够适应 $5\frac{1}{2}$ ~ 7 in 套管的卸扣装置,本课题首先对卸扣装置背钳进行设计,经过计算得到夹紧力,对主钳、防松机构进行设计,然后采用 ANSYS Workbench 软件对模型进行校核分析,最后进行零件图纸的设计。

1) 背钳的设计

背钳采用 2 组相同的液压缸、板牙等零件组成背钳夹紧机构,通过对最大扭矩下背钳对 $5\frac{1}{2}$ in 套管夹紧过程的受力分析计算出背钳夹紧套管所需的最大夹紧力,该夹紧力也为主钳夹紧机构对套管的夹紧力。

2) 主钳的设计

主钳由主钳传动机构、主钳夹紧机构、换挡机构组成。主钳传动机构由一组减速增扭齿轮组成,该组齿轮能够将液压马达的扭矩平稳地传递到主钳上。主钳夹紧机构采用基于滑动螺旋传动结构的夹紧机构,这种夹紧机构能够将旋转运动转化为直线运动,实现对套管的夹紧。换挡机构工作原理与啮合器工作原理相同,通过换挡齿圈的移动实现不同齿轮间的啮合,从而达到改变传动比的功能。

3) 防松机构的设计

防松机构通过防松齿圈能够将主钳夹紧机构与主钳锁紧,防止主钳夹紧机构在主钳旋转的过程中出现松动。

3. 主要设计过程或试验过程

主要工作是设计一种能适应 $5\frac{1}{2} \sim 7$ in 管径，且不需更换零件的套管卸扣装置，且该卸扣装置的卸扣扭矩大于 30 000 N·m。主要进行了以下工作：

1）套管卸扣装置结构的设计

研究现有套管卸扣装置的原理，分析其优缺点，针对夹紧方式，设计出能对 $5\frac{1}{2} \sim 7$ in 套管卸扣的卸扣装置。围绕主钳钳口的结构，优化设计主钳夹紧机构和夹紧方式；围绕背钳钳口的结构，选择合适的液压缸，优化设计背钳夹紧机构；优化设计主钳传动机构和换挡机构；根据卸扣装置的外围尺寸和结构，优化设计卸扣装置的壳体。

2）套管卸扣装置主要零部件的强度分析

根据套管卸扣装置在最大载荷工作下的受力条件，使用 ANSYS Workbench 软件，设置材料和齿轮啮合过程中接触参数，对齿轮组进行瞬态动力学分析，校核齿轮的强度是否符合设计要求。设置主动轴、齿圈、U 形板的材料、受力状况和约束情况，对其进行静力学分析，校核分析主动轴、齿圈、U 形板的强度是否符合设计要求。

3）套管卸扣装置液压执行元件的选择及控制回路的设计

根据套管卸扣装置的结构和所需驱动力的大小，选择合适的液压缸、液压马达等。根据套管卸扣装置的工作步骤，设计上卸扣过程液压执行元件的动作顺序，进而设计液压缸、液压马达的动作顺序，并根据动作顺序，设计合适的控制回路，以完成对套管卸扣装置的控制。

4）套管卸扣装置图纸设计及标准件的选型

根据套管卸扣装置的结构和加工工艺，对零件图纸进行绘制和标注，对套管卸扣装置装配过程中使用到的标准件进行设计与选型。

4. 结论

（1）设计了一种新型套管卸扣装置，该装置包括背钳、主钳、防松机构等零件，其最大卸扣扭矩为 35 000 N·m，最低转速为 10 r/min，最高转速为 40 r/min。背钳、主钳所需最大夹紧力为 50 kN，丝杠螺旋副为 TrM48×8-LF。

（2）采用 ANSYS Workbench 对齿轮组、主动轴、定位销轴及防松齿圈等受力较大的零件进行了有限元分析，结果表明，这些零件的强度满足使用要求，在最大工作载荷下安全可靠。

（3）确定了套管卸扣装置控制方案，对套管卸扣装置的液压控制回路进行了详细的设计，根据套管卸扣装置的性能参数及工作要求设计了控制系统的液压原理图，对液压缸、液压马达及阀门等液压执行元件进行了计算和选型。

（4）完成 41 种零件图的绘制，216 件标准件的选型。

5. 创新点

（1）主钳夹紧机构采用了基于滑动螺旋传动结构的夹紧机构，这种夹紧机构能使卸扣装置在对 $5\frac{1}{2} \sim 7$ in 套管上卸扣时无需更换零件。

（2）对四联封闭齿轮采用瞬态动力学的方法进行有限元分析，结果更准确。

6. 设计图或作品实物图

套管卸扣装置三维模型图如图1所示,主钳夹紧机构三维模型图如图2所示,卸扣装置装配图如图3所示。

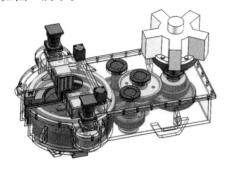

图1　套管卸扣装置三维模型

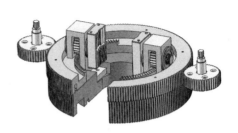

图2　主钳夹紧机构三维模型

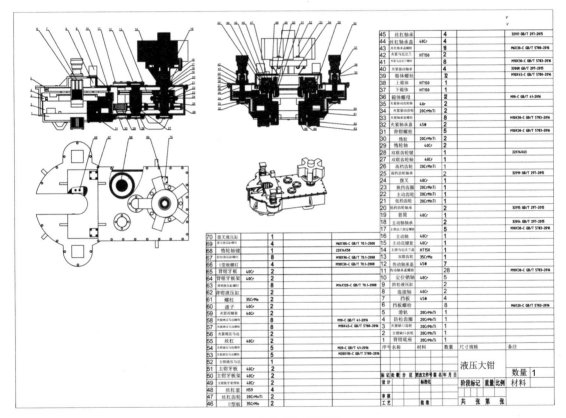

序号	名称	材料	数量	尺寸规格	备注
45	丝杠轴承	40Cr	4		32911 GB/T 297-2015
44	丝杠轴承盖	40Cr	4		
43	双列轴承螺栓		16		M6X30-C GB/T 5780-2016
42	夹紧马达法兰	HT150	2		
41	夹紧马达螺栓		8		M10X30-C GB/T 5783-2016
40	夹紧驱动轴承		4		32808 GB/T 297-2015
39	箱体螺栓		12		M10X45-C GB/T 5780-2016
38	上箱体	HT150	1		
37	下箱体	HT150	1		
36	箱体螺母		32		M10-C GB/T 41-2016
35	夹紧驱动齿轮轴	40Cr	2		
34	夹紧调节螺栓	20CrMnTi	2		M10X30-C GB/T 5783-2016
33	夹紧轴承盖	45#	2		
32	夹紧轴承盖	45#	2		
31	背钳螺栓		5		M10X30-C GB/T 5783-2016
30	惰轮	20CrMnTi	1		
29	惰轮轴	40Cr	1		
28	双联齿轮键		1		22X14X63
27	双联齿轮轴	40Cr	1		
26	高档齿轮	20CrMnTi	1		
25	高档齿轮轴承		2		32919 GB/T 297-2015
24	拨叉	40Cr	1		
23	换挡齿圈	20CrMnTi	1		
22	主动齿轮	20CrMnTi	1		
21	低档齿轮	20CrMnTi	1		
20	低档齿轮轴承		2		32915 GB/T 297-2015
19	套筒	40Cr	1		
18	主动轴承		2		32014 GB/T 297-2015
17	主动轴螺栓		1		M10X30-C GB/T 5783-2016
16	主动轴	40Cr	1		
15	主动花键套	40Cr	1		
14	主用马达法兰	HT150	1		
13	双联齿轮	35CrMo	1		
12	传动轴承盖	45#	7		
11	挡功轴承盖螺栓		28		M10X30-C GB/T 5783-2016
10	定位销轴		5		
9	防松压紧缸		2		
8	连接轴	40Cr	2		
7	挡板	45#	1		
6	挡板螺栓		8		M6X20-C GB/T 5783-2016
5	滑轨	20CrMnTi	1		
4	防松齿圈	20CrMnTi	1		
3	主钳缺口齿圈	20CrMnTi	1		
2	主钳缺口齿轮	20CrMnTi	1		
1	背钳底座	20CrMnTi	1		
序号	名称	材料	数量	尺寸规格	备注

序号	名称	材料	数量	尺寸规格
70	拨叉液压缸		1	
69	拨叉液压缸螺栓		4	M6X100-C GB/T 70.1-2008
68	惰轮轴键		1	22X14X50
67	防松液压缸螺栓		8	M10X90-C GB/T 70.1-2008
66	U型板螺钉		4	M10X30-C GB/T 70.1-2008
65	背钳牙板	40Cr	4	
64	背钳牙板架	40Cr	2	
63	滑钳液压缸螺栓		8	M16X120-C GB/T 70.1-2008
62	背钳液压缸		2	
61	螺柱	35CrMo	2	
60	滚子	40Cr	2	
59	夹紧花键套	40Cr	2	
58	夹紧调节马达螺栓		8	M10-C GB/T 41-2016
57	夹紧马达螺栓		8	M10X45-C GB/T 5780-2016
56	夹紧液压马达		2	
55	丝杠	40Cr	1	
54	主钳马达螺栓		5	M20-C GB/T 41-2016
53	主钳马达螺栓		5	M20X110-C GB/T 5780-2016
52	主钳液压马达		1	
51	主钳牙板	40Cr	2	
50	主钳牙板架	40Cr	2	
49	主钳牙架螺栓		4	
48	丝杠套	H59	4	
47	丝杠齿轮	20CrMnTi	4	
46	U型板	35CrMo	2	

液压大钳　数量 1

标记	处数	分区	更改文件号	签名	年月日	
设计			标准化		阶段标记	重量 比例　材料
审核						
工艺			批准			共　张　第　张

图3　卸扣装置装配图

高校指导教师:纪仁杰;企业指导教师:刘智飞

修井作业分层多驱式自动管杆排放装置的设计

孙清龙

Sun Qinglong

山东石油化工学院　机械设计制造及其自动化

1. 设计目的

油田修井作业施工属于劳动密集型行业,存在环境恶劣、流动性大、安全隐患多、劳动强度高等特点,这些因素导致油田修井作业施工过程中存在着复杂性、多变性及危险性。

国内大部分油田在修井作业时基本都是使用人工来完成,几位工人一起或借助小型起吊工具将管杆在油管架上进行码放,人工将管杆推移至上下管杆装置处,再由人工将管杆移至上下管杆装置机械手上,一次修井作业就要完成几百上千根管杆的排放与上下作业,过程繁杂,工人体力消耗较大。为了实现低成本、高效率的管杆排放作业,解决油田工人作业的安全问题,改善工人的劳动环境,设计了一款修井作业分层多驱式自动管杆排放装置。油管、抽油杆等管杆码放在特制的分层放管装置上,驱动排管装置进行管杆的自动排放作业,分层接管装置可调节高度,适应轨道层数,完成接管。

2. 基本原理及方法

本课题设计一款自动排管装置,该装置主要包含驱动排管装置、分层接管装置、分层放管装置三个部分。

(1)首先利用驱动排管装置对分层放管装置中的管件进行清除,反转移动至管杆下方,传感器检测到管杆,装置停止运动,推杆升起从两根管杆间插入,随后推动管杆向前移动,将管杆送至分层接管装置处。

(2)分层接管装置在进行斜坡送管前,调整高度保持和存放管杆的油管架高度一致,管杆被推动至分层接管装置处后,分层接管装置再次调整高度保持与上下管杆装置高度一致,上下管杆装置运移管杆至动力猫道上。

(3)管杆在分层放管装置上有序多层摆放,驱动排管装置将管杆排放至分层接管装置处。

本装置使用 Simulation 进行静力学仿真,ADAMS 进行动力学仿真,验证装置结构合理性与强度,利用兼容单片机 C 语言的专业编程软件 Keil uVision5 设计驱动排管装置驱动程序,制作 1∶1 样机模型、3∶1 工作环境进行样机试验,根据试验结果对装置结构进行反馈优化。

3. 主要设计过程或试验过程

本装置可在分层放管装置上利用驱动排管装置对 $3\frac{1}{2}$ in、$2\frac{7}{8}$ in、$2\frac{3}{8}$ in 的油管和 20 ~ 30 mm 的抽油杆进行自动排管,将管杆推至分层接管装置处,分层接管装置根据管杆所在层数,将管杆无冲击调整至上下管杆装置处,确保排管与上下管作业的连续性。

1)驱动排管装置的设计

驱动排管装置是修井作业分层多驱式自动管杆排放装置的核心,其作用主要是推动管杆进行移动。

驱动排管装置的张紧机构摒弃了传统的连杆铰链式回弹结构,采取了类回弹式杠杆张紧方式,提供充足的摩擦力。驱动排管装置内部装有推杆,推杆连接摆杆,进行排管作业时,推杆伸出带动摆杆伸出到两根管杆之间,推动管杆完成排管作业,不进行排管工作时推杆缩回带动摆杆缩回至小车内部,保证装置正常作业。

驱动排管装置由车体、类回弹张紧机构、轮胎、限位开关、漫反射传感器、轴向轮等组成。

2)分层接管装置的设计

分层接管装置是修井作业分层多驱式自动管杆排放装置的升降辅助装置,其主要作用是实现管杆的过渡承接,并将管杆移送至上下管杆装置处。

进行排管作业时,分层接管装置高度随 H 型钢轨道所在层数的变化而升降变化,以便和上下管杆装置相配合。分层接管装置主要面对三个问题,一是升降停止时管杆滚落对其的冲击力,二是升降开始时管杆自身对其的重力,三是升降过程中时刻要保持装置的水平状态。

分层接管装置主要由下部一字槽钢、升降液压油缸、上部一字槽钢、悬臂梁式承接钢、辅助导向油缸等零件组成。

3)分层放管装置的设计

分层接管装置主要承载管杆重量与分层放管装置配合,取管杆均重,三层油管质量约为45 t。

经过实地考察,常用排管架最下方采用废旧油管焊接成三角形使用,此结构稳定性较好,可以完成本装置基础承载能力。此外驱动排管装置需嵌合在 H 型钢轨道内部运动,首层 H 型钢轨道放在油管架上作为二级支撑。三层 H 型钢轨道分别支撑在油管下方,短轨方案取常用 H 型钢轨道长为 6 m,长轨方案取两组 6 m 的 H 型钢轨道。

分层接管装置由油管架、H 型钢等部件组成。

4. 结论

本课题确定了修井作业分层多驱式自动管杆排放装置的设计方案,对分层接管装置、驱动排管装置、分层放管装置进行了详细的机构设计与优化。并在此基础上,利用 SolidWorks 三维建模软件进行了各个部分的建模,对主要部件进行了选型计算。使用 Simulation 对修井作业分层多驱式自动管杆排放装置进行静力学仿真与分析,对关键零部件进行了优化校核,保证了装置结构稳定性。

主要取得了以下几方面成果:

(1)针对现有的自动排管装置进行分析调研,结合现有的上下管杆装置进行研究,对修井作业分层多驱式自动管杆排放装置设计总体方案。实地考察油田修井作业现场,确定装置的结构布局和整体尺寸。

(2)修井作业分层多驱式自动管杆排放装置可以分为分层接管装置、驱动排管装置、分层放管装置三个部分。针对各个部分的实际应用情况完成了结构设计,并运用 SolidWorks 软件进行了本课题装置的三维建模。

(3)通过分析分层放管装置受力,确定了国标 H 型钢和油管架作为其主要部件。通过分析分层接管装置受力,确定下法兰油缸作为升降的动力元件。通过分析驱动排管装置轮胎与推杆受力,确定了其内部布局与驱动方案。

(4)使用 Simulation 对装置主要部件进行有限元分析,使用 ADAMS 对关键工作过程进行动力学分析,通过对驱动排管装置车体、分层放管装置油管架、悬臂梁式斜坡送管装置进行分析发现,本课题所使用材料与设计结构均满足使用要求,可以进行实物制作。

(5)通过对理论模型与参数的分析、优化,确定了实物制作的最终方案。制作出了 1∶1 大小的驱动排管装置,利用 Keil uVision5 对其进行程序设计,并仿制了 3∶1 大小的真实排管环境,经过调试,整体装置可以进行油田修井排管作业。

5.创新点

(1)将体积较大的装置设计为三部分可独立使用的分装置,对环境适应性强。

(2)整体装置可与上下管杆装置配合,将排管作业与上下管作业结合。

(3)整体装置可以进行高效率工作,进行正常排管作业的同时,还可进行管杆校正、管杆回收。

(4)整体装置结构合理,安装方便,对管杆损伤小。

6.设计图或作品实物图

修井作业分层多驱式自动管杆排放装置整体结构如图 1 所示,整体实物如图 2 和图 3 所示。

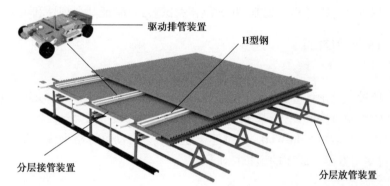

图 1　整体结构组成

图 2　实物正面

图 3　实物侧面

高校指导教师:周扬理;企业指导教师:张国柱

全自动草方格生成车

方景荣

Fang Jingrong

华侨大学　机械工程

1. 设计目的

草方格沙障是一种利用草根抵挡风力、控制土壤侵蚀、涵养水分的固沙技术。目前,草方格普遍采用人工铺设,劳动强度大、效率低、成本高,因工作地点偏、环境恶劣导致安全隐患大。因此自动化草方格沙障种植设备在未来一段时间内将有很强的现实意义。

2. 基本原理及方法

首先,通过调研草方格相关作业情况,查阅现有草方格铺设机械资料,确定草方格铺设车的概念方案设计,包括功能需求、工作原理、结构构成、动力来源、传动形式等内容。其次,分析、设计、计算各个零部件,构建虚拟样机并对其展开仿真验证分析。最终,对本研究设计的全自动草方格生成车进行物理样车试制,并进行相关试验,以验证其合理性和可靠性。

3. 主要设计过程或试验过程

1) 整车设计

根据应用场景及理论计算,完成曲柄摇杆与正弦机构串接式插草机构的设计、实现间歇前进与插草联动的传动机构的设计、基于变胞机构的过载保护装置的设计,以及整车样机的零件设计及总体设计。并运用 SolidWorks 三维建模软件对全自动草方格生成车各部件建模和整车装配,构建全自动草方格生成车的虚拟样机模型。

2) 插草机构的设计

以双侧曲柄摇杆与正弦机构串接成插草机构。将动力源输出的匀速周转运动转化为具有急回特性的直线往复运动,以此来带动插草刃上下运动,实现高效率的插草动作。

3) 间歇传动机构的设计

传动部分为定轴轮系。其中,两个同轴不完全齿轮交替啮合传动,以此实现插草机构和驱动轮进行具有联动节拍的间歇性运动。当设备停止前进时,进行插草,完成插草动作后,进行铺草与前进,如此往复,实现自动化铺草、插草。插草与前进仅需单一动力源驱动。

4) 变胞机构的设计

车架由正车架与副车架构成,两者在前轴处铰接,在后轴处通过预紧弹簧连接。插草刃以正车架为机架做竖直往复运动。通过抑制其自由度的变化,利用正副车架能相对运动的特性,构成变胞机构。

5) 载荷测试试验

利用测力传感器对插草机构进行插草试验,对工作载荷进行相关测试,并对载荷信号进行分析,监测工作周期内的插草载荷变化,验证该设备能基本满足实际场景的应用。

6)多体运动学仿真分析

使用 ABAQUS 仿真软件进行多体动力学仿真分析,计算出插草载荷在零部件之间的传递过程,获取关键零部件的载荷谱变化,验证所设计机械结构运行时,各个部件的运动特性满足设计需求。

7)力学校核与有限元分析

对关键零部件进行力学校核,随后基于理论计算结果进行关键零部件的有限元仿真分析,再次强度校核。验证关键零部件的设计满足载荷要求。

8)样机试制

制造物理样机,对各机构设计合理性进行评估,并对关键部件运行状况进行检查。

4. 结论

设计开发了一种全自动草方格生成车,主要由动力部分、传动部分、工作部分组成。动力部分为直流减速电机,可进行无极调速,是插草与前进动作的唯一动力源。传动部分为定轴轮系。其中,两个同轴不完全齿轮交替啮合传动,以此实现插草机构和驱动轮进行具有联动节拍的间歇运动。工作部分由链板与链板轮、铺草机构、插草机构组成。铺草机构由储草料斗、送草盘、电磁振动机构成。电磁振动机构可将送草盘中的草均匀抖落。插草机构由曲柄摇杆与正弦机构串接而成,将动力源输出的匀速周转运动转化为具有急回特性的直线往复运动,以此来带动插草刃上下运动,实现固定周期的插草动作。

该全自动草方格生成车工作过程中,前进与铺草交替进行。链板轮在带动设备前进的同时,电磁振动机通过振动将稻草均匀抖落在沙地上,完成铺草。设备停止前进后,插草机构通过将电机的旋转运动转化为插草刃的急回往复运动,完成插草与复位。插草动作另设保护机制,插草刃与机架组成变胞机构,当插草刃载荷大于设定值时,机构自由度由 1 变为 2 从而实现过载保护,延长使用寿命。前进与铺草、插草与复位周期循环,达到全自动种植草方格的目的。

将智能化和数字化手段应用于本作品的设计。利用测力传感器监控了本作品在工作周期内的插草载荷变化,利用多体动力学仿真计算了测得的插草载荷在各个零部件之间的传递过程,进而准确提取了关键零部件的载荷谱变化,并利用有限元仿真进行了关键零部件的强度校核。

本研究受到客户企业广西柳工机械股份有限公司的肯定,获得柳工全国创新挑战赛优胜奖。此外,该项目获授权一项实用新型专利,一项发明专利进入实质审查阶段。

5. 创新点

(1)设计不完全齿轮,实现联动节拍与周期循环传动。利用定轴齿轮系中的两个同轴不完全齿轮,可以使得插草刃和链板交错运动,完成自动化插草、铺草、前进的周期循环。

(2)各部件设计联动,实现单一动力源。本研究只需要一个动力源,就可以实现整个装置的功能。利用齿轮传动将曲柄摇杆机构、主动链板轮等有机联系起来,不仅实现了机构功能,而且简化了机械结构,降低了成本。

(3)设置安全保护机制,防止损坏。插草刃与车架构成变胞机构。当插草刃向下运动遇到阻碍时,设备会自动后部会自动抬高并向上倾斜一定角度,可防止插草刃的损坏,提高使用寿命。

（4）利用数字化设计手段构建了虚拟样机。利用虚拟样机完成了结构优化、强度校核和性能分析。

（5）与同类竞品对比，本研究设计无需驾驶员，可无人作业，且适用于地势起伏、无铺装路面地区。以更低的成本，实现更大的适用范围。

6. 设计图或作品实物图

全自动草方格生成车结构示意图如图1所示。

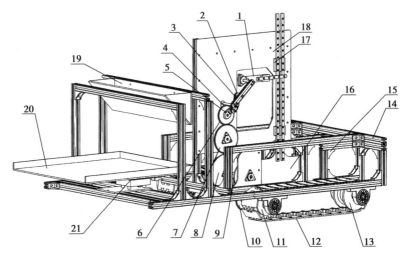

图1　全自动草方格生成车结构示意图

1—推动杆；2—连杆；3—摇杆；4—机架；5—曲柄；6—第二从动齿轮；7—第三从动齿轮；8—第二不完全齿轮；
9—第一不完全齿轮；10—第一从动齿轮；11—主动链板轮；12—链板；13—从动链板轮；
14—车架；15—角码；16—插草刃；17—轨道槽；18—竖向安装板；19—储草漏斗；20—送草盘；21—电磁振动机

高校指导教师：姜　峰、言　兰；企业指导教师：刘家文

滚动轴承故障的定量表征与迁移诊断方法

李晨阳　陈学良

Li Chenyang　Chen Xueliang

北京化工大学　过程装备与控制工程

1. 设计目的

近年来,机械系统的发展逐渐趋于大型化、复杂化。滚动轴承是现代生产机械中决定机械健康和剩余寿命的最关键部件之一。为了保证机械系统在工作过程中稳定地运行,需要对轴承进行可靠的健康预测。对滚动轴承不同健康状态进行预测,并进行智能故障诊断,对提高整个旋转机械系统的可靠性、降低维护成本至关重要。因此,本课题一方面对轴承故障进行了定量研究,提取了相关特征值作为故障严重程度的区分指标;另一方面构建了基于二维卷积神经网络的迁移诊断模型,实现了高效快速的滚动轴承跨工况故障迁移诊断。

2. 基本原理及方法

理论研究和工程实践表明,滚动轴承由于载荷、供油、温度等多方面因素而产生的轴承故障会导致其振动信号发生明显的变化。已知轴承故障中其振动信号的峰值、峭度等会发生明显变化,因此这些特征参数可作为轴承是否发生故障的判断标准。

对于滚动轴承定量分析,大部分学者通过理论与试验分析滚动轴承发生故障时的振动特性,分析了各种有量纲参数如峭度、均方根等,以及无量纲参数如峭度指标、峰值指标等,将其作为诊断滚动轴承故障的依据。对于一般滚动故障的诊断,可通过测得轴承的加速度信号进行分析提取故障特征。目前对于滚动轴承定量故障特征参数研究仍不全面,因此在理论研究滚动轴承故障特征参数基础上,进一步研究与其故障程度有关的特征参数及分析方法,将对实际工程中该类故障的诊断具有重大指导意义。

对于滚动轴承故障的迁移学习,新的设备产生的新的滚动轴承故障,但是现在的算法模型满足不了现状;现在的算法模型对多传感器在多工况下采集的非连续信号序列诊断精度不高;运用深度学习方法进行模型训练和测试所面临的故障样本不足情况;迁移学习方法进行模型训练和测试时面临特征识别困难的问题;运用迁移学习构建的模型的诊断精度仍有提升空间。

因此,通过理论和试验相结合的方式开展研究。理论研究方面,一方面通过分析轴承故障在时域、频域及时频域的表现,寻找与滚动轴承故障相关的特征参数与定量分析方法,并通过仿真信号分析所选特征值的可行性;另一方面通过学习神经网络与迁移学习的知识,为滚动轴承的迁移故障诊断奠定基础。试验研究方面,通过滚动轴承故障模拟试验台模拟轴承故障,一方面验证与滚动轴承故障定量分析有关的特征值及分析方法的正确性;另一方面作为迁移学习的训练集与测试集。最终通过 MATLAB 设计各个特征值及定量分析方法的提取算法,利用 Python 实现滚动轴承故障诊断的迁移学习。

3. 主要设计过程或试验过程

1）不同故障程度的滚动轴承故障模拟试验

本课题分别对滚动轴承的外圈、内圈、滚动体,利用电火花切割加工了故障程度为轻度、中度、重度三种程度的故障模拟,并且与正常轴承一起采集振动信号。试验利用了滚动轴承故障模拟试验台与 BK 采集器,采集工况分别为 900、1 200 及 1 500 r/min,共计采集到 30 组轴承信号。

2）滚动轴承故障特征参数

以滚动轴承故障特征参数为研究对象,基于故障机理,分别在时域、频域、时频域中,初步找出与轴承故障有关的特征值。最终得到的故障特征参数如下:时域特征(有量纲参数:峰值、峰峰值、均方根、峭度;无量纲参数:峰值指标、峭度指标、波形指标、裕度指标);频域特征(平均频率、近似熵、包络熵);时频域特征小波包能量熵。

3）滚动轴承故障特征参数定量分析与特征提取

首先对所选的特征值进行了仿真信号与试验信号分析,进一步筛选出了可用于滚动轴承故障定量分析的特征参数。其次寻找了其他的滚动轴承故障定量分析方法,主要有基于信息熵与冲击脉冲法的滚动轴承定量分析。得到时域特征值峰值、峰峰值、均方根,频域特征值平均频率及结合信息熵和冲击脉冲法后得到的 dBm 值均可作为轴承故障定量诊断指标。最后利用 MATLAB 进行故障特征提取算法设计。

4）卷积神经网络模型的研究和构建

首先,通过卷积神经网络(convolutional neural networks,CNN)结构学习,基于前人研究成果基础上进行神经网络模型的构建。其次,使用试验采集并处理后有标签数据进行模型的训练、验证和测试。通过迁移学习的理论研究,结合已经构建的 CNN 模型,构建基于二维卷积神经网络结构的迁移诊断模型。最后,使用试验采集并处理后有标签源域数据和带标签目标域数据,进行模型的训练和测试。

4. 结论

(1)通过时域、频域、时频域分析,找到了与滚动轴承故障严重程度相关的特征参数,发现时域特征值峰值、峰峰值、均方根,以及频域特征值平均频率与滚动轴承故障严重程度之间有明显的规律,其值均随故障严重程度的增加而增加。可作为轴承故障定量诊断指标。

(2)研究了其他滚动轴承故障定量分析方法。主要有基于信息熵和冲击脉冲法的滚动轴承故障定量诊断方法。利用试验信号分析得到的结论,结果表明该方法所采用的特征值可以很好地区分出不同故障程度的轴承,可作为滚动轴承故障定量分析的特征参数。

(3)构建了一个能够提取到更多有效值的神经网络模型,并且保证得到良好的迁移诊断效果的同时尽可能减少其网络结构层数和运算量,使得模型迁移诊断保持高效迅速。进行模型的训练、验证和测试,最终,模型的时域诊断准确率和频域准确率分别高达 90.92% 和 99.16%,完成高效快速的滚动轴承跨工况故障迁移诊断任务。

5. 创新点

(1)成功分析了信号峰值、峰峰值、均方根、平均频率可作为判断故障程度的诊断指标。

(2)基于主共振分析(PRA)的冲击脉冲法(shock pulse method,SPM)可以很好地区分轴承的故障程度。

（3）构建了基于深度二维卷积神经网络与 MMD 域适应的滚动轴承跨工况故障迁移诊断模型，时域信号和频域信号的诊断准确度分别高达 90.92% 和 99.16%。

6. 设计图或作品实物图

基于 PRA 和 SPM 的滚动轴承故障定量诊断如图 1 所示，基于二维卷积神经网络的滚动轴承跨工况故障迁移诊断模型如图 2 所示。

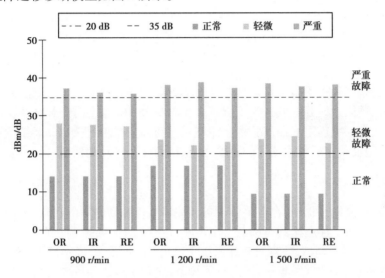

图1　基于 PRA 和 SPM 的滚动轴承故障定量诊断

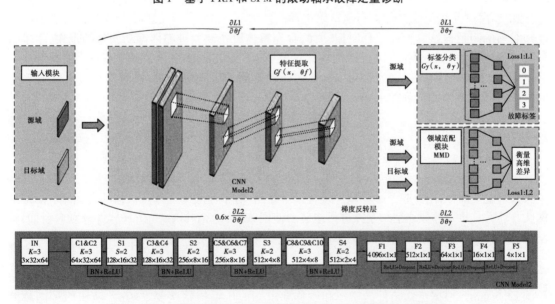

图2　基于二维卷积神经网络的滚动轴承跨工况故障迁移诊断模型

高校指导教师：胡明辉；企业指导教师：邹利民

减震阻尼器试验台设计与开发

刘 明 陈 秀 孙文杰 徐 倩

Liu Ming　Chen Xiu　Sun Wenjie　Xu Qian

江苏理工学院　机械工程

1. 设计目的

减震阻尼器是一种用于缓解机械装置受外部载荷冲击过程的装置,广泛应用于机械、航空航天、轨道交通、桥梁建设等领域。为了测试减震阻尼器的减震性能,本项目设计了一款可实现多功能并行操作的减震阻尼器试验台。能够通过高频变载工况模拟和高精度可调控制测试系统高效、准确地反映出减震阻尼器的各项性能,从而保证产品的质量。

2. 基本原理及方法

减震阻尼器在使用过程中,存在整体设备和关键零件振动剧烈的现象,极易诱发关键构件产生裂纹和断裂失效,为验证其可靠性,对其进行主被动加载控制试验测试。本课题通过LabVIEW 软件的编程和调试,实现对液压系统中的电机、电磁阀、传感器等元件的精确控制和保护,采用位移传感器、数据采集卡、工况机等设备,实现对液压系统中的压力、流量、位置等参数的实时监测和分析,通过设置正弦波频率和振幅启动液压伺服控制系统控制试验台的振动,采集速度-位移曲线图像来分析与测试阻尼器的性能。

目前的阻尼器试验台在工作时振动大,存在整体设备和关键部件振动剧烈的现象,本项目设计采用减震阻尼器试验台进行结构功能调整优化,使其能承受最大频率为 33 Hz。设计行程范围为 ±20 mm,加载位移为 ±2.5 mm。在面对不同型号阻尼器时,被测件安装在试验台上时能调整满足微小的行程需求。

3. 主要设计过程或试验过程

1) 减震阻尼器试验台的设计与分析

整个减震阻尼器试验台的组成,把它分为刚性底座、固定台、移动台、油缸、阻尼器两头耳环夹具大致五个部分,用 SolidWorks 软件进行三维绘制,对刚性底座、固定台、移动台、油缸、阻尼器两头耳环夹具每个部分详细绘制并进行组装。使用 ANSYS Workbench 仿真软件分别对台面、移动台、固定台、销轴,以及移动台上的螺栓进行静态结构分析,看其是否满足要求并进行调整。

2) 液压系统的设计与分析

根据本项目的具体要求,理想工作能力:加载力为 100 kN、承受最大频率为 33 Hz、加载位移为 ±2.5 mm。根据已知条件的频率和位移要求知液压系统精度要求较高,液压原理图越简单,其精度越容易达到较高标准。因此本项目的液压原理图采用简单液压回路,执行元器件为定量泵,因为减震阻尼器试验台有很多工况,所以采用主泵和辅泵并联的方式。当加载力较小时,采用单一的主泵供应即可,加载力大时打开辅泵补油,这样可以节省能源。控制元器件为比例溢流阀和比例伺服阀,比例溢流阀方便与电控系统连接,比例伺服阀可以提供较高的精度。执行元器件为双活塞杆液压缸,因为减震阻尼器试验台的工况,活塞杆来回行程要求速度相等,因此采用双活塞杆液压缸。辅助元器件采用过滤器、冷却器和蓄能器,分别用来提高精度、降低油温和补油稳压。

3)电控系统的设计与分析

工控机结合数据采集卡控制方式为流量计、位移传感器、光电开关等都可以连接到数据采集卡上。数据采集卡可以将读取到各类型的物理量转变为数字量,并将其传输给工控机进行处理。工控机是控制系统的核心部分,工控机根据运行控制程序进行计算、处理反馈信号和实现控制算法,再通过数据采集卡输出控制信号来控制执行机构。

4)减震阻尼器的设计与分析

本项目待测试的减震阻尼器主要是用于小汽车的悬架系统上,为了使车架与车身的振动迅速衰减,改善汽车行驶的平稳性和舒适性,采用了自复位式圆柱螺旋压缩弹簧和碟簧两种起到缓冲吸震作用的装置,碟簧可以在一定范围内快速吸收外部载荷带来的冲击。相对于同类产品来说,碟簧可获得较好的变性能,而将碟簧与其他减震方式混合使用有更为明显的缓冲效果,对瞬态变载冲击力起到快速响应特性。此外,由于考虑到汽车行驶安全问题,应限制减震阻尼器的减震行程,不应让减震阻尼器负荷过大,导致弹簧和碟簧压缩到极限以至于失效。

4. 结论

本项目在市面上一些原有试验台的基础上进行了改进,运用 LabVIEW 软件设计了主界面的各种控件和程序框图,使得参数显示更清晰,操作更方便,并且实现了每个测试项目的自动控制,只需设定初始参数,就能自动完成后续动作,并出具试验报告。通过电液伺服换向阀不仅能控制阀口开度来控制测试位移等参数,还能使测试频率达到最高 33 Hz。本项目针对试验台的移动台在工作过程中出现的共振、松动问题,在结构上进行了优化,通过拓宽移动台底座,加宽两侧肋板以加固支撑,并将原有的前后 2 根螺栓固定增加至前后各 4 根螺栓固定。通过有限元分析可以观察到应力应变明显减小,符合设计要求。

5. 创新点

(1)本项目试验台设计采用了电液阀控一体缸,包括电液伺服换向阀、液压缸和位置传感器等结构组成。既能调节阀口开度控制流量,又能实现位移检测与频率响应数据采集。

(2)软件编程调试测控程序来实现高频变载工况模拟,通过加载压力观测阻尼器的振动频率。

(3)本项目结合高性能可调式测控一体化系统来控制试验台的测试参数。

6. 设计图或作品实物图

减震阻尼器试验台加载台架如图 1 所示,减震阻尼器试验台总体结构实物如图 2 所示。

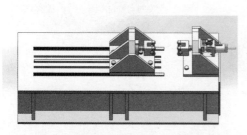

图 1　减震阻尼器试验台加载台架

图 2　减震阻尼器试验台实物

高校指导老师:强红宾、刘凯磊、康绍鹏、陈　宇;企业指导老师:谭立军、杨　力

汽车后视镜马达安装的自动上下料码垛机总体设计

程 瀚 陈鸿昌

Cheng Han Chen Hongchang

江苏大学 机械设计制造及其自动化

1. 设计目的

随着自动化技术的不断进步和发展,自动化生产线在零件制造及装配过程的应用越来越广泛。码垛机是自动化生产线布局中使用较多的自动上下料机器。码垛机是一种用于自动化物料搬运和摆放的机器人,可以代替人工完成烦琐的上料、送料、码垛及拆垛等工作,能够在短时间内完成大量的物料码放工作,提高企业的生产效率和质量,降低企业劳动力成本和工人的工作强度。

本课题来源于上海琳望智能科技有限公司的 MR5 自动化生产线改造项目。具体需求为将汽车后视镜装配线由原来 3 个工人装配升级为自动装配。该装配线共 5 个工序需要改进:①将原有上罩壳及轴杆人工上料改为半自动上料;②将原有马达人工上料改为自动上料;③将原有半总成、平衡板、轴罩壳人工上料改为自动上料;④将原有半总成皮带线传送机构改为板链式输送带;⑤将原有下罩壳及金属套管人工上料改为半自动上料。本课题主要负责 MR5 自动化生产线改造项目中的工序二,即将原有马达人工上料改为自动上料。该工序中的马达存放在泡沫盒中(图 1),每个泡沫盒中存放有 50 颗马达。现有马达安装作业过程中,通过人工上料的方式将泡沫盒中的马达安装至汽车后视镜的下罩壳(图 2)中。针对企业现有汽车后视镜马达安装过程中人工上下料效率低下等问题,本课题设计了一种可实现后视镜马达安装过程中自动上料、送料及出垛作业的码垛机,有效提高了企业的生产效率。

图 1 泡沫盒存放的马达

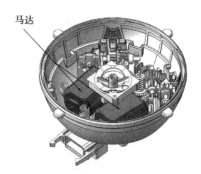

图 2 下罩壳中安装的马达

2. 基本原理及方法

本课题分析了汽车后视镜马达安装过程中的工序流程,通过对马达安装过程中的上下料工序进行了功能拆解,确定了码垛机的总体设计方案(图3)。基于总体设计方案,选取同步带传动为传送机构的关键部件,选取螺纹丝杆传动为上料机构的关键部件,选取单杆气缸驱动机构实现码垛机的送料及出垛作业,提高了码垛机自动上下料的速度和生产效率。

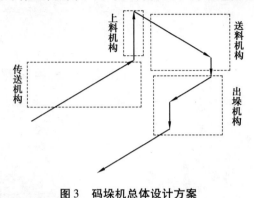

图3 码垛机总体设计方案

3. 主要设计过程或试验过程

(1)通过分析汽车后视镜马达安装过程的工序流程,对马达安装过程中的上料、送料及出垛工序进行时序分析和功能拆解。

(2)分析、讨论并确定码垛机最终总体设计方案,主要包含物料传送机构、上料机构、送料机构和出垛机构组成。

(3)利用 SolidWorks 完成码垛机上料工序中传送机构、上料机构、送料机构和出垛机构所有零件的结构设计、建模和装配。

(4)借助 SolidWorks 设计软件中的有限元分析模块,对码垛机关键零部件的力学性能进行数值仿真分析,对结构进行优化,最终验证零件结构设计的可靠性。

(5)基于码垛机机构设计的工程图纸,完成对样机的制作、装配和性能调试。

4. 结论

本课题针对企业现有汽车后视镜马达安装过程中人工上下料效率低下等问题,设计了一种可实现后视镜马达安装过程中自动上料、送料及出垛作业的码垛机,有效提高企业的生产效率。本课题工作基于码垛机总体设计方案,利用 SolidWorks 完成了码垛机上料工序中传送机构、上料机构、送料机构和出垛机构所有零件的结构设计、建模和装配。借助 SolidWorks 设计软件中的有限元分析模块,对码垛机关键零部件的力学性能进行了数值仿真分析,验证了零件结构设计的可靠性。基于码垛机机构设计的工程图纸,完成了样机的制作、装配和性能调试,满足了汽车后视镜马达安装过程自动上下料工序的功能需求。

5. 创新点

(1)利用现代设计分析方法,创新性设计了一种可实现后视镜马达安装过程中自动上料、送料及出垛作业的码垛机。

(2)完成了码垛机样机的制作、装配和性能调试,实现了汽车后视镜马达安装过程自动上下料工序的功能需求。

6. 设计图或作品实物图

本课题完成的码垛机作品展示如图 4 所示。

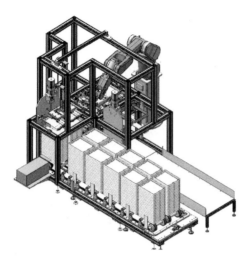

（a）3D 设计装配图

（b）实物样机（视角一）

（c）实物样机（视角二）

（d）实物样机（视角三）

图 4　码垛机作品展示

高校指导教师：杨志贤；企业指导教师：许为为

基于车载柔性热电器件的传感监测系统

杨 帅 李玉妹 田 松
Yang Shuai Li Yumei Tian Song
西南大学 车辆工程

1. 设计目的

节能环保与安全性是汽车工业发展永恒的主题。随着汽车保有量不断攀升,对石油等不可再生资源的消耗与日俱增,由此产生的能源危机、环境污染等问题严重威胁人类社会可持续发展。据统计数据,汽车燃料燃烧释放的总能量,仅有25%被用于驱动汽车行驶,接近70%的能量通过冷却系统和尾气排放以热能的形式损失。因此,开发尾气热电能量回收技术,可提高能源的利用率。本课题以绿色低碳、节能环保和汽车安全性为切入点,将汽车尾气热电发电技术应用于车载传感监测领域,开发自供能传感监测器件。该器件具有广泛应用前景,可用于车辆中封闭、狭窄空间中的关键零部件健康监测,对提高车辆运行安全性有重要意义。

2. 基本原理及方法

热电器件是实现热电能量转换功能的基本单元,其通常由金属电极将 P 型热电臂和 N 型热电臂连接构成。P 型热电臂为空穴半导体,其多数载流子为带正电的空穴;N 型热电臂为电子半导体,其多数载流子为带负电的电子。当热电臂的两端存在温差时,在温差的驱动下热电臂内部的载流子会由高温端向低温端定向移动,形成温差电动势。由于单个热电臂的温差电动势很低,通常需要将多个 P 型和 N 型热电臂依次交错连接以实现电串联、热并联,构成一个在一定温差下具有足够电能输出的热电模块,如图 1 所示。

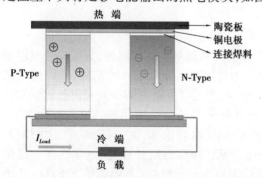
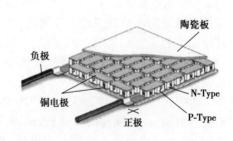

(a)热电发电器 π 形结构工作原理示意图　　(b)典型热电发电器拓扑结构示意图

图 1　热电发电器

柔性热电能量收集器(flexible thermoelectric energy generator,FTEG)主要制备工艺流程如图 2 所示。首先,将 P、N 颗粒定位摆放在涂有锡膏的柔性电路板(flexible printed circuit,FPC)上,如图 2(a)所示。利用回流焊接工艺将热电臂连接于铜电极上,如图 2(b)所示。然后,将顶部 FPC 定位贴合在热电臂顶部,加压进行第二次回流焊接,如图 2(c)所示。为防止水和灰尘等进入热电模组内部,利用 PDMS 对热电模组进行灌封。最后,将样品沿顶部 FPC 的空隙切割,得到具有柔性的热电发电器,如图2(d)所示。

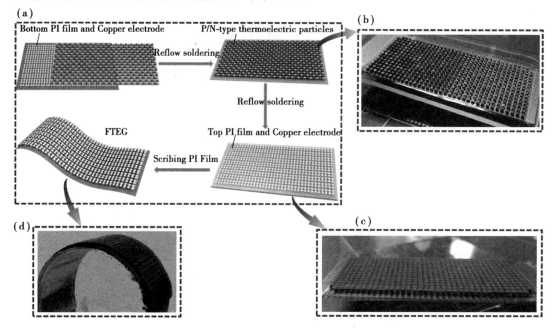

图2 FTEG主要制备工艺流程

通过上述制备工艺流程获得的热电发电器具有良好的柔性,制作工艺流程简单,具有规模化生产应用的前景。

3. 主要设计过程或试验过程

基于对目前热电材料热电转换性能、传统车用热电能量回收装置,以及商用温差发电片的广泛调研和大量应用试验研究。本课题另辟蹊径将热电发电技术应用于无线传感监测领域,开发基于汽车尾气微型柔性热电能量收集器的自供能无线传感监测系统。开展柔性热电能量收集器的结构设计、仿真分析、柔性热电能量收集器的制作、能量管理电路设计与制作、无线传感监测电路等研究工作。主要完成以下内容:

1)柔性热电能量收集器设计制作与仿真分析

对热电效应基本原理进行系统阐述,掌握热电发电器基本工作原理,为微型热电能量收集器的理论研究打下坚实基础。汽车排气系统作为热源是FTEG工作的基础,回顾排气系统的结构,根据传热学基本原理分析排气管热辐射模型,为后续发电器的研究提供基础。对比分析不同体系的热电材料,选用目前成本最低、热电性能最好的商用碲化铋热电颗粒作为基材,设计FTEG结构。利用SolidWorks-COMSOL Multiphysics联合仿真,建立FTEG的三维模型,进行应力流仿真分析、热电耦合仿真分析,从理论上分析FTEG的机械性能、电学性能。以仿真结果为基础,采用回流焊接工艺制作发电器;搭建温控平台,测试在不同温差下FTEG的电学性能,与仿真试验结果进行对比分析。

2)电路设计与制作

电路设计与制作包含DC-DC升压电路、能量管理电路、无线传感监测电路。热电发电器输出电能具有电压小、电流大、非稳态的特点。需要对FTEG输出电压进行DC-DC升压变换,将FTEG输出的波动电压变换为3.3 V/5 V的可用稳定电压输入PMIC,在PMIC的控制下为温湿度传感器模块和BLE无线传输模块供电,传感器实时采集汽车排气管温度数据并通过BLE无线传输到手机APP终端。因此需要对DC-DC升压电路、能量管理电路进行原理分析,利用 PCB 设计工具搭建电路原理图、设计 PCB 板,完成电路打样,采购电路元件并焊接电路板。最终对集成电路板进行电学性能测试,确保其功能正确性。

3)系统集成与测试

为了缩小器件尺寸,提高器件的工作稳定性,将热电能量收集器、能量管理与无线传感监测电路进行系统柔性集成。搭建可控温差试验测试平台,利用电学测量仪器对全柔性集成器件的各个模块进行电学性能测试,验证热电发电器为无线传感监测系统稳定供电的可行性,对整个热电自供电无线传感监测系统功能进行测试。

4.结论

提出了微型柔性化的热电发电器,并另辟蹊径将其应用于传感监测领域,开发基于汽车排气能量回收的车载自供能无线传感监测系统。该系统可应用于汽车底盘关键零部件、轨道交通关键轴承健康监测等领域,对提高车辆的安全性具有重要意义。

将热电发电器和能量管理、无线传感监测电路进行全柔性系统集成并测试系统各个组成模块的工作性能。热电发电器与电路部分均采用柔性聚酰亚胺薄膜作为基底,因此将二者集成在一起,形成一个完整的自供能无线传感监测系统。对系统各个组成部分进行测试可以得到,当发电器输出电压高于 30 mV 时,DC-DC 升压模块便能稳定升压,输出 3.3 V/5 V 的工作电压;无线传感监测模块在数据采集与传输时功耗电流约为 10 mA,休眠状态时功耗电流为 nA 级。采用热电发电器与能量管理电路的供电方式,与传统电池供电方式工作性能相当。经过系统集成后的器件体积尺寸小、功耗低、抗干扰能力强,具有较好的工作稳定性和可靠性。

5.创新点

创新性地将热电发电技术应用于车载传感监测领域,在器件结构设计上提出低应力电极排布方式,器件具有柔性化和微型化特点,适配性显著提高。同时,将仿真分析与试验测试相结合,较为全面地剖析器件工作性能。经过系统集成后的器件无需电池,体积尺寸小、功耗低,具有自供能免维护的特点,在车载传感监测领域有着广泛应用前景。

6.设计图或作品实物图

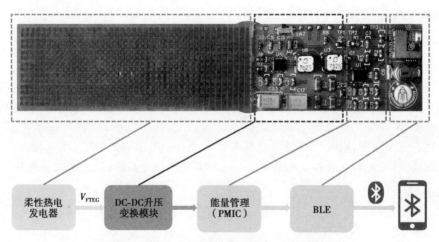

图 3 车载柔性热电器件的传感监测系统构成

高校指导教师:高鸣源;企业指导教师:龚伟家

汽车排气管数控抛光机设计

李喜民　　侯伟梁

Li Ximin　Hou Weiliang

合肥工业大学　机械工程

1. 设计目的

汽车排气系统是一种用于收集及排放发动机工作所产生的废气的系统,汽车排气系统的几个主要组成部分包括排气歧管、排气管、排气温度传感器、催化转换器、汽车消声器与排气尾管等。目前汽车排气系统中的排气尾管抛光以人工操作为主,劳动强度大,危险性高,并且目前没有专门化的数控机床可以满足这一应用需求。本课题以工程需求为背景,设计了一台汽车排气管端面数控抛光机和一台汽车排气管身筒数控抛光机,从而实现汽车排气管端面从粗到精抛光的自动化,降低工人劳动强度,提高生产安全性,改善抛光业生产环境。待加工排气尾管零件如图1所示,需要抛光的特征有排气尾管身筒面及端口面。

图 1　排气尾管示意图

2. 基本原理与方法

考虑常见工艺特性等,选择尼龙砂轮抛光排气管,通过运动控制压紧力既可以达到需要的材料去除量,又可以达到需要的表面粗糙度,尤其适合端口面抛光等非规则表面加工。

考虑砂轮运动干涉,需设计两台机床分别抛光排气尾管的端口面与身筒面。

考虑工件定位,磨削排气管身筒面时以排气尾管内圆柱面为定位及夹紧面,以内圆柱面限制五个自由度,又以排气管收口端端面限制一个自由度;在磨削端口面时,以排气尾管收口端外圆柱面为定位夹紧面,以收口端外圆柱面限制两个自由度,以收口端端面限制一个自由度。

考虑夹具设计,夹具为弹性定心夹具,可同时实现定心及夹紧,适合排气管使用。

3. 主要设计过程或试验过程

1)汽车排气管端面数控抛光机设计

该机床的核心结构是双砂轮倾斜气缸布局,端口面水平,双砂轮同时抛光端口面内外侧。该机床主要由四部分组成,气动夹具系统负责工件定位及自动夹紧,回转传动系统带动工件旋转、抛光运动系统负责进给,以及图2中未表示的外机罩。

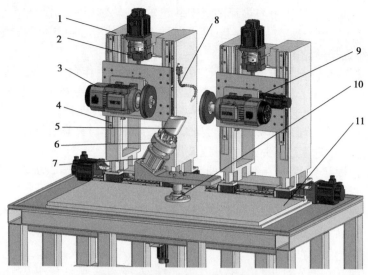

图2　端面数控抛光机床总体结构

1—立柱;2—滚珠丝杠模组;3—电机砂轮;4—线性导轨;5—工件;
6—夹具;7—气缸;8—切削液喷雾器;9—电动转台;10—回转传动系统;11—工作台

气动夹具系统部分,设计倾斜夹具布局,以弹性薄壁薄膜卡盘夹具及薄壁气缸夹紧工件并保证端口水平。

回转传动系统部分,以伺服电机、减速器及同步带的配置保证工件转速为定值。

抛光运动系统部分,采用双立柱设计,单侧立柱分别可完成横向进给、纵向进给、砂轮电机转台旋转运动及砂轮旋转主运动。

机床整体运动如下所述:立柱及电机移至工件附近位置,由夹具轴轴向切入抛光加工,支承座与夹具一同旋转,左右立柱依端口椭圆轨迹移动;一段时间后砂轮电机旋转一定角度,以保证充分磨削端口内外两侧面。

2)汽车排气管身筒数控抛光机设计

该机床主要由四部分组成:

床身底座负责工作台进给、工件夹紧、旋转及轴向摆动的进给部分,负责带动砂轮旋转的砂轮部分,以及外机罩部分。

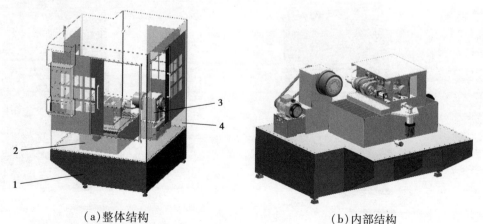

（a)整体结构　　　　　　　　　　　　（b)内部结构

1—床身底座;2—进给台;3—砂轮台;4—外机罩

图3　身筒数控抛光机床总体结构

砂轮台中砂轮通过砂轮压板与垫片固定于砂轮轴、砂轮轴以单列圆锥滚子轴承连接于砂轮轴座、砂轮轴座又固定于砂轮支撑台上;电机通过一带传动中心距调整器固定于砂轮支撑台上;以 V 带传动组连接砂轮电机与砂轮轴。

进给台通过滚珠丝杆与伺服电机带动工件工作台进给;工作台上安装有夹具轴组件与摆动组件。夹具轴左侧为定心夹具,夹具体受加压块挤压时径向尺寸增大而夹紧工件;夹具体通过法兰与夹具轴相连,电机通过同步带传动为夹具轴提供动力;夹具轴末端的弹簧通过贯穿夹具轴的夹具加压杆拉动加压块使夹具夹紧,当需要上下料时,与夹具轴同轴心的气缸动作,压缩弹簧使加压块放松,夹紧力消失,从而可以装卸工件。

工作台摆动机构部分,采用鱼眼接头偏心块曲柄摇杆设计,以偏心块为曲柄、鱼眼接头螺杆为摇杆,其优点是结构简单紧凑,可实现小范围往复运动。

机床工作流程分为四个部分,工件装夹完成后先快速进给,当工件靠近砂轮后砂轮电机、工件电机、摆动电机启动,进入抛光加工,完成后退出加工,返回起点。

3) 数控抛光机有限元分析

对端面数控抛光机的立柱进行有限元分析,得最大形变量为 4.43 μm,其结构刚度好,不会因作用力和力矩发生变形,满足设计要求;最大应力为 2.62 MPa,远小于 HT300 的屈服强度,其结构强度满足设计要求。立柱静力学分析,如图 4 所示。

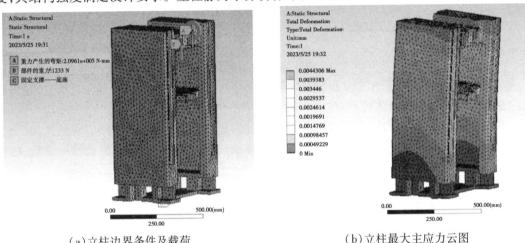

（a）立柱边界条件及载荷　　　　　　　　　（b）立柱最大主应力云图

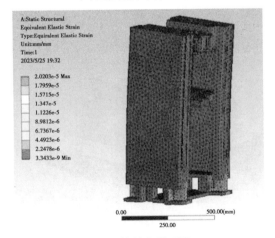

（c）立柱总变形云图　　　　　　　　　（d）立柱最大主应变云图

图 4　立柱静力学分析

进行模态分析,计算得交流电机引起的共振频率(f_m)的范围为 50～95 Hz,由表 1 可见,设计立柱的第一阶频率低于 95 Hz,此时可能会引发立柱的共振,故需要对立柱的结构进行优化。

表 1　立柱的各阶振动频率

阶次	1	2	3	4	5	6
频率/Hz	72.332	148.21	249.24	472.05	588.19	731.4

优化后,在立柱底座支撑脚处两侧各加一条斜筋板,并在立柱中又增加了一块灰铸铁板,如图 5 所示。

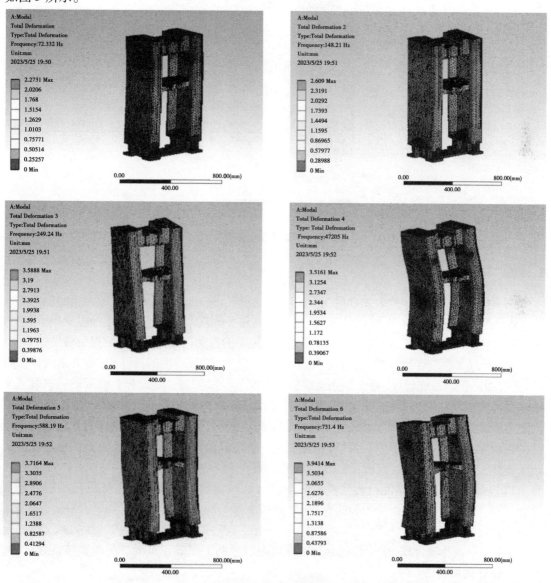

图 5　立柱六阶振型图

立柱优化后各阶振动频率,见表 2。本优化方案中,一阶振动频率比原设计结构提高了约 24 Hz,使其超过了三相变频电机的最大频率 95 Hz。因此,在磨削工作过程中立柱不会引起共振。立柱优化模型,如图6所示。

表2 立柱优化后各阶振动频率

阶次	1	2	3	4	5	6
频率/Hz	96.45	161.33	259.08	464.56	681.25	768.49

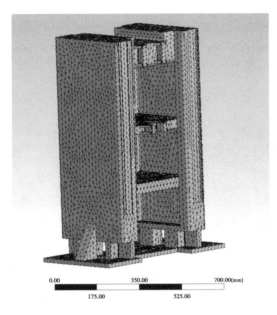

图6 立柱优化模型

4. 结论

汽车排气系统是用于排放发动机工作所产生的废气,并减少废气对环境的污染和噪声的系统。本课题设计了一台汽车排气管端面数控抛光机和一台汽车排气管身筒数控抛光机,可对汽车排气系统中的排气尾管进行抛光加工,完成抛光加工的自动化。课题主要取得的成果如下:

(1)对汽车排气管数控抛光机进行了整体结构设计,包括砂轮的设计、定心夹紧机构的设计、工件回转传动系统设计、复杂抛光运动机械系统设计及控制系统设计。以双砂轮斜臂气动夹具设计完成复杂端口面内外同时抛光,以偏心块摆动机构使身筒抛光轨迹复杂化,并采用气动定心夹紧机构,从而实现自动夹紧和快速上下料。同时,引入了线性导轨作为立柱和砂轮电机的进给导向模块,提高了传动效率,并通过了一系列的计算和校核证明了方案的可行性。完成了整体三维模型的搭建,完成了二维图纸的绘制。

(2)利用 ANSYS 有限元分析软件对汽车排气管端面数控抛光机的立柱进行了静力学分析,基于实际工况对结构施加力和约束,通过分析变形与应力云图,验证了结构的刚度和强度均符合设计要求。

(3)与企业开展合作,在学校与企业指导老师的帮助下完成了试验样机的整体搭建工作,验证了设计的可行性。

5. 创新点

(1)首次实现了国内汽车排气管的高效高质量数控抛光。

（2）实现了汽车排气管抛光的清洁化绿色化,避免金属粉尘、机械伤害等恶劣危险的劳动环境对抛光工人身体的伤害。

（3）设计了双砂轮斜臂气动夹具布局,可实现复杂端口面内外同时抛光加工;设计身筒的摆动抛光机构,使抛光轨迹复杂化,提高了抛光效果和均匀性等。

6. 设计图或作品实物图

课题设计的机床三维模型渲染如图 7 所示,机床实机照片如图 8 所示。

（a）正面

（b）侧面

（c）内部结构

（d）整体结构

图 7　汽车排气管数控抛光机三维渲染图

（a）侧面

（b）正面1   （c）正面2

图8　汽车排气管数控抛光机实物

高校指导教师：常伟杰、吴仲伟、丁　志；企业指导教师：高海泉

HS5099 汽轮机后气缸上半部分铸造工艺及工装设计

李辉韬　王旭辉　乔帅豪

Li Huitao　Wang Xuhui　Qiao Shuaihao

江苏大学　材料成型及控制工程

1.设计目的

汽轮机主要用于高炉煤气、干熄焦余热回收和饱和蒸汽发电。工作时,汽轮机转速可达 3 000 r/min,进汽参数从 3.43 MPa/435 ℃ 到 13.2 MPa/540 ℃,工况涉及高温高压,且要求在规定压力和温度下无泄漏。汽轮机后气缸上半部分作为汽轮机气缸的关键零部件之一,材质为 HT250,外形尺寸(长×宽×高)为 2 590 mm×1 865 mm×1 100 mm,重量为 2 980.71 kg,内部存在多个空腔,最大壁厚为 100 mm,最小壁厚为 40 mm,整个铸件壁厚较薄,是一个典型的结构复杂、应用环境极端的大型结构件。因此,设计与优化该零部件的铸造成形工艺及工装模具、提高铸件质量和工艺出品率对延长汽轮机的服役寿命具有重要的研究意义。

2.基本原理及方法

汽轮机后气缸上半部分全部内腔作为工作面,要求具有较高的精度且不能存在缩松、缩孔等质量缺陷,在采取手工两箱造型砂型铸造以降低生产成本的前提下,本课题将整个铸件置于上砂箱,底端大平面作为分型面,采用一箱一件的生产方式。

(1)砂芯彼此之间相互干涉影响的问题。1#砂芯构成箱体空腔;2#砂芯用于填充肋板和外壳间的不易起模部分。1#砂芯正常放置后,2#砂芯落芯需从1#砂芯侧面推进至靠齐为止,然后在2#砂芯推进路径上进行补砂密封处理。

(2)上砂箱砂芯的放置与定位问题。1#砂芯和2#砂芯较大直接置于分型面平面上定位;3#砂芯和4#砂芯各需要2个,且这4个砂芯均由两部分组成,便于侧孔起模,采取胶黏吊芯定位于上砂箱。

(3)铸件内部细长异形腔制造问题。采用镶铸的方式,将预埋管与铸件浇注成一体。为防止管壁太薄被铁水烧穿或者管壁太厚不利于与铁水的熔合,设计采用了外径为 $\Phi92$、壁厚为 6 mm 的钢管,且要求一体成形为气封冒气管。具体制作方法:管子与铁水接触位置采用车床加工出 2 mm 的细牙螺纹,再压制成最终的形状。要求管子使用前须经过抛丸处理,使用时内部灌满石英砂,管子两头用耐火泥封住,防止渗入铁水。浇注完成后,管内石英砂可以破碎并倒出。

(4)气封冒气管的安放与定位问题。在合箱后,管子从铸件顶部开窗处落入1#芯预留芯座位置,随后将管子顶部用5#芯盖板芯固定,用坭条密封好缝隙后,在5#芯上部补砂至与上砂箱刮砂面持平。

3. 主要设计过程或试验过程

1）铸造工艺设计与分析

通过对零件特点及工艺性的分析,明确了铸件尺寸、壁厚、质量和尺寸公差、加工余量、铸件收缩率、拔模斜度,以及最小铸出孔等工艺参数,完成浇注位置和分型面的设计。

2）砂芯的设计与分析

为确保零件的尺寸精度和产品质量,共设计了 7 个砂芯,解决了砂芯彼此之间相互干涉影响、上砂箱砂芯的放置与定位、铸件内部细长异形腔制造,以及气封冒气管的安放与定位四个关键问题。

3）铸造工艺数值模拟分析

设计了两套开放底注式浇注系统,利用 ProCAST 数值模拟对比分析了流动充型场、凝固场和缺陷分布场,通过合理设计冒口、冷铁等方法,解决疏松、缩孔等铸造缺陷问题。

4）铸造工艺装备设计与分析

依据上述工艺方案,设计了配套的上下砂箱及其造型用模板、7 个砂芯制备所需的上下芯盒,明确了下芯顺序和合箱工艺。

5）熔炼工艺设计

设计了灰铸铁的化学成分,提出建议的炉料配比及熔炼工艺流程,对铸件的浇注和清理给出明确要求,并完成了铸件热处理工艺的制定。

4. 结论

通过对汽轮机后气缸上半部分零件的用途、结构特点的分析,综合考虑工况环境和生产成本,本课题设计了一整套砂型铸造工艺方案。将整个铸件置于上砂箱,底端大平面作为分型面,重点解决了砂芯设计相关问题,设计小开放底注式浇注系统,借助 ProCAST 数值模拟分析了浇注和凝固过程,有效地解决了铸件凝固时可能出现的气孔和缩松等问题,铸件的出品率达 92.42%。工装设计了配套的造型模板、砂芯芯盒及砂箱,并提出了灰铸铁的熔炼工艺及其后续热处理方案,形成了工艺卡。本课题成套铸造工艺及工装设计方案在江阴德吉铸造有限公司进行了试生产,并取得了成功,生产的汽轮机后气缸上半部分铸件完全符合技术要求。

5. 创新点

(1)通过对零件用途、结构特点、工作环境及生产成本分析,设计了一套出品率大于92%的砂型铸造工艺方案。

(2)为保证铸件的品质,设计了树脂砂砂芯,解决了零件整体置于上砂箱出现的砂芯相互干涉、定位困难,以及铸件内部细长异形腔的制造问题。

(3)完成了铸造工艺装备的设计,并给出了灰铸铁熔炼工艺和热处理制度,成为完整的生产指导文件。

6. 设计图或作品实物图

铸型上、下模样如图 1 所示,汽轮机后气缸上半部分试生产铸件如图 2 所示。

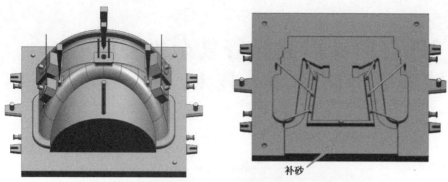

图1 上铸型模样(左)和下铸型模样(右,翻转了180°)

图2 试生产铸件示意图

高校指导教师:刘海霞、刘光磊;企业指导教师:董春雷

面向3D打印异形波导管复杂内腔的振动辅助磁力研磨加工技术

刘心宇　叶渐森　张龙飞

Liu Xinyu　Ye Jiansen　Zhang Longfei

南京航空航天大学　机械工程

1. 设计目的

随着科学技术的快速发展,以异形波导管为代表的3D打印零件已广泛用于雷达、通信等无线电行业。3D打印技术由于其存在的台阶效应、球化效应等问题,使得制作出的波导管内腔往往十分粗糙而达不到工业的使用要求,传统的光整加工方法由于工艺条件的限制无法完成对异形波导管内腔面的光整加工。与其他光整加工方式相比,磁力研磨加工技术具有极大的柔性和适应性,不受工件形状限制,能够用于加工各种复杂表面;加工后的表面质量好,磁性磨料的研磨过程属于微量切削,加工所产生的热量少并且不会改变零件的原有精度,以及能够改善工件表面的物理性能等优点。磁性磨粒刷均匀的压力能够改善工件表面应力分布状态,使得工件表面在研磨后获得均匀的残余压应力,改善工件材料的加工性能。因此,开展增材制造异形波导内腔的磁力研磨加工技术研究,对于解决航空航天领域异形结构件内腔高质量加工具有重要意义。

2. 基本原理及方法

为有效解决传统的磁力研磨会加工出弧面,同时内部凹槽尺寸较小,磨料很难获得较大的滑擦行程的问题,本课题自主研制了振动辅助磁力研磨装置,并且在装置中加入了振动辅助机构,引入振动辅助后磨料的滑擦轨迹更加密集,有利于表面质量的提高。查阅整理了有关波导和增材制造技术的相关背景、各类加工后处理技术,以及磁力研磨光整加工技术的发展历史与国内外研究现状。了解到增材制造技术的优势和缺陷,清楚加工后处理的重要性及磁力研磨加工技术的优势。随后,对磁力研磨加工装置的机械结构进行选型和设计。主要分为整体结构、磁场发生装置、传动机构及波导管夹具和可更换式样波导管设计四个模块。解释了装置部分材料的选择、结构设计,以及为了便于试验检测所做出的改进。其次,对磁力研磨加工装置的一些控制结构进行分析与设计。主要针对装置中的同步带导轨传动、磁场发生装置的旋转、可移动中间板的位置,以及振动辅助装置的控制四个部分。最后,总结主要工作与成果,并对磁力研磨加工技术的应用与未来发展进行展望。

随着机械、航空和医学等行业的快速发展,各行业对合金和陶瓷等材料的精密加工提出了更高的要求,提出运用高新技术磁粒研磨工艺,对各类零部件进行研磨加工。磁性磨粒是磁粒研磨的核心研磨工具,其性能的优劣对研磨质量有直接的影响。因此,制备具有优良性能的磁性磨粒显得十分重要。本课题选择黏结法制备磁性磨料,通过对磁性磨料制备过程的分析可知,影响磁性磨料性能的因素主要有铁基体与研磨相间的质量比、粒径比、环氧树脂 E-44 和聚酰胺树脂 650 的质量比、固化温度,每个因素选取四个不同的水平,利用正交试验进行试验分析,制备出性能优良的磁性磨粒。采用正交试验进行研究,以平均表面粗糙度降低率和材料去除量为指标对制备 AlSi10Mg 试样进行抛光,对试验结果进行直观分析,探究影响磁性磨料性能因素的主次,以及黏结法制备磁性磨料的最佳工艺参数。

在国内外研究现状的基础上,开展了增材制造 AlSi10Mg 异形波导管内腔的磁力研磨技术研究。首先,分析加工过程中振动辅助磁力研磨的加工原理,以单颗磁性磨料的受力为基点进行分析,研究磁力研磨的研磨压力和材料去除机理,获得影响表面质量的工艺参数。然后,使用钢珠进行初步工艺探索,基于单因素试验结果,实现工件试样的初加工。最后,采用团队自主研发的磁性磨料进行单因素试验和正交试验,获得精加工表面及最佳的工艺参数组合,并对波导管试样进行加工验证。

3. 主要设计过程或试验过程

针对 3D 打印技术制作出的波导管内腔往往十分粗糙而达不到工业的使用要求,传统的光整加工方法由于工艺条件的限制无法完成对异形波导管内腔面的光整加工。本课题开展了增材制造 AlSi10Mg 异形波导管内腔的振动辅助磁力研磨光整加工研究,采用振动辅助磁力研磨光整加工技术抛光波导管内腔,达到降低表面粗糙度,提高表面质量的目的。主要研究内容包括:

1) 振动辅助磁力研磨装置研制

结合波导管工件特点,根据振动辅助磁力研磨基本理论,对振动辅助磁力研磨装置和波导管专用夹具进行设计。对磁力研磨加工装置的机械结构进行选型和设计,主要分为整体结构、磁场发生装置、传动机构及波导管夹具和可更换式样波导管设计四个模块,解释了装置部分的材料选择、结构设计及为了便于试验检测所做出的改进。针对磁力研磨加工装置中的同步带导轨传动、磁场发生装置的旋转、可移动中间板的位置,以及振动辅助装置的控制四个部分进行分析与设计。

2) 黏结法制备磁性磨料

磁性磨料作为磁力研磨的加工工具,其性能直接决定抛光性能的好坏。目前主要有烧结法、雾化快凝法和机械混合法等,由于前两种方法制备成本高,生产周期长,形成商业化量产仍然处于初级阶段,机械混合法只是将粉体简单地混合,加工效率低下。黏结法磁性磨料具有工艺参数可控性较好,生产周期短,故采用黏结法制备磁性磨料。但是黏结法磁性磨料基体对磨料把持力较低、基体力学性能较差,因此本课题提出了一种新型的纳米颗粒增强树脂基复合磁性磨料。磁性磨料顾名思义导磁相和磨粒相是其关键因素,同时固化工艺及黏结剂配比显著影响与高分子有机物基体的力学性能,因此对铁基体与研磨相间的质量比、粒径比、环氧树脂 E-44 和聚酰胺树脂 650 的质量比、固化温度进行了正交试验,以平均表面粗糙度降低率和材料去除量为评价指标,获得黏结法制备磁性磨料的最佳方案。将制备的最优磨料对试件进行加工,试件的表面形貌及表面质量有了有效提高。

3) 振动辅助磁力研磨试验探究

首先,在振动辅助磁力研磨加工原理的基础上,以单颗磁性磨料的受力为基点进行分析,研究磁力研磨的研磨压力和材料去除机理,获得影响表面质量的工艺参数。然后,使用钢珠进行初步工艺探索,基于单因素试验结果,实现了工件试样的初加工。最后,采用团队自主研发的磁性磨料和研制的新型加工装置进行单因素试验和正交试验,获得精加工表面及最佳的工艺参数组合,并对波导管试样进行加工验证,结果表明波导管表面质量和表面形貌有了明显提高。

4.结论

(1)开发了专用工装设备——振动辅助磁力研磨装置,有效地解决了传统的磁力研磨会加工出弧面,同时内部凹槽尺寸较小,磨料很难获得较大的滑擦行程的问题,并且本课题装置中加入了振动辅助机构,引入振动辅助后磨料的滑擦轨迹更加密集,有利于表面质量的提高,因此本课题装置具有高效高质量的研磨效果。

(2)研发了高性能的磁性磨料,通过试验探究,获得黏结法制备磁性磨料的最佳方案,得到一种新型的纳米颗粒增强树脂基复合磁性磨料,有效地解决了黏结法磁性磨料基体对磨料把持力较低、基体力学性能较差的问题,提高了试件的表面质量和表面形貌。

(3)探索了振动辅助磁力研磨的最优工艺,采用团队自主研发的磁性磨料和研制的新型加工装置进行单因素试验和正交试验,获得精加工表面及最佳的工艺参数组合,并对波导管试样进行加工验证,复杂异形波导管表面质量和表面形貌有了明显提高。

5.创新点

(1)开发了专用工装设备——振动辅助磁力研磨装置。
(2)研发了一种新型的纳米颗粒增强树脂基复合磁性磨料。
(3)探索了振动辅助磁力研磨的最优工艺,复杂异形波导管表面质量和表面形貌有了明显提高。

6.设计图或作品实物图

振动辅助磁力研磨装置整体框架如图1所示,最优磁性磨料抛光后的实物效果如图2所示,采用团队自主研发的磁性磨料和研制的新型加工装置对异形波导管进行振动辅助磁力研磨的效果如图3和图4所示。

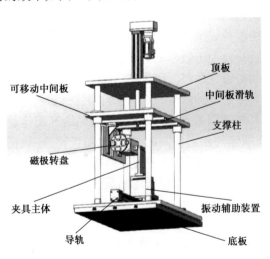

图1 振动辅助磁力研磨装置整体框架

图2 抛光后的实物效果

图 3　加工前后的球形波导管实物

图 4　加工前后的锯齿形波导管实物

高校指导教师：李志鹏、孙玉利、左敦稳；企业指导教师：孙淑琴

仿生扑翼飞行器设计与开发

季皇威　吴非晗　王晨月　戴晟豪

Ji Huangwei　Wu Feihan　Wang Chenyue　Dai Shenghao

上海交通大学　机械工程

1. 设计目的

仿生扑翼飞行器是一种新型的多功能概念飞行器,其设计灵感源自于自然界中鸟类和昆虫的飞行模式。自然选择的演变结果、仿生学和空气动力学的理论和试验结果均表明,在鸟类和昆虫的低雷诺数特征尺度下,扑翼飞行模式相比传统的固定翼和旋翼更具有优势。仿生扑翼飞行器的设计目的主要包括以下几个方面:①提升飞行器的飞行效率,生物的扑翼运动可产生较高升力且能量利用率较高,通过仿生设计使飞行器能更高效地飞行,提升续航能力。②提升飞行器的灵活性,通过模仿鸟类的飞行行为,实现悬停、俯冲等动作,以适应在复杂环境中的飞行工况。③提升飞行器的稳定性,模仿自然界中鸟类的仿生结构与在迎风飞行中的姿态调整策略,可提升飞行器在较恶劣环境下飞行的稳定性。

2. 基本原理及方法

本项目仿生的对象为鹰,所设计的飞行器主要包含扑动机构、机翼结构、尾翼结构三大部分,并通过一定的控制策略进行运动姿态与模式的调整。

针对扑动机构,本项目选用具有急回特性的空间曲柄摇杆机构来实现扑翼的定角度扑动,并通过尺度参数设计使得上下扑时间成一定比例。添加圆柱副+球圆柱副的被动扭转机构,在不添加额外驱动源的情况下,扑翼也能实现在扑动的过程中耦合扭转运动。

针对机翼结构,本项目选用了标准半椭圆形平板翼作为基本结构,并通过改进的条带理论开展机翼的理论建模,并在流体软件中对所设计的机翼参数进行了气动仿真分析,验证其气动性能。

在机体转向方面,设计了 V 型尾翼,复合运用平尾和垂尾两种结构控制俯仰、偏航功能,将机体的姿态调整转换为尾翼两片舵面的旋转。

在驱动方面,选择电机和舵机来驱动扑动机构和尾翼舵面的旋转,整机采用 3D 打印树脂材料作为主体,合理布局各元器件,使得机体重心位于合适位置。

在控制建模方面,采用牛顿-欧拉法对整体机身和翅膀建立动力学模型,结合姿态传感器的信息,通过 PID 反馈控制,使得飞行器具有一定的自主性调节能力,飞行过程中可以将扑动和滑翔两种模式结合,利用重力势能以提升续航能力。

3. 主要设计过程或试验过程

主要从扑动机构、机翼结构、翼型选型、尾翼设计、控制系统搭建、实物组装与测试等六个方面进行介绍。

1）扑动机构

将上扑角度、下扑角度及上下扑动时间的比例作为扑动机构需要实现的目标,运用 MATLAB 中用于求解非线性多元函数最小值的 fmincon() 函数对机构参数进行逆向优化求解。根据求解出的机构中各构件长度,在 ADAMS 软件中建立三维模型,添加铰接关系,进行运动学仿真分析,比对 MATLAB 程序结果,验证理论模型。借助 SolidWorks 软件中的 Simulation 模块进行应力分析和拓扑优化,实现轻量化设计。

2）机翼结构

为了确定想要的机翼参数,利用改进的条带理论建立了机翼的运动学模型和气动力模型,并基于 MATLAB 完成了气动力估算函数的代码实现。通过该函数结合飞行器期望的升力和推力选定机翼的基本几何参数和运动参数,在 SolidWorks 中基于几何参数建立机翼的模型,将模型导入 XFlow 软件中的虚拟仿真风洞,设置选定的运动参数,验证了所设计机翼的气动性能。

3）翼型选型

根据飞行器的工作状况和参数要求,在 Profili 翼型库中进行初步的选型和简单的气动性能分析,得到小范围的适合翼型,进而在 ANSYS Fluent 中进行流场内的翼型气动性能仿真分析,分别探讨了翼型厚度、迎角、来流速度对于翼型升阻力的影响,综合考虑了翼型的气动性能和飞行器重量要求,最终选定 NACA0012 翼型作为飞行器的设计翼型,攻角定为 10°。

4）尾翼设计

设计了带有两片旋转舵面的 V 形尾翼,旋转舵面的安定面对机体呈一定角度,使得尾翼在俯视方向和侧视方向都有一定的投影面积,从而综合了平尾和垂尾的功能,可以同时控制机体的俯仰姿态调整和偏航功能。当两片舵面同向旋转时,舵面对称,主要起到调节俯仰姿态的作用;当两片舵面反向旋转时,左右舵面产生一定的阻力差,从而产生偏航力矩,使得飞行器前进方向发生改变。

5）控制系统

结合扑翼飞行器的机械结构,对扑翼飞行器整机进行动力学分析,得到控制量与飞行姿态之间的关系,之后结合飞行器的动力学模型,采用 PID 控制方法实现扑翼飞行器飞行高度控制和转弯姿态控制,在 MATLAB-Simulink 中完成飞行器定高飞行和转弯的控制仿真,最终将控制系统集成到扑翼飞行器样机中,并设计开发具体的控制程序,通过手动遥控方式测试了控制效果。

6）实物组装与测试

扑翼飞行器主机架采用树脂 3D 打印技术制造;机翼翼面采用尼龙布切割而成,骨架采用实心碳纤维棒进行支撑和连接;尾翼主体结构的泡沫和塑料片利用激光切割得到,旋转舵面通过 Z 型头钢丝拉杆与舵机连接,并通过设计的树脂 3D 打印连接件与机身末端连接;控制硬件部分将传感器、接收机与控制板焊接在一起,和锂电池一同固定在飞行器头部,并通过信号线与尾翼舵机和固定在机身中部的电调相连。扑翼飞行器总长度为 100 cm,总宽度为 42 cm,总重量约为 500 g。使用铝合金框架搭建飞行测试平台进行了悬飞测试。

4. 结论

仿生扑翼飞行器设计与开发中完成的工作有调研、总体方案设计、结构设计、仿真分析、实物样机制造、控制系统搭建。得到了以下的结论:

（1）设计了扑动-扭转的耦合运动机构,扑动机构的最大上扑角度为41°,最大下扑角度为34°,下扑时间为上扑时间的1.2倍,扭转机构可以实现0~7.5°的攻角随动调节。机构的总长度为238 mm,质量约260 g。

（2）基于改进条带理论完成了机翼的理论建模,得到了理想机翼设计参数,其中展长为1.0 m,展弦比为6,扑动频率为6 Hz,来流速度为5 m/s,机身迎角为20°,上下扑动角度范围为[−33.75,41.25]°,基于此参数预估的理论平均升力为7.285 N,推力为0.973 N,大于整机的重量,满足要求。利用尼龙布和碳纤维棒制作机翼模块,总重量为42 g。

（3）通过仿真分析对比了翼型厚底、攻角和来流速度对于翼型气动性能的影响,确定了最佳翼型及最佳静态安装攻角,通过V型尾翼的设计实现了将机体的俯仰和转向功能转变为尾翼两片舵面的绕轴转动,通过SolidWorks建模和Fluent仿真分析对飞行器减阻外壳的外形进行了迭代优化。

（4）搭建了以Arduino Nano为核心控制器的硬件系统,通过采集姿态传感器的信息及遥控器接收机的信号,可以在手动、滑翔和半自主飞行三种控制模式下输出相应的控制信号,驱动无刷电机和尾翼舵机运动,进而控制飞行器的位置和姿态。

（5）基于各模块完成了整机组装,整机长度为100 cm,总宽度为42 cm,总重量约为500 g。

5.创新点

（1）使用带自锁功能的蜗轮蜗杆减速器,在实现滑翔飞行的过程中锁定机翼,使其姿态不受气动力影响而改变。

（2）设计了一种空间扑动-扭转的耦合运动机构,可以简单模拟鸟类飞行时翅膀的形态变化。

（3）从理论层面及软件仿真层面开展对平板型机翼的气动理论建模和仿真分析,建立了翅膀的升推力与机翼设计参数之间的模型,可用于指导机翼的参数化设计,相比于传统的经验设计更可靠。

（4）设计了V型尾翼,通过Z型头钢丝挂钩将旋转面与两个舵机相连,分别控制两片旋转面的旋转角度,从而将飞行器的俯仰和偏航运动转换为对两片尾翼旋转面的角度控制。

6.设计图或作品实物图

扑翼飞行器扑动结构、机翼结构、尾翼结构、整体装配,如图1—图4所示;产品实物及悬飞测试平台如图5所示。

图1　扑动机构

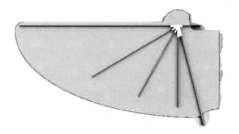

图2　机翼结构

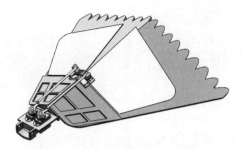

图 3　尾翼结构

图 4　飞行器整体装配

（a）产品实物

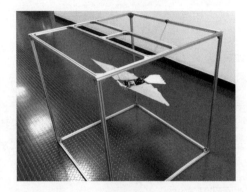

（b）测试平台

图 5　产品实物图与悬飞测试平台

高校指导教师：郭为忠；企业指导教师：夏　凯

水下桥墩检测机器人设计与开发

陈秀鹏[2] 霍志苗[1] 董鹏斌[2]

Chen Xiupeng Huo Zhimiao Dong Pengbin

[1]长安大学　机械设计制造及其自动化

[2]长安大学　机械电子工程

1. 设计目的

受水流冲刷、水下环境腐蚀、水生附着物及桥梁载荷的交互影响,水下桥墩极易产生混凝土剥落、桩基缩颈、蜂窝麻面等缺陷,严重影响桥梁安全,水下桥墩检测对于及时排查桥墩安全隐患、保障桥梁安全至关重要。鉴于当前蛙人摸排检测方式的不足和水下机器人高新技术的快速发展,本课题参照仿生学原理设计了一款水下桥墩检测机器人,并对其机器视觉检测涉及到的水下图像增强方法和桥墩表面缺陷检测方法展开了研究。

2. 基本原理及方法

以海月水母为仿生对象,通过对其结构和运动特性的分析,探究了其运动规律,并简化了其结构和动力学特征,构建了基本的物理结构模型。结合水下桥墩检测的应用场景,分析总结现有水下机器人的驱动方式,确定了水下桥墩检测机器人的总体方案,对机器人头部、箱体、机械臂、重心调节机构进行结构设计,用三维制图软件建立起三维结构模型。

通过在 ABAQUS 中对机器人的关键零部件进行静力学分析,确定了关键零部件的应力及应变特征,得出了机器人结构刚度和强度满足使用要求的结论,从而判断机器人结构设计的合理性。使用 Daniel 水母动力学模型,分析水母的运动力学特性。在研究机器人在水中的平衡和阻力的基础上,提出降低阻力的解决方案,以提高机器人的运动效率和稳定性。在 ADAMS 中进行运动学仿真,验证驱动方式的可行性。

采用 STM32F103ZET6 作为控制芯片,使用 MPU6050 姿态传感器和 YW01 液位传感器作为检测元件,选用舵机和直流电机作为动力元件。动力元件都采用 PWM 信号作为控制信号,传感器采用 I2C 总线传输数据。PWM 信号本质是一种高低电平,是由 STM32 的定时器外设进行输出比较产生的,并通过 GPIO 输入输出外设的引脚输出为控制信号的。I2C 总线有串行时钟线 SCL 和串行数据线 SDA 这两条信号线,运用 SCL 和 SDA 的高低电平和上升下降沿组合,形成空闲状态和传输状态,其中传输状态由开始信号、终止信号和应答信号组成。通过软件产生高低电平和上升下降沿变化,即可模拟 I2C 总线传输数据。

建立水下图像增强和桥墩表面缺陷检测方法。对于水下桥墩图像,提出了一种增强方法来消除色偏、噪声和光照不均匀等问题,使图像更符合人类视觉感官。针对传统的水下桥墩表面缺陷检测低效性,采用了一种基于深度学习的自动化处理和数据分析的方法,以显著提高检测效率和准确性,并减少人为因素对检测系统的干扰。

3. 主要设计过程或试验过程

1）结构设计与分析

研究仿生水母机器人的运动机理,结合水下桥墩检测的应用场景,分析总结现有水下机器人的驱动方式确定了该水下桥墩检测机器人的总体方案,对机器人头部、箱体、机械臂、重心调节机构进行结构设计,用三维制图软件建立起三维结构模型。

通过在 ABAQUS 中对机器人的关键零部件进行静力学分析,得出结论机器人能正常工作,并满足使用要求,从而判断机器人结构设计的合理性。使用 Daniel 水母动力学模型,分析水母的运动力学特性。在研究机器人在水中的平衡和阻力的基础上,提出降低或消除阻力的解决方案,以提高机器人的运动效率和稳定性。在 ADAMS 中对机器人的机械臂进行运动学仿真,结合约束和运动副,构建动力学方程,对虚拟样机进行精准的运动学分析,从位移、速度、加速度和机械臂运动轨迹曲线观察虚拟机器人的运动状态。

2)控制系统设计与分析

本课题介绍了水下机器人的控制方法,机器人 4 条机械臂采用 4 个舵机分别驱动,具体的控制步骤如下:

步骤1 运用 RCC 内部开启时钟,将需要用到的 TIM 外设和 GPIO 外设打开;

步骤2 完成时钟源选择,配置时基单元;

步骤3 配置输出比较单元,调用标准库函数并运用结构体进行统一的配置;

步骤4 参考引脚定义表配置 GPIO。将输出 PWM 信号对应的 GPIO 口初始化为复用推挽输出;

步骤5 运行控制,启动计数器,输出 PWM 信号。

机器人的水泵通过直流电机驱动,通过 PWM 信号控制,控制步骤与舵机的控制步骤类似,只不过多了控制直流电机的速度与方向的函数。机器人的摄像头旋转平台的运动采用一个可转向角度为 180°的舵机进行控制。水下机器人运用 MPU6050 陀螺仪实现机器人姿态平衡控制,运用程序实现 MPU6050 控制的基本步骤如下:

步骤1 建立 I2C 通信层模块,在通信层中写入 I2C 底层的 GPIO 初始化和 6 个基本时序基本单元;

步骤2 建立 MPU6050 的模块,在该模块内基于 I2C 通信模块,来实现指定地址读、指定地址写,再实现寄存器对芯片进行配置、读寄存器得到传感器数据;

步骤3 在主函数中调用 MPU6050 模块,读取出 X 轴和 Y 轴加速度计的值,根据寄存器的值来确定 PWM 信号的占空比。

3)水下图像的处理与分析

本课题提出一种基于 U-Net 网络的改进水下图像增强算法,进而采用基于 YOLOv5 网络的目标检测算法对水下桥墩表面损伤进行检测。图像增强算法主要包括预处理、U-Net 网络训练、图像增强三个步骤。首先,采用并行卷积块结构进一步提高 U-Net 网络的性能和效率,该结构通过并行化卷积操作,充分利用现代硬件的并行计算能力,加速卷积运算,减少网络训练和预测的时间。然后阐述了水下桥墩损伤检测数据集的制作过程,使用 labelme 训练集与验证集制作标签,为后续的网络训练和检测提供图像数据。最后对该算法的模型结构、损失函数等进行了详细的阐述,并进行了试验分析,证明了该算法在水下桥墩损伤检测方面具有较好的效果。

4)检测机器人水下试验

将组装完成的样机放在工作平台上,分别测试机械臂、旋转平台及水泵的运行情况。调试完成后,将样机放到一个直径和深度均为 1 m 的水池中进行水下试验。试验结果表明,样机在下潜、上升运动过程中有良好的表现。

4. 结论

（1）介绍了水下桥墩检测机器人的设计方案。首先介绍了机器人的运动原理和力学模型，计算了机器人的重心和浮心并证明了该设计方案的可行性。然后分析了机器人在水下运动时阻力对推进的影响，并提出了三种减小阻力的方法。接着，利用 ADAMS 进行运动学仿真，并分析比较了三种求解器算法的优劣，选择了精确度更高的 SI1 积分格式作为求解器算法。最后，通过仿真分析了机器人的运动机理，并模拟了机器人在水下直线巡航运动，验证了该设计方案的合理性。

（2）设计实现了 4 个舵机的同步运动控制与区别运动控制，实现了直流电机水泵的抽水与排水，实现了摄像头旋转平台的控制，实现了机器人姿态倾斜角度的读取，实现了水仓水位高度的读取，实现了以姿态角度作为反馈量反馈控制机械臂舵机的运动进而实现机器人姿态平衡的调节，实现了以水仓液位高度作为反馈量控制水泵的抽水和排水。

（3）采用两种针对水下桥墩图像的深度学习网络——改进 U-Net 和 YOLOv5，并对它们的实现方法、网络结构、训练和预测环境等进行了详细介绍。运用改进的 U-Net 能够显著提高检测的准确度和可靠性，减少表面损伤检测误差和漏检情况的发生。而采用 YOLOv5 网络进行表面损伤检测和分析，能够实现对水下桥墩表面的各种损伤类型的自动检测，并取得了较高的检测准确率，在不同类型的损伤中都具有优秀的性能和优势。

5. 创新点

（1）通过对水母的结构和动力学特性的研究，选择舵机驱动作为推进装置，设计 4 条机械臂通过舵机提供动力，模拟钟状体的收缩和舒张运动，以此推动机器人前进。所制作的检测机器人具有噪声小、转弯半径小、推进效率高等优点。

（2）通过 MPU6050 陀螺仪控制机械臂的转动角度，进而实现机器人的姿态平衡调节。通过液位传感器控制水泵的抽水与排水，进而控制机器人的整体密度，辅助上升、下沉和悬浮。

（3）针对水下图像颜色失真、模糊和低对比度问题，提出了一种基于 U-Net 网络的水下图像增强方法，使水下图像更符合人类的视觉感官，并且有利于桥墩表面缺陷的准确检测。

6. 设计图或作品实物图

水下桥墩检测机器人结构及实物如图 1、图 2 所示。

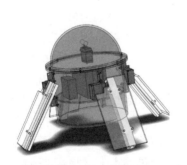 

图 1　水下桥墩检测机器人整体结构（不含皮膜）　　图 2　水下桥墩检测机器人实物

高校指导教师：夏晓华；企业指导教师：邹易清

便携式精密数字直线度测量平尺(数字平尺)

曾建豪　杨　帅　田　松　李玉妹

Zeng Jianhao　Yang Shuai　Tian Song　Li Yumei

西南大学　车辆工程

1. 设计目的

直线度测量被广泛应用于导轨直线度、钢轨直线度测量等工业领域。现常用的导轨直线度测量手段,采用激光位移传感器的测量系统结构复杂且成本较高,采用电容式位移传感器的测量系统抗干扰能力较弱。现常用的钢轨直线度测量手段,直尺+塞尺的方法耗费人力且精度较差,轴箱加速度积分法价格昂贵,成本较高。考虑到传统弦测法有无法避免的缺陷,本项目企业导师王源于2019年提出一种新的算法模型——一弦N点弦测法,该算法需要精密传感器测量出弦测值。故本课题基于一弦N点弦测法,使用电涡流位移传感器,设计了一款新型便携的直线度测量仪。最终设备总长为330 mm,总重量小于3 kg,测量精度可达0.01 mm。

2. 基本原理及方法

1)理论基础:一弦N点弦测法

一般国内外学者涉及的"弦测法"均指代的是单点弦测法,如中点弦测法或三点偏弦法。对于传统的逆滤波弦测法,不能得到真实的导轨表面几何波形,只能得到多个波长范围的测量结果,多个波长范围结果相加得到的最终结果与真实波形相比,存在波长盲点。2019年王源在基于线性系统研究中点弦测法的基础上,创新性提出了一弦N点弦测法。不同于逆滤波弦测法,一弦N点弦测法是可适用于多个弦测值曲线,可以一次性计算得到真实的钢轨短波几何波形,而逆滤波弦测法仅适用于单个弦测值曲线,每次仅能计算得到一个特定波长范围的钢轨短波不平顺。本课题将建立一弦N点弦测法的测量模型、检测模型、反演模型,以此为本课题设计的理论基础。

2)精密测量:电涡流位移传感器

一弦N点弦测法的实现,需要位移传感器测量出弦测值。传感器的类型决定了获得测量数据的准确性和精度,采用非接触式传感器与被测目标没有直接的物理连接,测量的整个过程基本无磨损,可靠性较高且寿命很长,因而获得了越来越广泛的应用。电容式传感器易受环境影响,激光式传感器结构复杂且成本较高,超声波式传感器易受温度影响。考虑到精密测量的抗干扰性、价格因素等,本课题选用电涡流位移传感器作为精密测量部件。其通过非接触方式获取被测物体距离,要求被测物体必须具有导电性。当电涡流位移传感器探头与被测物体距离为 d 时,传感器在被测物体内部激发产生电涡流,并输出电压信号(U)。

3. 主要设计过程或试验过程

1）搭建算法模型

基于线性系统研究中点弦测法的基础上，重新建立以弦线为基准的多测点检测方法对应的数学模型，从一个全新的角度出发，重新认识弦测法，并基于线性系统模型，提出一种适用于所有以弦线为基准的多测点测量系统的统一方法：一弦 N 点弦测法。基本思路是通过电涡流位移传感器测量弦测值（矢度偏差值），利用弦测值反演轨道几何形位。

2）设计机械结构

为合理配置传感器、数据采集器、电池、滚轮等部件，设计相应的机械结构。直线度测量仪顶面和侧面各安装 4 个电涡流位移传感器，实现钢轨表面和侧面的直线度测量。

3）开发软件平台

基于 JAVA 语言进行编程开发直线度测量仪的软件平台，软件可实现实时测量波形、重复对比 2 次波形、分析评估局部波形、显示原始波形等功能。

4）进行测试对比

将设计的直线度测量仪与传统 1 m 电子平尺进行测试对比，可发现基于一弦 N 点弦测法的直线度测量仪，测量效率高，测量 1 次（3 m 以上）所需时间在 5 s 以内，不需要多次测量后的数据拼接，可即刻得到 3 m 焊缝测量波形。短时间内可以多次重复测量，多次重复测量数据的对比可以用于剔除由于操作失误导致测量结果的异常，提高测量结果的可靠性。

4. 结论

（1）设计了一款新型便携的直线度测量仪，可应用于测量钢轨焊接、绝缘接头。该直线度测量仪使用的测量原理与进口产品不同，其形态与传统进口电子平直尺也有极大差异。本课题设计的直线度测量仪，使用独创的一弦 N 点弦测法算法模型，采用电涡流位移传感器，测量精度为 0.01 mm，设备总长为 330 mm，总重量小于 3 kg，定位是便携式设备，上位机采用 Android 智能手机，通过 Wi-Fi 实现数据传输。

（2）将本课题设计的直线度测量仪与传统 1 m 电子平尺进行测试对比，可发现本课题设计的直线度测量仪设备更轻便、测量效率更高、环境适应性更强、重复性更好。

（3）本课题设计的直线度测量仪现已投入市场，产品名称为 MCRuler 电子平直尺。基于一弦 N 点弦测法设计的 MCRuler 电子平直尺能够极大满足地铁或高铁养护人员对于钢轨焊缝接头的测量需要，比起以往直尺+塞尺的方法，其实现了 0.01 mm 精度的直线度测量，使用 Wi-Fi 传输数据，操作简单；比起角速度积分的检测车，其设备轻便，易于携带，可一人操作，极大节省了人力。

（4）随着我国高铁和地铁线路运营里程数快速增长，轨道养护已经成为行业内共同难题，钢轨直线度测量市场前景广阔。目前，MCRuler 电子平直尺已经在全国十余城市得到应用，主要客户为地铁公司、各地方铁路局，以及高等院校的铁路研究院。今后，将进一步缩小产品尺寸，改进算法，有望将本产品应用于机床导轨的直线度测量，推动机械制造行业的发展。

5. 创新点

（1）算法优势。本课题采用独创的一弦 N 点弦测法，解决了传统弦测法的致命缺陷，打破了钢轨精密测量技术受国外垄断的局面。

（2）抗干扰能力强。不同于传统 1 m 电子平尺选用电容式位移传感器,本课题使用电涡流位移传感器,体现出较强的抗干扰性能。

（3）便携且方便使用。传统的电子平尺长度约为 1 m,在本课题中基于算法优势,通过紧凑机械结构、合理布置传感器,设计出的直线度测量仪长度仅为 330 mm,重量小于 3 kg,可由单人完成测量工作。MCRuler 电子平直尺的上位机采用 Android 智能手机,通过 Wi-Fi 实现数据传输,无须连接网线,极大方便工人使用。

6. 设计图或作品实物图

设备渲染图如图 1 所示,硬件总装图如图 2 所示,软件相关功能如图 3 所示。

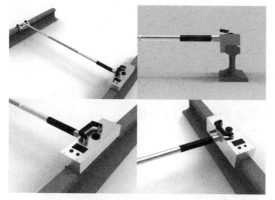

图 1　直线度测量仪(MCRuler 电子平直尺)设备渲染图　　图 2　直线度测量仪(MCRuler 电子平直尺)硬件总装图

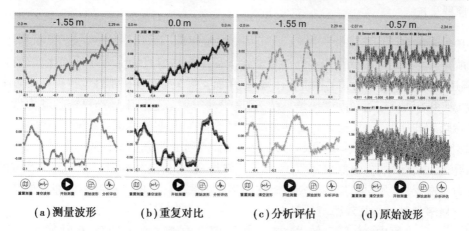

（a）测量波形　　　（b）重复对比　　　（c）分析评估　　　（d）原始波形

图 3　直线度测量仪(MCRuler 电子平直尺)软件相关功能截图

高校指导教师:孙玉华、高鸣源;企业指导教师:王　源

高温重载运动机构多功能运动副摩擦学测试系统

刘松恺　黄楷熠　何志轩

Liu Songkai　Huang Kaiyi　He Zhixuan

上海交通大学　机械工程

1. 设计目的

航空发动机运动调节机构中凸轮副、旋转副、球窝副长期服役于重载和高温工况,容易发生磨损,影响喷管作动筒的收放效率。目前已公开的针对间隙铰接副摩擦磨损的研究更多地集中在表面机理和摩擦属性方面,缺少模拟工况下摩擦磨损行为的研究,而工况环境对系统的摩擦学行为有着重要影响。因此,在模拟工况下进行摩擦磨损试验,更能表征实际机构的磨损状态;研究极端工作环境下摩擦副的摩擦磨损机制,拓宽和丰富摩擦磨损研究的学术内涵,为预测实际工况环境中的摩擦磨损行为提供更可靠的依据;攻克恶劣工况下摩擦磨损失效预测的难点,对重大装备寿命预测和提高装备可靠性具有重大意义。

2. 基本原理及方法

本项目通过设计与开发高温重载运动机构多功能运动副摩擦学测试系统,从试验和仿真两方面对航空发动机运动调节机构和高温重载运动副摩擦试验机的受力与结构强度进行分析验证,明确运动副摩擦学-动力学的耦合作用规律,从而支撑关键运动副维修维护和易损部件更换。

(1)解构运动机构运动副摩擦学系统,开展发动机调节过程中运动机构的动力学仿真,研究重载运动副的加载方式、相对运动形式及温度环境特征,明确测试系统的设计指标。

(2)设计开发高温重载运动机构多功能运动副摩擦试验机,基于模块化设计复现运动副实际工况,开展刚柔耦合动力学、静力学和传热学仿真,分析高温重载工况下测试系统内应力、温度分布实现校核,开发配套的集成测控软件实现重载工况下的高精度运动加载控制,开发基于分区预测多点测温与高效稳定控温方法。

(3)测试验证摩擦学测试系统性能技术指标,测试研制系统的加载、运动复现和温度保持性能指标,并开展运动副样件级装机测试,验证所研制系统的试验能力。

3. 主要设计过程或试验过程

1)重载运动加载模块设计

由于所开发的摩擦试验机测试对象有三角拉杆和凸轮-滚子两类试样件,运动加载模块的设计需在保证最大化共用组件的情况下实现针对两类试样件的不同运动加载形式。所设计运动加载模块主体包括竖直电动缸、水平电动缸、旋转电机,其中竖直电动缸和水平电动缸通过导轨连接至试验机框架,水平电动缸配有等质量配重块以抵消自重,提高响应性能。竖直电动缸和水平电动缸组合实现平面内两自由度加载运动,旋转电机实现轴向旋转。

2）高温控温模块设计

摩擦学测试系统的控温模块具有控制腔外环境冷却稳定和腔内环境加热均匀的两大任务。控温箱外散热结构由布置于 3 个力传感器前端的冷却水套和用于驱动水套内液体流动的水箱和散热执行器组成。控温箱内加热结构包含控温箱壳体结构外层 GH2747 高温合金、内层陶瓷纤维复合绝热板组成的隔热保温层，以及分布于两壁的加热棒。控温箱正面设计有耐高温玻璃便于观测腔内状态，背面设计有可打开柜门。腔内布置有 3 个测温热电偶实现多点测温与温度预测。

3）可更换夹具模块设计

摩擦试验机测试对象有三角拉杆和凸轮-滚子两类试样件，考虑最大化通用部件理念，夹具模块共用上端夹具并分别设计下端夹具。夹具底座同时安装两类上夹具，凸轮试验件夹具采用三轴向支撑设计，适合于大载荷下的装夹；三角拉杆试验件夹具采用两轴向支撑设计，适合于相对低载荷下的装夹。夹具底座通过运动加载模块旋转电机驱动，旋转 90° 即可切换适用于不同试验件的装夹模式。夹具采用可更换式设计，与夹具底座采用高温螺栓与夹具底座连接，在出现明显磨损的情况，影响连接精度的情况下进行更换，同时夹具连接表面可以加工特殊涂层提高耐磨性能和降低摩擦阻力。下夹具模块分别与水平电动缸和竖直电动缸连接。

4）承力优化框架设计

整体框架设计分为上框架与下框架两部分，上框架用于连接运动加载模块、控温模块，作为主要承力组件，下框架用于支撑试验机组件，用于提供特定高度，便于试验操作，承受试验机重力。上框架主体由 4 根长柱承受水平方向电动缸加载，3 块竖板用于支撑长柱，提高整体刚度。下框架主体由型材组成，底部安装有可调高度避震脚，用于高度调整保证试验机整体水平。型材侧部安装配重块滑槽用于限位配重块运动。

5）高精度测控模块与电气系统设计

摩擦学试验机的测控模块与电气系统由运动加载控制子模块、温度控制子模块、上位机及集成测控软件组成，由上位机运行测控软件控制 2 个子模块。测控软件基于 LabVIEW 进行开发，包含试验控制程序与系统调试程序，试验控制程序负责试验过程控制与人机交互，系统调控程序负责温度控制、运动加载控制、数据采集存储等功能的实现。运动加载控制方面，上位机读取力传感器反馈的压力数据和编码器反馈的输出位移数据对电动缸进行主动柔顺控制，以保证摩擦副载荷稳定的同时精确控制试验件运动；同时，针对重载下的试验机结构形变，基于有限元计算结果使用前馈控制修正形变导致的运动误差。温度控制方面，基于传热学有限元分析确定分段控温策略，使用温度控制器对电热棒进行自整定 PID 控制。

4. 结论

基于合作企业对发动机极端工况下运动副摩擦学性能评价需求，攻关航空发动机运动调节机构运动副极端工况摩擦磨损测试关键技术的项目背景，本项目研制了样件级高温重载运动副摩擦试验机。主要研究工作和结论归纳如下：

（1）完成了运动机构运动副摩擦学与动力学研究。对运动机构摩擦学系统进行了解构，针对发动机调节机构的运动特性开展了运动机构的动力学仿真，研究了重载运动副的加载方式、相对运动形式以及温度环境特征，明确了测试系统的设计指标。

（2）设计并研制了高温重载运动副摩擦试验机。开展了刚柔耦合动力学、静力学和热力学仿真，分析了高温重载工况下测试系统内应力、运动-载荷关系与温度分布规律；基于模块化设计,复现了运动副的运动、载荷与温度实际工况;通过刚柔耦合动力学、静力学和热力学仿真实现了功能性、可靠性与安全性校核。

(3)测试并验证了摩擦学测试系统性能技术指标。测试了研制系统的加载、运动复现和温度保持性能指标,开展了运动副样件级摩擦磨损测试,验证了所研制系统的试验能力。

5.创新点

(1)考虑间隙影响,进行调节机构动力学分析,明确重载运动机构的运动特性。

(2)使用主动柔顺控制与基于有限元分析的前馈补偿,实现高精度运动加载控制。

(3)基于多点测温对控温模块温度场进行分区预测,实现高效稳定控温。

6.设计图或作品实物图

本项目的研究路线如图1所示,实物作品如图2所示。

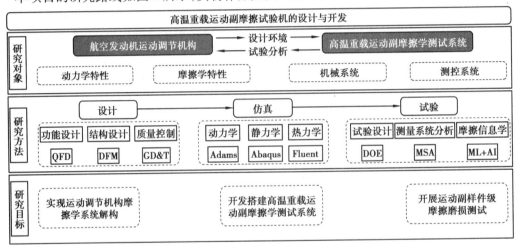

图1 高温重载运动机构多功能运动副摩擦学测试系统研究路线

图2 高温重载运动机构多功能运动副摩擦试验机实物

高校指导教师:张执南;企业指导教师:葛长闯

附 录

FULU

附录一　大赛章程

中国机械行业卓越工程师教育联盟
"恒星杯"毕业设计大赛章程
（征求意见稿）

为贯彻落实《国家中长期教育改革和发展规划纲要(2010—2020)》、《国家中长期人才发展规划纲要(2010—2020)》、"卓越工程师教育培养计划"以及"中国制造 2025"的有关精神，扎实推进机械行业卓越工程型人才培养计划的实施，在教育部的指导下，中国机械行业卓越工程师教育联盟(下文简称"联盟")举办中国机械行业卓越工程师教育联盟"恒星杯"毕业设计大赛(下文简称"大赛")。大赛章程如下：

第一章　总则

第一条　中国机械行业卓越工程师教育联盟"恒星杯"毕业设计大赛是教育部高等学校机械类专业教学指导委员会和中国机械行业卓越工程师教育联盟共同主办，具有导向性、示范性的机械类专业毕业设计竞赛活动，每年举办一届。

第二条　中国机械行业卓越工程师教育联盟"恒星杯"毕业设计大赛的目的为，引导中国高校机械相关专业在毕业设计选题和指导过程中，结合机械行业企业工程实际需求，关注机械行业发展现状与趋势，培养大学生的解决工程问题的能力，包括知识综合运用能力、掌握现代工具的能力以及创新意识，形成工程实践能力引导式的中国高校机械类专业本科毕业设计示范。

第三条　大赛的基本方式为：高等学校在校机械及相关专业学生申报定向题目和开放题目并完成毕业设计参赛；聘请专家评定出具有较高学术水平、实际应用价值和创新意义的优秀作品，给予奖励；选出优秀毕业设计作为案例集在联盟网站分享，供中国高校机械类专业本科毕业设计参考。

第二章　组织机构及其职责

第四条　大赛设立组织委员会。大赛组织委员会由主办单位、联盟成员、赞助企业的相关人员组成，负责指导大赛活动，并对大赛执行委员会和大赛评审委员会提交的问题进行协调和裁决。

大赛组织委员会的主要职责如下：

1. 审议、修改大赛章程；
2. 筹集大赛经费，包括组织、评审、奖励等经费；
3. 投票表决大赛承办单位；
4. 提名并审议大赛评审委员会名单；
5. 大赛的宣传和成果推广；

6. 议决大赛其他事项。

第五条 大赛设立评审委员会。大赛评审委员会由主办单位聘请机械学科具有丰富教学和工程经验的专家组成。大赛评审委员会经大赛组织委员会提名、审议,并经大赛主办单位批准成立,在本章程和评审规则下,独立开展评审工作。

大赛评审委员会职责如下:

1. 在本章程基础上制定题目审查、作品初审、大赛决赛的评审实施细则;
2. 推选作品函评专家和决赛评委。
3. 察看大赛作品及其演示,对参赛人进行问辩;
4. 对参赛作品打分并确定参赛作品获奖等次;
5. 每届大赛从题目初审开始至终审决赛结束期间接受联盟单位和学生、评委、社会各界人士对参赛作品资格的质疑投诉;
6. 如出现被质疑投诉参赛项目,召开会议对被质疑投诉的参赛项目的作者、指导教师及所属学校进行质询;投票表决被质疑投诉作品是否具备参赛资格。

第六条 每届大赛设立执行委员会。大赛执行委员会由主办单位和承办单位的相关人员组成。大赛执行委员会在主办单位和大赛组织委员会的领导下,负责当届大赛组织运行。

1. 大赛执行委员会的主要职责如下:
2. 起草当届大赛的实施细则;
3. 协助主办单位发布大赛启动、征集题目、有效题目、决赛等相关通知;
4. 组织专家审核当届大赛所征集的题目,反馈修改意见;
5. 组织专家评审当届大赛所提交的参赛论文,汇总评审结果;
6. 决赛的筹备、组织、协调、承办等工作;
7. 负责处理和协调大赛突发事件,确保大赛的顺利进行;
8. 当届大赛案例集的汇总和出版。

第三章 题目征集与参赛资格

第七条 每届大赛将在中国机械行业卓越工程师教育联盟单位内进行题目征集,所征集的题目必须源于企业,并分为两种类型:

1. 定向题目:高校与企业充分研讨后由高校提出,提出题目高校负责完成该毕业设计并参赛。定向题目必须有高校教师和企业技术人员各 1 名指导教师。
2. 开放题目:高校与企业充分研讨后由高校提出,提交至大赛组委会,也可由联盟企业单独提出,经组委会审核后由大赛网站公布,联盟内高校均可选择并完成。开放题目根据实际情况自行确定毕业设计地点(高校或企业均可),选题高校须自行聘任相关行业企业技术人员作为企业指导教师。

第八条 参赛学生专业及参赛题目须属于机械类专业(主要包括:机械工程、机械设计制造及其自动化、机械电子工程等)。

第九条 每项参赛毕业设计须在教师指导下由 1 名学生完成并参赛。

第十条 凡在题目正式征集通知前为中国机械行业卓越工程师教育联盟的高校,其正式注册的全日制非成人教育的具有毕业设计资格的应届本科生都可参赛。正式提交的参赛毕业设计须源于大赛已征集的题目,既可是当届所征集的题目,也可以是往届大赛中所征集的开放题目。

第四章　大赛流程与评审

第十一条　每届大赛之前一年的第4季度为大赛的题目征集期,联盟各高校与相关企业对接,征集和提炼新增的毕业设计大赛题目。

第十二条　大赛题目征集期联盟各单位所提交的每项题目须包含题目名称、提出单位、来源企业、题目简介、设计要求等信息。大赛执行委员会组织专家,根据新增题目的难度、是否有企业背景、是否适合大学生完成、题目简介和设计要求是否清晰等标准,进行评审并提出修改建议返回报送单位修改。修改后审核符合标准的题目,将在联盟网站进行题目公开,每个新增题目均分配唯一的题目编号,正式比赛的所有参赛毕业设计均须源于联盟网站公开的当届新增定向题目或历届公开题目。

第十三条　大赛当年5月至6月,参赛毕业设计作品通过大赛官方网站在线提交。所提交的参赛作品应包含毕业设计全文、设计图纸、设计要求、扩充版摘要等内容。预审合格的作品由大赛在线系统分配给大赛评审专家进行函评。函评后,根据作品分类和评分决定进入决赛的毕业设计名单。

第十四条　大赛决赛于函评结果公示后在当届承办单位举行。进入决赛的作品通过幻灯片答辩、展板展示和实物演示等方式进行评比。

第十五条　大赛评审委员会将在决赛作品中评出金奖、银奖、铜奖、优秀奖、佳作奖若干,获奖学生及其指导教师可获得相应的奖励。

第十六条　每届大赛设优秀组织奖若干,奖励在大赛组织工作中表现突出联盟单位和个人。优秀组织奖由大赛组织委员会提名和评选。

第十七条　大赛评审委员会对题目进行函评、决赛评审、质疑投诉的表决时,实行同单位回避制度;

第十八条　当届大赛决赛结束后一个月内为获奖作品的质疑投诉期,质疑投诉者需提供相关证据或明确的线索。针对质疑投诉的评审会至少需要10名(包含)以上评审委员会委员参加,参加表决的委员中有2/3以上认为该作品具有违规问题,则评审委员会将取消该作品获奖等级和奖励,取消其所在单位所获的优秀组织奖,同时通报联盟成员单位。

第十九条　大赛评审委员会和组织委员会要保护投诉人的合法权益,对质疑投诉者的姓名、单位予以保密。

第五章　附则

第二十条　联盟和大赛的官方网站:http://www.meuee.org;大赛官方邮箱:bysjds@cmes.org。大赛官方网站和邮箱由主办单位、承办单位、大赛执行委员会共同建设和维护。

第二十一条　大赛参赛作品内容的涉密和版权问题,由参赛单位自行保护。

第二十二条　本章程自大赛组织委员会审议通过之日起生效,由大赛主办单位负责解释。

教育部高等学校机械类专业教学指导委员会

中国机械行业卓越工程师教育联盟

2017年4月8日

附录二　第六届大赛"精雕杯"情况简介

中国机械行业卓越工程师教育联盟（下文简称"联盟"）"精雕杯"毕业设计大赛（下文简称"大赛"）是在教育部高等教育司的指导下,由中国机械工程学会和中国机械行业卓越工程师教育联盟共同主办,具有导向性、示范性的机械类专业毕业设计竞赛活动,每年举办一届。大赛的基本方式为:高等学校在校机械及相关专业学生申报定向题目和开放题目并完成毕业设计参赛;聘请专家评定出具有较高学术水平、实际应用价值和创新意义的优秀作品,给予奖励;选出优秀毕业设计作为案例集在联盟网站分享,供中国高校机械类专业本科毕业设计参考,以促进我国各高校机械类专业本科毕业设计整体水平的提升。

2023 年 5 月 28 日,由中国机械工程学会和中国机械行业卓越工程师教育联盟共同主办,重庆大学承办,重庆理工大学协办的中国机械行业卓越工程师教育联盟"精雕杯"毕业设计大赛在重庆大学举行。

本届毕业设计大赛自 2022 年 11 月启动以来,得到了联盟高校和企业的广泛关注和支持,在题目征集阶段收到来自 110 所高校和企业的 1 590 项题目;经专家评审和联盟单位修改之后,共有个人题目 1 302 项(其中定向课题 1 017 项、开放课题 285 项)、团队题目 154 项(其中定向课题 131 项、开放课题 23 项)、带资项目 10 项。

本届大赛分为区域赛和总决赛两个阶段,区域赛包括北部赛区、东部赛区、中南部赛区和西部赛区等四个赛区,分别由大连理工大学、浙江大学、广东工业大学和重庆大学承办,扩大了学生的参与度和授奖面。在作品提交阶段收到来自 100 所高校的 1 036 项作品,经形式审查之后,共有 960 项作品进入区域赛函审;经过区域赛 300 余名高校和企业函审专家的评审,共有 419 项作品获得区域赛一、二、三等奖,205 项作品入围国赛总决赛(其中带资项目 10 项)在重庆大学举行。

在总决赛阶段采用公开答辩方式,所有参赛项目均可现场旁听,确保大赛公平公正。本次大赛按参赛选手抽签共设 11 个组(9 组个人项目、2 组团队项目)进行分组答辩,每组 5 位评委现场评审,各组得分最高的作品进入金奖角逐赛。从分组赛中脱颖而出的 11 个项目经过激烈角逐,由全部 55 位评委根据现场答辩情况现场打分,最终浙江大学郑子翼同学荣获个人金奖,上海交通大李天乐、何奔洋、邹砚文三人荣获团队金奖。本次大赛共评选出国赛金奖 2 项(个人金奖 1 项、团队金奖 1 项)、银奖 9 项(个人银奖 8 项、团队银奖 1 项)、铜奖 22 项(个人铜奖 18 项、团队铜奖 4 项)、优秀奖 55 项(个人优秀奖 44 项、团队优秀奖 11 项)、佳作奖 118 项(个人佳作奖 105 项、团队佳作奖 13 项)。此外,通过专家评委与大众评审共同投票,最终选出 1 项最具商业价值奖和 1 项最佳人气奖。

本次大赛期间还举行了"2023 年百万英才兴重庆引才活动云聘会——卓越工程师招聘"专场,由重庆市人力社保局牵头,重点推荐了包括中冶赛迪集团有限公司、中国汽车工程研究院等在内的 12 家优秀重庆本土企业,提供了六十多个岗位,招聘人数需求达四百余人。大赛期间还举办了中国工程师联合体工程师沙龙、学术沙龙、线上海报展示、大众评审、线上同步直播等环节,进一步扩大了大赛在全国高校的影响范围。

附录三 区域赛实施办法

2023 年中国大学生机械工程创新创意大赛·"精雕杯"毕业设计大赛参赛作品提交通知及区域赛实施办法

中国大学生机械工程创新创意大赛·"精雕杯"毕业设计大赛（下文简称"大赛"）是由中国机械工程学会和中国机械行业卓越工程师教育联盟共同主办的具有导向性、示范性的机械类专业毕业设计竞赛活动，为"中国大学生机械工程创新创意大赛"三大赛道之一。本届大赛为第六届，由北京精雕科技集团有限公司冠名，重庆大学承办，重庆理工大学等单位协办。

本届大赛分为区域赛和总决赛两阶段，区域赛于 5 月 16 日至 19 日以通讯评审方式举行，总决赛于 5 月 27 日至 29 日在重庆大学举行。现就区域赛参赛作品提交及评审、总决赛入围名单公布等环节的实施办法进行如下说明。

一、时间安排

1. 2023 年 5 月 10 日至 12 日 17 时，通过大赛官方网站在线提交参赛作品（参赛作品须来自完成会费缴纳的卓工联盟成员单位，会费缴纳通知见附件 1、操作说明见附件 2）；

2. 2023 年 5 月 13 日至 15 日，参赛作品预审；

3. 2023 年 5 月 16 日至 19 日，预审合格的非带资项目参赛作品进行区域赛（带资项目无需参与区域赛，直接进入总决赛）；

4. 2023 年 5 月 20 日至 22 日，公示区域赛获奖名单及总决赛入选名单；

5. 2023 年 5 月 23 日，公布区域赛获奖名单及总决赛入选名单。

二、区域赛分区

结合参赛作品数量及来源高校地理位置，区域赛分为北部、东部、中南部、西部 4 个赛区，各赛区包含的省级行政区如下。

1. 北部赛区：北京市、天津市、河北省、内蒙古自治区、辽宁省、吉林省、黑龙江省；

2. 东部赛区：上海市、江苏省、浙江省、台湾地区；

3. 中南部赛区：安徽省、福建省、江西省、山东省、河南省、湖北省、湖南省、广东省、广西壮族自治区、海南省、香港特别行政区、澳门特别行政区；

4. 西部赛区：重庆市、四川省、贵州省、云南省、西藏自治区、山西省、陕西省、甘肃省、青海省、宁夏回族自治区、新疆维吾尔自治区。

三、区域赛实施细则

1. 所有参赛作品须首先通过预审，预审重点：参赛作品为题目征集阶段入选项目，参赛作品有企业导师参与指导，查重率（维普）低于20%。

2. 遵循权利和义务相统一原则，所有参赛作品指导教师均有义务参与区域赛通讯评审。

3. 遵循"赛区回避"原则，四个赛区之间实行交叉通讯评审。

4. 每项参赛作品的通讯评审专家不少于3名。

5. 评分标准如下：

评分项目	分值	备注
工程背景及意义	10分	
方案的合理性与创新性	40分	
研究方法及结果对论文所提出问题解决的有效性	30分	
覆盖专业认证对毕业设计的其他能力要求	10分	见补充说明3
论文写作	10分	

四、奖项设置

1. 以赛区为单位依据成绩高低确定区域赛一等奖、二等奖、三等奖名单，并由中国机械工程学会颁发获奖证书。

2. 各赛区设奖比例：一等奖5%，二等奖10%，三等奖20%。

3. 区域赛一等奖、二等奖入围5月27日至29日在重庆大学举行的总决赛。

五、作品提交方式

1. 参赛作品提交至卓工联盟官方网站https://meuee.cmes.org中的毕业设计大赛模块。

2. 参赛作品提交过程中如有任何疑问可在工作时间内致电各赛区电话：

北部赛区：18523578093、15249220873

东部赛区：13638355985、18202366416

中南部赛区：18580658503、13996115268

西部赛区：15922965745、13594239907

或发邮件至大赛官方邮箱 bysjds@cmes.org 咨询。

补充说明

1. 提交的参赛作品应包含所选题目编号、高校指导教师信息、企业指导教师信息、毕业设计论文或说明书正文、查重报告（简洁版）、附件（含设计图纸、演示视频、实物照片等）等。其中，论文或说明书正文要求 PDF 格式；附件打包上传，总大小不超过 20MB，附件中文档和图纸要求 PDF 格式，图片要求 JPG 格式，视频要求 MP4 格式。

2. 参赛作品格式和要求，在符合以下标准前提下，可参照各参赛单位的毕业设计相关要求。

（1）毕业设计论文或说明书排版格式要求：页面设置为 A4，纸张方向为纵向；所有图表须按国家规范标准或工程要求采用计算机绘图软件绘制。

（2）毕业设计论文内容要求：至少包含题目、中英文摘要、中英文关键词、目录、正文（不少于 10 000 字）、参考文献（不少于 20 篇，其中英文文献不少于 5 篇，格式应符合 GB/T 7714—2015）、致谢。

（3）图纸要求：布局合理，线条清晰，标注规范。

3. 毕业设计内容覆盖专业认证对毕业设计的其他能力要求，能够体现以下方面：

（1）在设计中考虑社会、健康、安全、法律、文化、环境等因素的影响，兼顾机械工程相关的技术标准、知识产权、法律法规等。

（2）在设计开发解决方案的过程中，进行技术经济分析。

（3）能够在环境保护和可持续发展的角度考虑和评价工程实践的可持续性。

（4）能够较熟练进行外文技术文献的阅读与翻译；了解专业领域的国际发展趋势、研究热点，具备一定的国际视野。

中国机械工程学会

中国机械行业卓越工程师教育联盟

2023 年 4 月 4 日

附录四　决赛实施办法

1. 决赛评审流程

2. 决赛评审规则

(1) 小组赛共有 11 个组,其中 9 个组为个人项目,2 个组为团队项目,每小组的第 1 名参加金银奖角逐,按照组序进行答辩。

(2) 小组赛每组 5 名评委,实名打分,只打分项分,由秘书统总分。

(3) 金银奖角逐赛评委由全部 55 位评审委员构成,统分采用平均分制(去掉 5 个最高分、5 个最低分后的平均分)。

(4) 比赛采取公开答辩方式,鼓励所有参赛队伍现场聆听。

3. 决赛评分标准

评价指标	评价要点
① 调查分析	● 充分分析、调研毕设任务及其背景 ● 查阅并分析合适的国内外文献,体现国际化视野
② 方案论证	● 能利用数学、自然科学的基本原理,识别、表达和分析工程问题 ● 合理的研究方案、技术经济分析;体现创新性
③ 研究	● 选择合适的科学方法和现代工具开展研究 ● 合理的设计、计算、试验、分析
④ 标准与可持续	● 考虑社会、健康、安全、文化、环境等因素 ● 兼顾技术标准、知识产权、法规、工程伦理
⑤ 设计和表达的规范性	● 论文和图纸的规范性 ● 答辩的清晰性、正确性

注：最终答辩分数相同时,则按照 ③、②、①、④、⑤ 确定排名

4. 决赛奖项设置

序号	奖项名称	数量	奖金(元)
1	个人金奖	1	10 000
2	团队金奖	1	10 000
3	银奖	9 (个人8项,团队1项)	5 000
4	铜奖	22 (个人18项,团队4项)	3 000
5	优秀奖	55 (个人47项,团队8项)	0
6	佳作奖	117	0
7	最具商业价值奖	1	0
8	最佳人气奖	1	0

附录五　区域赛获奖名单

2023年中国大学生机械工程创新创意大赛·"精雕杯"毕业设计大赛区域赛拟授奖名单
（注：一等奖及二等奖入围决赛）

序号	作品id	题目	姓名	学校	赛区	奖项
1	2544	射流式风电叶片除冰装置设计	黄毅嵩	沈阳工业大学	北部赛区	一等奖
2	2551	多层温室系统设计	曲培健	天津理工大学	北部赛区	一等奖
3	2575	四轮独立驱动独立转向越障车设计	冯会铭	辽宁工程技术大学	北部赛区	一等奖
4	2688	滚动轴承故障的定量表征与迁移诊断方法研究	李晨阳,陈学良	北京化工大学	北部赛区	一等奖
5	2698	移动仿人机器人轮臂协同运动策略与仿真	李伟	北京交通大学	北部赛区	一等奖
6	2749	空间阵列特征自适应制孔系统开发	张堂一	大连理工大学	北部赛区	一等奖
7	2750	钢筋连接套智能检测测量生产机械系统设计	朱存阿,张航,李源盛	河北科技大学	北部赛区	一等奖
8	3041	对顶式超高压轴向柱塞泵结构设计	李天尧	燕山大学	北部赛区	一等奖
9	3079	面向换角作业的铁路Ⅲ型扣件快速拆装系统研究	郝子越	北京交通大学	北部赛区	一等奖
10	3080	介入式心室辅助装置流场对机械性血液损伤影响研究	刘琦炜	清华大学	北部赛区	一等奖
11	3148	一种高适应性排水管道清理机器人设计	陈旭瑞	北京交通大学	北部赛区	一等奖
12	3186	全方位走行轮腿式平衡机器人结构设计	唐立江	东北大学	北部赛区	一等奖
13	3223	航空用管端部扩口自适应装置设计	郭世超	东北林业大学	北部赛区	一等奖
14	3233	新型铲刀式排障器的设计	刘炳君	北京交通大学	北部赛区	一等奖
15	3307	苹果智能包装机器人结构设计	欧梓源	哈尔滨工程大学	北部赛区	一等奖
16	3337	模内注塑强贴合复杂结构件的模具设计	董纪龙	哈尔滨工程大学	北部赛区	一等奖
17	3385	基于三维点云视觉感知的机械臂智能协作控制研究	梁宜轩	清华大学	北部赛区	一等奖
18	3513	航天构件加工机器人位姿视觉测量方法研究	韩磊	大连理工大学	北部赛区	一等奖
19	3530	基于数字孪生的FSW温度监测	宋承睿	大连理工大学	北部赛区	一等奖
20	3088	具有自锁功能的空间自由物体捕获装置设计与研究	李丰睿	北京交通大学	北部赛区	一等奖

序号	作品id	题目	姓名	学校	赛区	奖项
1	2572	水面生态修复机器人设计	刘海锋	天津理工大学	北部赛区	二等奖
2	2578	基于模型预测和卡尔曼滤波的无人车轨迹跟随	李睿峰	北京理工大学	北部赛区	二等奖
3	2579	海洋油气管道水下连接器设计	胡文财	东北石油大学	北部赛区	二等奖
4	2609	高速列车轴箱体轻量化设计与安全评估	吴翔宇	北京交通大学	北部赛区	二等奖
5	2647	新型碳纤维复合材料地铁转向架构架设计与分析	高俊义	北京理工大学	北部赛区	二等奖
6	2676	基于凝胶涂层的粘液缓释表面减阻性能研究	梁兆照	北京理工大学	北部赛区	二等奖
7	2691	基于MRE的座椅减振器设计及特性研究	余昌恒	北京化工大学	北部赛区	二等奖
8	2697	面向模仿学习的手臂操作轨迹数据采集与处理	李言	北京交通大学	北部赛区	二等奖
9	2708	基于电机执行器的发动机转子系统不平衡振动智能控制方法	魏锴	北京化工大学	北部赛区	二等奖
10	2792	中控后端盖板模具设计	龙涛	大连工业大学	北部赛区	二等奖
11	2817	无人驾驶方程式赛车高速循迹控制策略研究	田德成	北京科技大学	北部赛区	二等奖
12	2928	航天用大开孔高压阀壳设计与开发	卢鹏旭	北京化工大学	北部赛区	二等奖
13	2969	动态场景下基于视觉识别的移动机器人定位方法研究	吴名远	大连理工大学	北部赛区	二等奖
14	2974	圆柱形多工位家用智能分类垃圾桶设计	连彩婷	河北科技大学	北部赛区	二等奖
15	2992	火箭发动机涡轮泵轴承/密封动力学测试装置开发	戚文韬	北京化工大学	北部赛区	二等奖
16	3068	用于地铁底架检修的全向移动转运平台设计与研究	王先发	北京交通大学	北部赛区	二等奖
17	3073	基于折纸原理的侧向折展移动机器人	范子睿	北京工业大学	北部赛区	二等奖
18	3090	基于表面能诱导的定向组装原理与应用研究	王广基	清华大学	北部赛区	二等奖
19	3092	Cf/SiC复合材料飞秒激光切割仿真及研究	焦荣哲	大连理工大学	北部赛区	二等奖
20	3099	搅拌摩擦焊接头抗拉强度智能预测	叶志宇	大连理工大学	北部赛区	二等奖
21	3104	ZSL3070振动筛的三维建模及动力学仿真分析	丁腾宇	沈阳工业大学	北部赛区	二等奖
22	3142	抽油机井井口可控密封系统设计	孙少杰	东北石油大学	北部赛区	二等奖
23	3174	双侧曲率可调的可展握抓手机构型设计和性能分析	仇铮	清华大学	北部赛区	二等奖
24	3213	自行走深孔激光强化机器人	王雨豪	燕山大学	北部赛区	二等奖
25	3227	高温板坯"超快冷"实验装置设计	张浩	燕山大学	北部赛区	二等奖
26	3248	机翼强度实验加载装置设计	张学尊	燕山大学	北部赛区	二等奖
27	3250	移动式并联机械臂排球机器人结构设计	游子傲	东北大学	北部赛区	二等奖
28	3314	飞机牵引车抱架装置液压系统设计	张财瑜	燕山大学	北部赛区	二等奖
29	3336	自激振荡喷嘴流场分析及优化设计	邓济阳	燕山大学	北部赛区	二等奖
30	3346	液压伺服阀控缸伺服系统智能控制	吴子博	燕山大学	北部赛区	二等奖
31	3347	可穿戴膝关节重力支撑减伺装置设计	齐浩楠	大连理工大学	北部赛区	二等奖
32	3404	自动进给钻高精度高稳定性导向结构设计	常万江	大连理工大学	北部赛区	二等奖
33	3411	连续作业式猕猴桃采摘机器人设计	陈安雨	东北林业大学	北部赛区	二等奖
34	3417	一种基于站立-倾倒变形机构的履带式机器人	徐然	北京交通大学	北部赛区	二等奖
35	3418	面向脑控机械臂的脑机协同控制方法研究	王梓潼	北京理工大学	北部赛区	二等奖
36	3463	阀式脉冲射流冲击器	裴霖泽	东北石油大学	北部赛区	二等奖
37	3477	移动机器人测距传感器数字孪生设计与实现	王思杰	大连理工大学	北部赛区	二等奖
38	3495	基于磁滞变效自锁原理的防崴脚踝关节康复/助力外骨骼	刘文静	燕山大学	北部赛区	二等奖
39	3512	玻璃钢罐体直径40-800孔加工机器人设计	陈昱霖	燕山大学	北部赛区	二等奖
40	3521	智能锁紧释放机构增材制造研究	杨仕达	吉林大学	北部赛区	二等奖

序号	作品id	题目	姓名	学校	赛区	奖项
1	2504	胶囊机器人机械系统设计	王乙卉	天津理工大学	北部赛区	三等奖
2	2515	数控铣钻螺旋槽铣床核心部件结构设计与分析	孙中锐	沈阳工业大学	北部赛区	三等奖
3	2521	龙门式激光清洗装备的进给系统和床身部件的设计	刘蕊	沈阳工业大学	北部赛区	三等奖
4	2522	芯片分拣机上料机械系统设计	张宇	沈阳工业大学	北部赛区	三等奖
5	2527	PF0807反击式破碎机结构设计	李明浩	沈阳工业大学	北部赛区	三等奖
6	2535	无人机挂载柔性可折叠机械臂结构设计与实验研究	马瑞涛	吉林大学	北部赛区	三等奖
7	2536	管材存储自动化立体仓库机械系统设计	高鑫	天津理工大学	北部赛区	三等奖
8	2546	智能型老年照护机器人设计	王婧	天津理工大学	北部赛区	三等奖
9	2559	无人机动平台30kW电机控制器设计	姚舜禹	北京理工大学	北部赛区	三等奖
10	2588	无源背包助行外骨骼的设计	刘雨桐	北京工业大学	北部赛区	三等奖
11	2589	模块化分体式飞行汽车对接系统设计及仿真建模分析	张艺馨	北京工业大学	北部赛区	三等奖
12	2596	基于神经网络的无人车视觉与激光雷达感知融合设计	李季轩	北京理工大学	北部赛区	三等奖
13	2652	BMT 径向智能伺服动力刀架设计	张林杰	吉林大学	北部赛区	三等奖
14	2672	新结构高粘度聚乙烯大型混合搅拌罐设计及其流体动力学研究	刘伟琦,金君杭	北京化工大学	北部赛区	三等奖
15	2711	高超飞行器用热密封材料流动和传热特性研究	李禹谦	北京理工大学	北部赛区	三等奖
16	2714	基于深度学习的无人车视觉目标检测和语义定位研究	孙介东	北京化工大学	北部赛区	三等奖
17	2731	滚筒传送式智能扫码设备设计	徐衍鲁	吉林大学	北部赛区	三等奖
18	2767	NOS525下底座本体热锻模具失效的试验与仿真研究	王少波	北京交通大学	北部赛区	三等奖
19	2836	动车组制动盘摩擦面裂纹特征图像识别及数采云台设计	谭飞洋	北京工业大学	北部赛区	三等奖
20	2860	水下管汇带压封堵器的结构设计	许海洋	哈尔滨工程大学	北部赛区	三等奖
21	2868	可降解聚乳酸血管支架结构优化设计及其性能评价研究	邓梁硕	北京化工大学	北部赛区	三等奖
22	2876	高温金属界面微观摩擦磨损机制的模拟研究	徐知越	北京理工大学	北部赛区	三等奖
23	2879	带主动电磁轴承的转子试验台的设计	朴珉靓	北京化工大学	北部赛区	三等奖
24	2882	木门上下料机械手设计	张馨雨	东北林业大学	北部赛区	三等奖
25	2891	外骨骼康复机器人控制系统研制	范生龙	北京化工大学	北部赛区	三等奖

26	2908	采煤机截割部传动及其智能运维系统设计	郭万里	辽宁工程技术大学	北部赛区	三等奖
27	2931	电缆接头主绝缘层切削加工装置设计	杨子勋	河北科技大学	北部赛区	三等奖
28	2941	LED汽车前照灯驱动控制系统设计	韩铭洋	河北科技大学	北部赛区	三等奖
29	2963	激光诱导击穿光谱土壤成分检测样品预处理设备	赵延威,刘孟林	河北科技大学	北部赛区	三等奖
30	2968	双转子-中介轴承结构冲击信号传递路径分析及特征提取	彭勇嘉	北京化工大学	北部赛区	三等奖
31	2999	低温漂激光器温度控制系统	赵泽寰	北京工业大学	北部赛区	三等奖
32	3012	乒乓球 LOGO 双色移印机设计	王豪	东北林业大学	北部赛区	三等奖
33	3031	基于柔性电阻式压力传感器的睡姿检测研究	吴芸州	北京科技大学	北部赛区	三等奖
34	3036	小型在轨可更换模块对接机构设计制造与容差分析	张鲁铭	北京科技大学	北部赛区	三等奖
35	3044	可重构闭链式多足步行平台设计与越障策略研究	王天浩	北京交通大学	北部赛区	三等奖
36	3046	高温屏蔽泵结构设计与优化	陈佳玮	沈阳化工大学	北部赛区	三等奖
37	3049	非结构化环境下无人车辆自适应地形辨识方法研究	林强	北京科技大学	北部赛区	三等奖
38	3052	基于直线电机驱动的连杆式四足机器人的结构设计和步态	朱泽卿	北京科技大学	北部赛区	三等奖
39	3078	海洋钻井升沉补偿模拟装置设计	赵子俊	东北石油大学	北部赛区	三等奖
40	3084	钢结构连板专用数控钻床设计	秦圣杰	沈阳化工大学	北部赛区	三等奖
41	3091	绝缘轴承套圈磨削工艺与工艺管理系统开发	邓博文	大连交通大学	北部赛区	三等奖
42	3102	转向架轮装制动盘自动组装机构设计	蔡先鹏	北京交通大学	北部赛区	三等奖
43	3160	半轴齿轮全自动检测装置设计	王晓磊	燕山大学	北部赛区	三等奖
44	3179	基于摩擦纳米发电驱动的无源灭菌口罩的设计与制备	张力夫	大连理工大学	北部赛区	三等奖
45	3191	调压撬设计	董书伟	北华航天工业学院	北部赛区	三等奖
46	3192	多孔质可倾瓦气体轴承测试装置的结构设计	苏云浩	东北林业大学	北部赛区	三等奖
47	3206	RB-SiC激光辅助磨削研究	张德涵,刘卓群,王亦凡	大连理工大学	北部赛区	三等奖
48	3212	高锰钢辙岔表面高速重击硬化设备设计	陈朝銮	燕山大学	北部赛区	三等奖
49	3215	面向整体叶轮的五轴增减材加工设备的设计	李明翀	东北大学	北部赛区	三等奖
50	3221	海洋钻井伸缩隔水管系统设计	吕纪元	东北石油大学	北部赛区	三等奖
51	3243	海洋钢柱攀爬机器人系统设计	宫世龙,白逸龙,刘龙飞	黑龙江科技大学	北部赛区	三等奖
52	3244	齿轮故障数字化样机设计与仿真分析	张子健	北京科技大学	北部赛区	三等奖
53	3247	面向整体叶轮的五轴加工工艺及夹具设计	秦丘羽	东北大学	北部赛区	三等奖
54	3271	刀刃激光定量熔覆系统设计	余松松	燕山大学	北部赛区	三等奖
55	3299	20L/min液压系统用高效除气旋流分离器设计	王吉辉	燕山大学	北部赛区	三等奖
56	3312	柔性支撑膝关节外骨骼系统设计	李帅	燕山大学	北部赛区	三等奖
57	3370	基于裸背电鳗柔性长臀鳍波动推进的仿鱼航行器设计	李培泓	北京林业大学	北部赛区	三等奖
58	3376	风电运维用自提升起重机主体结构的设计	沈世辰,陈祺凯	燕山大学	北部赛区	三等奖
59	3384	四足机器人高爆发性储能脊柱机构设计与实现	高铭言	北京交通大学	北部赛区	三等奖
60	3426	履带式消防机器人的结构设计	王彦淞,鲁源博	东北大学	北部赛区	三等奖
61	3430	重载机器人的腿部机构仿生设计	唐宇健	吉林大学	北部赛区	三等奖
62	3442	四足机器人仿生模块化柔性脊柱机构设计	娄晨阳	北京交通大学	北部赛区	三等奖
63	3444	旋转导向钻井工具设计	曹林峰	东北石油大学	北部赛区	三等奖
64	3468	天线位置控制绳驱动机构设计	马浩楠	燕山大学	北部赛区	三等奖
65	3485	油田管道除垢机系统设计	王峥	黑龙江科技大学	北部赛区	三等奖
66	3489	基于多源信息融合的四足机器人地形理解与步态规划研究	罗奥成	北京理工大学	北部赛区	三等奖
67	3503	ZY2023型医用制氧机设计开发与功能仿真	柳显桢,徐海尧,王淞	东北大学	北部赛区	三等奖
68	3508	月岩高效钻进的取芯钻钻头设计	甘天玥	北京工业大学	北部赛区	三等奖
69	3509	海底管线管4000t多向缩径校准机本体及液压系统设计	孟涵	燕山大学	北部赛区	三等奖
70	3518	新型一体式三轨受流器设计	羊兴志,熊德昆	北京交通大学	北部赛区	三等奖
71	3520	增材制造聚合物零件损伤恢复机理及应用研究	王嘉庆	吉林大学	北部赛区	三等奖
72	3566	基于螺旋驱动的巡检机器人	姚承岐	北京林业大学	北部赛区	三等奖
73	3581	多通路管道内壁行走机器人的设计与分析	周博扬	北京林业大学	北部赛区	三等奖

序号	作品id	题目	姓名	学校	赛区	奖项
1	2502	智能轴承嵌入式结构设计与服役状态集成感知研究	郑薛亮,姚兆琦,李梓飞,周文兵	南通大学	东部赛区	一等奖
2	2615	高温高含尘复合余热锅炉空气预热器的开发设计	陈明应	南京工业大学	东部赛区	一等奖
3	2620	高品级单晶金刚石激光加工机理及工艺研究	田博宇	上海交通大学	东部赛区	一等奖
4	2842	机器人航空涂胶系统感知方法	林昭辉	浙江大学	东部赛区	一等奖
5	2853	电喷推力器离子液发射多孔玻璃微锥阵列超快激光加工工	陆子杰	上海交通大学	东部赛区	一等奖
6	2984	面向取书应用的灵巧手设计与控制	郑子翼	浙江大学	东部赛区	一等奖
7	3057	ABS/ESC HCU总成低压性能检测台的结构设计与仿真研究	胡维峰	温州大学	东部赛区	一等奖
8	3113	潜水艇式胃镜胶囊机器人开发	卓逸天	浙江大学	东部赛区	一等奖
9	3114	温室大棚全自动起垄覆膜一体机设计与仿真	刘克	温州大学	东部赛区	一等奖
10	3137	老年人腿部和肩部按摩的运动康复轮椅设计	金红迪	温州大学	东部赛区	一等奖
11	3394	增减材复合数控机床高刚性结构设计与分析	徐来	浙江大学	东部赛区	一等奖
12	3429	新型卧式热水循环离心泵设计及数值模拟分析	姚权峰	江苏大学	东部赛区	一等奖
13	2646	减震阻尼器试验台设计与开发	陈秀,徐倩,孙文杰,刘明	江苏理工学院	东部赛区	一等奖
14	3129	汽车后视镜马达安装的自动上下料码垛机总体设计	程瀚,陈鸿昌	江苏大学	东部赛区	一等奖

序号	作品id	题目	姓名	学校	赛区	奖项
1	2540	中空型谐波减速器薄壁柔轮精车-滚齿一体化夹具设计与	李夺	江苏科技大学	东部赛区	二等奖
2	2582	考虑初始误差的卫星多层级装配偏差分析	孙冠宇	南京航空航天大学	东部赛区	二等奖
3	2605	3D可加热面膜的研发与制备	朱邵俊,李龙洋,李博巍	上海应用技术大学	东部赛区	二等奖
4	2664	手持式激光—电弧复合焊接头设计	项思远	浙江工业大学	东部赛区	二等奖
5	2724	大型空分设备填料装配及监测系统结构设计	叶信福	浙江工业大学	东部赛区	二等奖
6	2775	基于机器视觉的辅助机械臂控制模型研究	宋佳员	河海大学	东部赛区	二等奖
7	2815	HS5099汽轮机后气缸上半部分铸造工艺及工装设计	李辉韬,王旭辉,乔帅豪	江苏大学	东部赛区	二等奖
8	2830	基于桌面机械手的双臂协作作业研究	项立鹏	南京工程学院	东部赛区	二等奖
9	2848	面向介观尺度流体流动及相变动力学过程的数值建模方法	吴意豪,吴鹏霄,吴寒,丁雪容	东南大学	东部赛区	二等奖
10	2898	小型搬运机器人的设计与控制	田聪	无锡太湖学院	东部赛区	二等奖
11	2915	陆空两栖仿生抓取机器人	朱科祺	浙江大学	东部赛区	二等奖
12	2967	局域银镀层的激光诱导电化学沉积技术研究	李攀洲	江苏大学	东部赛区	二等奖
13	3022	高速重载搬运机器人设计	周源煌	东南大学	东部赛区	二等奖
14	3051	振动能量回收悬架设计与动态特性分析	张梦祥	扬州大学	东部赛区	二等奖
15	3061	基于内置自加热的柔性兰姆波器件的气体流速测量研究	赵浩楠	浙江大学	东部赛区	二等奖
16	3063	面向3D打印异形波导管复杂内腔的振动辅助磁力研磨加工	刘心宇,叶渐森,张龙飞	南京航空航天大学	东部赛区	二等奖
17	3093	蔬菜穴盘育苗补苗机器人的设计与仿真研究	毛丛余	温州大学	东部赛区	二等奖
18	3106	压铸角码模具设计和随形冷却水路模拟分析	陆从洲	盐城工学院	东部赛区	二等奖
19	3120	具有在线光检测系统的自动原子制造装备	马亦诚,王凌峰	浙江大学	东部赛区	二等奖
20	3126	基于GPU并行计算的晶圆表面缺陷高精度、实时检测和识	陈皓天	浙江大学	东部赛区	二等奖
21	3135	面向校园安防的移动机器人人脸识别系统设计与应用	张嘉诚	江苏理工学院	东部赛区	二等奖
22	3276	小行程平面刨削集成教学系统设计	王俊伟,潘星合,孙同,林恩扬	杭州电子科技大学	东部赛区	二等奖
23	3293	弹簧蓄能密封圈蠕变特性及密封性能研究	聂佳伟	常熟理工学院	东部赛区	二等奖
24	3322	基于多源融合感知与自车轨迹预测的应急防撞系统研究	傅力嘉,吴宇鹏,戴筵丞	上海交通大学	东部赛区	二等奖
25	3355	多材料磁场辅助制造	黄妤婕	浙江大学	东部赛区	二等奖
26	3380	渔船10吨电动绞车多目标优化设计	沈芸倩	浙江海洋大学	东部赛区	二等奖
27	3392	基于PCB技术的燃料电池在线诊断系统开发	李乐天,何奔洋,邹砚文	上海交通大学	东部赛区	二等奖

序号	作品id	题目	姓名	学校	赛区	奖项
28	3415	仿生扑翼飞行器设计与开发	季皇威,吴非晗,王晨月,戴晟豪	上海交通大学	东部赛区	二等奖
29	3519	新能源智能化双向旋转顶置式平台高空作业车设计	刘班甫,夏陈鹏,田晓凡,陈宇轩	江苏大学	东部赛区	二等奖
序号	作品id	题目	姓名	学校	赛区	奖项
1	2507	双马达驱动汇流装置设计	张轩玮	无锡太湖学院	东部赛区	三等奖
2	2591	激光-铣削复合加工工艺研究与设备开发	孟令晨,孙淼,樊天伟,王维泽	南京航空航天大学	东部赛区	三等奖
3	2604	长缝光谱仪及其补偿机构关键技术的研究	李烨阳	南京工程学院	东部赛区	三等奖
4	2665	新型电动汽车用高耐压半导体电热器	申影影	浙江工业大学	东部赛区	三等奖
5	2696	基于摩擦荷电原理的高效污油净化装备设计	单畅	江苏大学	东部赛区	三等奖
6	2739	车床自动上下料机械手结构设计	朱志豪	江苏理工学院	东部赛区	三等奖
7	2764	航空发动机闭式电解加工流场仿真与试验研究	张钦洪	南京航空航天大学	东部赛区	三等奖
8	2864	基于工业互联网的纺织业分布式制造资源协同优化配置研	何发宝	南京航空航天大学	东部赛区	三等奖
9	2934	基于并行TCN和LSTM的轴承寿命预测	雷璐瑶	浙江工业大学	东部赛区	三等奖
10	2964	自平衡四轮独立驱动及自由转向纯电动小车设计	陈传龙	扬州大学	东部赛区	三等奖
11	2998	面向装配任务的机器人测量与轨迹优化	应昊澄,林扬捷,陈炜昊	上海交通大学	东部赛区	三等奖
12	3006	基于机液耦合数字孪生的长机械臂设备典型退化仿真	林统华	浙江大学	东部赛区	三等奖
13	3059	面向智慧工厂汽车电检的数字孪生系统关键技术研究	周畅,赵晨曦,朱嘉浩	上海交通大学	东部赛区	三等奖
14	3065	大型重载液体静压导轨油坯结构设计与优化	李健	南京工业大学	东部赛区	三等奖
15	3075	体温枪外壳注塑模CAD/CAE数字化创新设计	江泓蕾	江苏大学	东部赛区	三等奖
16	3082	温室大棚番茄幼苗移栽机的设计与仿真研究	刘今涛	温州大学	东部赛区	三等奖
17	3096	汽车天窗导流板的成型缺陷分析及一体化成型塑胶模具设	杨奔	盐城工学院	东部赛区	三等奖
18	3121	基于二维振镜快速扫描的运动车辆车牌实时检测及跟踪	唐溢禹	浙江大学	东部赛区	三等奖
19	3133	FDM型双喷头3D打印机的优化设计	唐婉	上海工程技术大学	东部赛区	三等奖
20	3178	水田渗透度检测的高精度水位测试仪器开发	南晨禹	浙江工业大学	东部赛区	三等奖
21	3201	一种电子元器件产线巡检智能移动机器人研制	江航,王子卿,程泽鹏,周敬雨	南京工程学院	东部赛区	三等奖
22	3218	一体化可穿戴式仿生潜水推进器的设计	王硕	盐城工学院	东部赛区	三等奖
23	3229	LFS410组合式选粉机设计	文中华	盐城工学院	东部赛区	三等奖
24	3249	多功能智能陪诊轮椅自主定位及避障导航的研究	刘大勇	浙江大学	东部赛区	三等奖
25	3269	旋翼无人弹机转换及折叠装置设计	丁文韬	南京理工大学	东部赛区	三等奖
26	3289	高温下垫片密封特性及时效泄漏模型	夏子颖	常熟理工学院	东部赛区	三等奖
27	3294	基于六维力传感器的机器人动力学参数辨识研究	程建东	南京工程学院	东部赛区	三等奖
28	3313	原位在体生物3D打印装备原型开发	童春瑜,赵天昊	上海交通大学	东部赛区	三等奖
29	3340	注射成形温度场红外热成像与产品质量优化研究	石皓	浙江大学	东部赛区	三等奖
30	3351	面向机器人仿人抓取的感知系统	孔伟杰	浙江大学	东部赛区	三等奖
31	3371	高温重载运动机构多功能副摩擦学测试系统	刘松恺,黄楷熠,何志轩	上海交通大学	东部赛区	三等奖
32	3409	新能源汽车充电枪接线端子自动压接设备的设计	邱佳悦	江苏大学	东部赛区	三等奖
33	3443	基于边缘计算的轴向柱塞泵分布式故障诊断方法研究	王丹丹	浙江大学	东部赛区	三等奖
34	3457	加工中心高速自动换刀机械手机械结构设计	汪耀	盐城工学院	东部赛区	三等奖
35	3460	空间控制力矩陀螺轴承组件主动补油系统创新设计	彭奕超	上海交通大学	东部赛区	三等奖
36	3491	基于有限元的气浮式转动跟随系统分析与设计	王娅	东华大学	东部赛区	三等奖
37	3517	一种环境友好型仿甲虫鞘翅蜂窝夹芯结构设计	傅泽宇	江苏大学	东部赛区	三等奖
38	3544	数据物理融合的系统级可靠性评估集成系统设计	洪昌瑀	华东理工大学	东部赛区	三等奖
序号	作品id	题目	姓名	学校	赛区	奖项
1	2525	超声振动辅助电弧增材制造熔池行为数值模拟	张山林	重庆大学	西部赛区	一等奖
2	2566	齿轮故障诊断试验台设计与诊断方法研究	黄鸿昆	西安理工大学	西部赛区	一等奖
3	2608	基于仿生机械臂的磁流变抛光装置设计	周博文	兰州理工大学	西部赛区	一等奖
4	2653	管柱自动化排管机的结构设计及优化	邓森林	兰州理工大学	西部赛区	一等奖
5	2673	基于深度学习的乳腺癌超声图像自动分割与诊断	张轶	重庆大学	西部赛区	一等奖
6	2736	面向空间非合作目标的刚柔混合式俘获卫星设计	王乐慧子	长安大学	西部赛区	一等奖
7	2768	舰船表面除锈爬壁机器人设计与分析	何德秋	西南大学	西部赛区	一等奖
8	2807	基于车载柔性热电器件的传感监测系统研究	杨帅,李玉妹,田松	西南大学	西部赛区	一等奖
9	2829	多源信息融合的人形化身机器人系统	马文耀	西安交通大学	西部赛区	一等奖
10	2831	五轴铣削加工数字孪生系统研发	阚茜	重庆大学	西部赛区	一等奖
11	3010	室外移动机器人自主导航方法研究	何雯海	西安理工大学	西部赛区	一等奖
12	3105	大型星载可展开平面SAR天线形面精度在轨实时调整研究	陈雨欣	西安交通大学	西部赛区	一等奖
13	3176	高速公路交通PC卡自主不停车收卡系统机械部分设计	李舒悦	西安工业大学	西部赛区	一等奖
14	3187	多地形爬行人创新设计	邱文澜	重庆大学	西部赛区	一等奖
15	3195	鸡爪智能识别分拣系统研制	李欣飞,吕巡双,马骥,胡洛彬	重庆理工大学	西部赛区	一等奖
16	3434	一种基于机器人视觉的智能巡逻机器人系统设计	张俊	重庆科技学院	西部赛区	一等奖
17	3459	基于折纸的仿章鱼软体抓手设计	罗海波	重庆大学	西部赛区	一等奖
序号	作品id	题目	姓名	学校	赛区	奖项
1	2541	新能源汽车总质量实时辨识及实车实验	陈一萌	西华大学	西部赛区	二等奖
2	2593	墙面智能清理机器人设计与分析	薛勇	西安理工大学	西部赛区	二等奖
3	2602	基于多形态刮板传动输送强度和寿命分析研究	王宗禹	宁夏大学	西部赛区	二等奖
4	2634	无油三涡圈涡旋压缩机结构设计及优化	张丛丛	兰州理工大学	西部赛区	二等奖
5	2649	金属3D打印机清粉设备设计与研究	程自恒	重庆大学	西部赛区	二等奖
6	2675	扫拖一体清洁机器人设计	向烜进	重庆大学	西部赛区	二等奖
7	2677	姿态可调试变刚度软体末端执行器设计	吴萱雨	重庆大学	西部赛区	二等奖
8	2679	手持式无水洗车机设计	刘伟钊	重庆大学	西部赛区	二等奖
9	2713	便携式智能输液装置设计与分析	周世豪	西安理工大学	西部赛区	二等奖
10	2741	一种新的衬塑工艺研究及衬塑模具设计	马泽峥	宁夏大学	西部赛区	二等奖
11	2748	基于机器学习的双稳态屈曲梁结构设计优化研究	王守一	西安交通大学	西部赛区	二等奖
12	2753	心轨铣削加工在机检测系统的开发	范宇涵	西安理工大学	西部赛区	二等奖
13	2755	尖轨检测设备设计与分析	汪波	西安理工大学	西部赛区	二等奖
14	2779	基于组合导航的自动驾驶车辆横纵向跟踪控制研究	莫光海	西南大学	西部赛区	二等奖
15	2811	条形颗粒筛装置设计与仿真分析	胡俊明	重庆科技学院	西部赛区	二等奖
16	2826	海洋钻机排管机械手夹持装置设计	苏杰	西安石油大学	西部赛区	二等奖
17	2913	数控转台的可靠性评估与优化设计	吴琦	重庆大学	西部赛区	二等奖
18	2916	钢丝绳拆解机器人设计	李泽睿	西南大学	西部赛区	二等奖
19	2981	一种小型草方格固沙机的设计与制作	蔡杰川	西南大学	西部赛区	二等奖
20	2990	城镇下水管道清理装置结构设计	谢强	重庆科技学院	西部赛区	二等奖
21	3035	基于双腔结构的箱体气密性检测模拟仿真与实验研究	敬文浩	西华大学	西部赛区	二等奖
22	3074	基于ROS系统的履带式智能巡检机器人总体设计与开发	胡伟,张学壮	西安建筑科技大学	西部赛区	二等奖
23	3118	轴承保持架塑料注射模具设计	李庚龙	西安工业大学	西部赛区	二等奖
24	3132	高立式芦苇沙障成栅机构设计	王志兴	石河子大学	西部赛区	二等奖
25	3139	生产线具有异形成型面零件的运动机器人设计	孙嘉琛	长安大学	西部赛区	二等奖
26	3140	基于数字孪生的某型飞机起落架试验台设计	李堃宁,王湘文	西安理工大学	西部赛区	二等奖
27	3198	航空合金件在超疏水涂层高效构建及防腐机理研究	李晨	西安理工大学	西部赛区	二等奖
28	3224	应用于螺柱焊接生产线的零件自动化装配系统设计	廖世成	重庆理工大学	西部赛区	二等奖
29	3235	水下桥墩检测机器人设计与开发	瞿志苗,陈秀鹏,董鹏斌	长安大学	西部赛区	二等奖
30	3372	便携式精密数字直线度测量平尺（数字平尺）	曾迁喜,杨帅,田松,李玉妹	西南大学	西部赛区	二等奖
31	3378	巷道施工定位系统快速建-移站装置设计	李龙	西安科技大学	西部赛区	二等奖

32	3390	自动化炮孔装填系统设计	刘彦君	重庆交通大学	西部赛区	二等奖
33	3462	面向半导体生产的数字孪生车间建模与生产调度研究	孔现微	重庆大学	西部赛区	二等奖
34	3472	竖井掘进伞钻钻机冲击回转机构及液压系统设计	徐航,李乔	重庆交通大学	西部赛区	二等奖
35	3494	绳驱柔性仿生机器鱼的控制系统与结构设计	罗一波	贵州大学	西部赛区	二等奖

序号	作品id	题目	姓名	学校	赛区	奖项
1	2517	基于泰勒锥的微滴喷射3D打印系统设计与试验	董卓朋	重庆大学	西部赛区	三等奖
2	2550	金属熔滴沉积变形过程的数值模拟研究	张宸嘉	重庆大学	西部赛区	三等奖
3	2556	大调速比磁传动系统设计与仿真	柴力文	重庆大学	西部赛区	三等奖
4	2571	人形机器人用新型旋转关节的设计与分析	梁作贤	重庆大学	西部赛区	三等奖
5	2574	智能无阻尼动力减振器系统设计	李潇轶	重庆大学	西部赛区	三等奖
6	2581	复杂油路壳体零件数控加工工艺	陈鲁昱,张彬滨	西安石油大学	西部赛区	三等奖
7	2599	面向实训的无人网联电动小车设计	杨璨	重庆大学	西部赛区	三等奖
8	2603	考虑供应中断的设备维护和备件库存的联合决策研究	朱运鑫	重庆大学	西部赛区	三等奖
9	2623	加工中心高效工艺及工装设计	皮津鸣	兰州理工大学	西部赛区	三等奖
10	2633	龙门式钣金件焊接机器人设计	王文轩	兰州理工大学	西部赛区	三等奖
11	2641	提升多联机喷粉的质量与效率的工艺优化设计	李东波	宁夏大学	西部赛区	三等奖
12	2642	多功能热喷涂工装设计（企业参与指导）	王凯	宁夏大学	西部赛区	三等奖
13	2658	自动分拣复合机器人设计	陈佳文	重庆大学	西部赛区	三等奖
14	2669	模拟心肌组织受力的软体驱动器设计仿真和制备	苗苗	重庆大学	西部赛区	三等奖
15	2670	振动吸附式仿壁虎四足爬壁机器人设计	张海翔	重庆大学	西部赛区	三等奖
16	2706	基于PLC控制的硅棒自动称重装置	翟昌浩	兰州理工大学	西部赛区	三等奖
17	2719	内燃机缸套活塞系统状态监测平台设计及仿真	胡盈盈	西安工业大学	西部赛区	三等奖
18	2726	分体式结晶器平移夹持装置设计与分析	张奎	西安理工大学	西部赛区	三等奖
19	2783	320KN垃圾压实器驱动系统设计	蔡光亚	重庆科技学院	西部赛区	三等奖
20	2784	轮腿式移动机器人结构设计与运动控制	王一丁	长安大学	西部赛区	三等奖
21	2786	多旋翼巡检无人机设计及分析	蒋文韬	重庆大学	西部赛区	三等奖
22	2795	应用于砂型3D打印机铺砂刮板的清理装置设计	林嘉琪	宁夏大学	西部赛区	三等奖
23	2806	波纹管负泊松比微结构力学性能分析	桑叶	西南大学	西部赛区	三等奖
24	2819	液冷电池包散热与碰撞防护力热耦合一体化设计研究	王彬霖	西南大学	西部赛区	三等奖
25	2822	风冷电池包散热与碰撞防护力热耦合一体化设计研究	殷举伞	西南大学	西部赛区	三等奖
26	2890	车用动力电池典型工况分析与损伤机理研究	施劲余	西南大学	西部赛区	三等奖
27	2905	双级动力扩孔钻具设计	邹浩	重庆科技学院	西部赛区	三等奖
28	2909	钢轨平直度检测设备结构设计与测控系统开发	郭亮	西安理工大学	西部赛区	三等奖
29	2923	高压差液氢调节阀结构设计与仿真计算	谭林炜	宁夏大学	西部赛区	三等奖
30	2959	桥梁锚头全方位信息采集系统设计与开发	贾昕宇	长安大学	西部赛区	三等奖
31	2975	高性能径向柱塞油泵优化方法与应用	陈俊朗	西安理工大学	西部赛区	三等奖
32	2996	多自由度线驱动机械臂的设计	何晨煜	兰州理工大学	西部赛区	三等奖
33	3021	可取式复合桥塞结构设计	姚鑫哲	西安石油大学	西部赛区	三等奖
34	3024	多模态砂带磨削物理模拟装置结构设计及性能分析	陈恪	西安理工大学	西部赛区	三等奖
35	3028	面向异型零件自动装夹的柔性夹具模块化设计与性能分析	闫伟健	西安理工大学	西部赛区	三等奖
36	3033	采棉机籽棉圆模打捆装置液压系统的设计	姜恒	石河子大学	西部赛区	三等奖
37	3038	植保飞行器控制系统设计	王宇航	石河子大学	西部赛区	三等奖
38	3067	永磁爬壁式金属壁面移动机器人底盘设计	张益东	重庆大学	西部赛区	三等奖
39	3127	皮棉品质在线检测定量取样装置设计	徐健康	石河子大学	西部赛区	三等奖
40	3131	绿色高效双主轴多层板全自动攻丝机设计	程宝龙	西安理工大学	西部赛区	三等奖
41	3134	多传感器融合的室内移动机器人及其SLAM技术研究	贾崇介信	西安建筑科技大学	西部赛区	三等奖
42	3167	矿用无人驾驶车辆传感器布置与组合方案研究	张天乐	西安科技大学	西部赛区	三等奖
43	3170	全自动电动轨道切割机结构设计	李莹	西安理工大学	西部赛区	三等奖
44	3180	基于形状自适应夹持器的货物搬运机器人设计	游婉婷	长安大学	西部赛区	三等奖
45	3252	局部通风系统风量参数自供电无线监测系统研发	张佳琳	西安科技大学	西部赛区	三等奖
46	3260	海洋立管爬检测机器人结构设计	樊金龙	西安石油大学	西部赛区	三等奖
47	3278	压电发电与驱动一体化的六自由度并联机器人的设计	杨阳	西安科技大学	西部赛区	三等奖
48	3281	掘进面风流智能调控降尘系统研发	王新雨	西安科技大学	西部赛区	三等奖
49	3305	基于Plant Simulation的主轴混流生产过程仿真与改善研究	徐小峰	重庆大学	西部赛区	三等奖
50	3311	煤矿智能定向钻进系统设计	王泽尧	西安科技大学	西部赛区	三等奖
51	3352	细长轴切削加工系统数字孪生建模	李博	太原理工大学	西部赛区	三等奖
52	3357	悬臂式掘进机远程操控系统设计	解彦彬	西安科技大学	西部赛区	三等奖
53	3403	气力组合式红枣捡拾机的设计	方鑫琦	石河子大学	西部赛区	三等奖
54	3410	锂电池极片涂布机分体式牵引结构设计	王国栋	西安工业大学	西部赛区	三等奖
55	3532	基于机器视觉的机器人精密装配技术研究	冉姝睿	重庆大学	西部赛区	三等奖
56	3536	智能汽车电动助力转向器传动系统优化设计	雒瑞炎	重庆大学	西部赛区	三等奖
57	3543	草坪护理机器人研究	杨小波,余康	重庆大学	西部赛区	三等奖
58	3548	工业机器人用新型旋转关节疲劳试验装置设计	王镁	重庆大学	西部赛区	三等奖
59	3550	喷丸机设备开发及结构设计优化	何伟	重庆大学	西部赛区	三等奖
60	3556	仿生机器鱼新型驱动机理及其运动步态研究	郭文辉	重庆大学	西部赛区	三等奖
61	3558	无人机仿编蝠抓附机理与仿生爪研究	郑津	重庆大学	西部赛区	三等奖
62	3567	智能二维上肢康复机器人研究与开发	唐宇阳	重庆大学	西部赛区	三等奖
63	3573	基于数据挖掘技术的生产调度规则提取与应用研究	唐童权	重庆大学	西部赛区	三等奖

序号	作品id	题目	姓名	学校	赛区	奖项
1	2511	汽车排气管数控抛光机设计	李喜民,侯伟梁	合肥工业大学	中南部赛区	一等奖
2	2554	用于风电叶片静载试验的侧拉装置设计	张英杰	山东理工大学	中南部赛区	一等奖
3	2583	复合型地质构造钻构掘进装置设计	金宝潼,臧宏鑫,王文昊	山东理工大学	中南部赛区	一等奖
4	2587	兼顾动态避碰的移动机器人轨迹跟踪控制	王忠锐	华中科技大学	中南部赛区	一等奖
5	2590	视觉引导下基于深度强化学习的移动机器人导航方法	程祥	华中科技大学	中南部赛区	一等奖
6	2689	空间刚柔耦合检修机器人机构控制方法	刘珈邑	华中科技大学	中南部赛区	一等奖
7	2762	28KWh动力电池系统PACK设计	杜炎涛	安徽新华学院	中南部赛区	一等奖
8	2770	极薄带钢张力卷取机卷筒的设计	孙文杰	湖北工业大学	中南部赛区	一等奖
9	2773	河床地貌数据采集水下机器人设计	应佳柜	合肥工业大学	中南部赛区	一等奖
10	2780	不确定环境下中厚板焊接机器人数字孪生设计及应用	董维捷	武汉理工大学	中南部赛区	一等奖
11	2824	煤矿掘锚一体化智能化技术研究	马忠,谢磊实,桑林海,李梦龙	安徽理工大学	中南部赛区	一等奖
12	2834	地下空间轮足式自主巡检机器人控制系统设计	刘成静	安徽理工大学	中南部赛区	一等奖
13	3056	无人驾驶轮椅导航与避障研究	张琦,纪裕令,霍丽君,房子龙,邢依帆	山东理工大学	中南部赛区	一等奖
14	3470	椅旁五轴联动义齿加工中心设计	王韩杰	合肥工业大学	中南部赛区	一等奖
15	3504	基于机器学习的仿生六足环境感知机器人设计	金志伟	郑州大学	中南部赛区	一等奖

序号	作品id	题目	姓名	学校	赛区	奖项
1	2505	车载锂离子动力电池的机械物理法多级回收系统设计	郑家齐,江玮中	合肥工业大学	中南部赛区	二等奖
2	2523	航空发动机附件传动系统试验台陪试齿轮箱和安装台架设计	王德阳	湖南科技大学	中南部赛区	二等奖
3	2555	风电叶片子部件扭转测试装置	丁德凯	山东理工大学	中南部赛区	二等奖
4	2577	混合驱动小型无人智能帆船结构设计	侯凯迪	安徽理工大学	中南部赛区	二等奖
5	2586	石油钻机井架起升钢丝绳缠绕机器人设计	娄立泰	安徽理工大学	中南部赛区	二等奖
6	2594	基于深度学习的激光切割加工成本估算方法	侯著豪	湖北工业大学	中南部赛区	二等奖

7	2617	氢能源电池堆复合材料电池箱轻量化结构与工艺设计	李帆	武汉理工大学	中南部赛区	二等奖
8	2628	入库前端称重检测模块系统设计	姜子钰	青岛科技大学	中南部赛区	二等奖
9	2638	基于复合材料拉挤成型工艺的工业机器人轻量化端拾器产	颜涛	武汉理工大学	中南部赛区	二等奖
10	2742	音箱抛光工艺自动化作业系统设计	朱耿林,伍韦兴	广东工业大学	中南部赛区	二等奖
11	2847	托卡马克偏滤器系统装配精度分析及方案设计	张黎明	安徽理工大学	中南部赛区	二等奖
12	2858	五自由度3D打印机结构及控制系统设计	朱博能	合肥工业大学	中南部赛区	二等奖
13	2859	基于SLAM与惯导多模态数据融合的移动机器人设计	刘祥程	合肥工业大学	中南部赛区	二等奖
14	2912	某主减速器壳双工位六点定位夹具设计	陆梦博	湖北汽车工业学院	中南部赛区	二等奖
15	3025	桁架机械手垂直轴防坠落装置设计	窦健	青岛理工大学	中南部赛区	二等奖
16	3047	基于数字孪生的掘进机截割部监测系统研究	汪晗	安徽理工大学	中南部赛区	二等奖
17	3048	网箱智能绞车系统设计	程文龙	中国海洋大学	中南部赛区	二等奖
18	3054	蔬菜茎秆切割及梳理装置设计	陈毅龙	广东海洋大学	中南部赛区	二等奖
19	3070	碳纤维复合材料纳秒激光制孔热损伤对静力学强度影响	滕森	华中科技大学	中南部赛区	二等奖
20	3072	水下旋转结构光三维视觉测量方法	袁冶	中国石油大学（华东）	中南部赛区	二等奖
21	3097	GMP车间巡检系统设计	郑炳权	广东工业大学	中南部赛区	二等奖
22	3144	柔性电子多场复合增材制造系统设计	任宇	合肥工业大学	中南部赛区	二等奖
23	3162	面向3D打印建筑的顶升圆柱坐标机器人控制设计&面向3	王安政,刘健	武汉理工大学	中南部赛区	二等奖
24	3216	高精度无线无源声表面波阅读器系统	曹健辉	湖南大学	中南部赛区	二等奖
25	3239	用于整体刀具刃口处理的拖拽式刀具钝化机设计及其应	陈垚昊	华侨大学	中南部赛区	二等奖
26	3298	新型煤矿井下密闭保压取样装置	秦杰	安徽理工大学	中南部赛区	二等奖
27	3333	浅层取换套修井作业的新型地面卸扣装置设计与分析	杨士杰	中国石油大学（华东）	中南部赛区	二等奖
28	3353	修井作业分层多驱式自动管杆排放装置的设计	孙清龙	山东石油化工学院	中南部赛区	二等奖
29	3374	全自动草方格生成车	方景荣	华侨大学	中南部赛区	二等奖
30	3552	某工件装箱机构和机械手系统设计	杨玄德	南昌航空大学	中南部赛区	二等奖

序号	作品id	题目	姓名	学校	赛区	奖项
1	2508	一种能适应多种面类识别的智能煮面机	蔡红鑫,刘毅龙	合肥工业大学	中南部赛区	三等奖
2	2512	航空叶片柔性砂带抛光加工系统设计	许天宇	合肥工业大学	中南部赛区	三等奖
3	2529	电动后驱车型副车架力学分析与轻量化设计	王庆	安徽理工大学	中南部赛区	三等奖
4	2548	多功能倾转旋翼无人机设计与制作	刘康	湖北汽车工业学院	中南部赛区	三等奖
5	2553	一种三自由度高速并联机器人机械结构设计	方明峰	安徽理工大学	中南部赛区	三等奖
6	2558	曲轴连杆式弛张筛的结构设计与运动学分析	柯达	郑州大学	中南部赛区	三等奖
7	2562	一种在线托辊拆安机械手装置的设计	汪浩	安徽理工大学	中南部赛区	三等奖
8	2563	重载荷柔性支撑结构疲劳寿命分析与优化设计	姚聪沛	广东工业大学	中南部赛区	三等奖
9	2569	谐振腔弧面可调节MPCVD系统结构设计	赵玉祥	山东理工大学	中南部赛区	三等奖
10	2597	面向轨道交通的电机械制动系统设计与试验	蒯鹏	安徽理工大学	中南部赛区	三等奖
11	2600	机器人定位相机与激光雷达融合标定方法研究	袁星宇	华中科技大学	中南部赛区	三等奖
12	2611	基于PLC的移动机器人驱动系统设计	黄超	武汉理工大学	中南部赛区	三等奖
13	2612	基于柔性铰链的光纤位移传感器设计	亢宇飞	武汉理工大学	中南部赛区	三等奖
14	2621	基于视觉的环境感知系统构建	袁仪伟	武汉理工大学	中南部赛区	三等奖
15	2743	搭载双驱进给系统的数控雕铣机加工-检测一体化设计及	肖俊彪	武汉理工大学	中南部赛区	三等奖
16	2791	航空发动机机匣筒形件增材制造热力学模拟	陈明葳	华中科技大学	中南部赛区	三等奖
17	2828	面向维修保障性的船舶备件配置优化方法及系统软件设	李艳辉	武汉理工大学	中南部赛区	三等奖
18	2862	智能化九臂掘进机器人系统设计	王超	安徽理工大学	中南部赛区	三等奖
19	2885	城市火灾检测消防无人机设计及开发	郭佳浩	武汉理工大学	中南部赛区	三等奖
20	2901	制药工程的连续化结晶器结构设计及其流场特性分析	王昕喆	青岛科技大学	中南部赛区	三等奖
21	3018	面向大型船体分段装配的调姿对位系统研究.	陈粤辉	南昌航空大学	中南部赛区	三等奖
22	3027	龙门桁架助力机械手设计	许浚楠	青岛理工大学	中南部赛区	三等奖
23	3029	龙门桁架机械手的设计制作及应用	王新栋	青岛理工大学	中南部赛区	三等奖
24	3053	基于奥力特932T的自动上料一体搅拌机结构设计	魏本光	青岛理工大学	中南部赛区	三等奖
25	3081	基于薄壁零件的铣削加工与夹具设计	李禹赫	南昌航空大学	中南部赛区	三等奖
26	3100	机体翻转吹干机结构设计	徐波	青岛理工大学	中南部赛区	三等奖
27	3124	难可达油管内螺纹三维形貌内窥测量方法	魏鑫宇	中国石油大学（华东）	中南部赛区	三等奖
28	3219	基于柔性应变传感器的手语识别系统	王栋	湖南大学	中南部赛区	三等奖
29	3258	自动驾驶汽车泊车关键技术研究	吴永辉	中国石油大学（华东）	中南部赛区	三等奖
30	3297	自动驾驶汽车视觉感知技术研究	魏梓栩	中国石油大学（华东）	中南部赛区	三等奖
31	3327	智能无耗材液压润滑油液净化系统设计	童向贤	安徽工业大学	中南部赛区	三等奖
32	3330	跳台滑雪空中飞行姿态优化方法研究	周义翔	华侨大学	中南部赛区	三等奖
33	3334	无人驾驶轿车四轮线控转向系统设计与分析	袁瑶	中国石油大学（华东）	中南部赛区	三等奖
34	3345	输出扭矩10000Nm紧凑型行星齿轮减速机设计	刘增辉	湖北工业大学	中南部赛区	三等奖
35	3358	静压工作台油膜厚度检测与调节方法研究	吕世龙	湖北工业大学	中南部赛区	三等奖
36	3360	双排斜柱塞轴向柱塞泵的设计	何远晶	安徽理工大学	中南部赛区	三等奖
37	3387	基于恒速控制的剖面牵引绞车设计	杜呈祥	中国海洋大学	中南部赛区	三等奖
38	3395	潜艇搭载重型无人水下航行器的捕获装置系统设计	曹程	华中科技大学	中南部赛区	三等奖
39	3402	浅层取换套修井作业的井口切割装置设计与分析	张永健	中国石油大学（华东）	中南部赛区	三等奖
40	3405	某汽油机连杆组件设计及强度分析	吴兢	湖北汽车工业学院	中南部赛区	三等奖
41	3414	电梯智能控制仿真系统设计	蔡烽	武汉理工大学	中南部赛区	三等奖
42	3486	小型双轮差速AGV移动平台结构设计	吴奂	中国海洋大学	中南部赛区	三等奖
43	3498	新型电驱人造肌肉设计和力学性能研究	阮浩伟	汕头大学	中南部赛区	三等奖
44	3515	可移动式焊接机器人的设计与分析	吴刘鹏	安徽理工大学	中南部赛区	三等奖
45	3577	基于磨粒行为的超声辅助钻削CFRP去除机理仿真与实验	唐宇飞	武汉理工大学	中南部赛区	三等奖

附录六 决赛入围名单公示

2023年中国大学生机械工程创新创意大赛·"精雕杯"毕业设计大赛决赛入围名单

序号	作品id	题目	姓名	学校	学校指导教师	企业指导老师
1	2502	智能轴承嵌入式结构设计与服役状态集成感知研究	郑薛亮、姚兆琦、李梓飞、周文兵	南通大学	王恒	陈宝国
2	2505	车载锂离子动力电池的机械物理法多级回收系统设计	郑寒齐、江珑中	合肥工业大学	丁志、吴仲伟、夏金兵	张一凡
3	2511	汽车排气管数控抛光机设计	李喜民、侯伟梁	合肥工业大学	丁志、常伟杰、吴仲伟	高海泉
4	2523	航空发动机附件传动系统试验台陪试齿轮箱和安装台架设计	文武翊	湖南科技大学	毛征宇	彭波
5	2525	超声振动辅助电弧增材制造熔池行为数值模拟	张山林	重庆大学	伊浩	周寒
6	2540	中空冒谱波减速器薄壁柔轮精车-滚齿一体化夹具设计与分析	李夺	江苏科技大学	胡秋实	张新
7	2541	新能源汽车总质量实时辨识及变车实验	陈一萌	东华大学	杨燕红	夏甫根
8	2544	射流式风电叶片除冰装置设计	黄毅岚	沈阳工业大学	马铁强	姚露
9	2551	多层温室系统设计	曲培健	天津理工大学	薛涛、刘海清	李国建
10	2554	用于风电叶片疲劳载试验的侧拉装置设计	张英杰	山东理工大学	张磊安	李成良
11	2555	风电叶片子部件扭转测试装置设计	王德凯	山东理工大学	张磊安	李成良
12	2566	齿轮故障诊断试验台设计及故障诊断方法研究	黄鸿昆	西安理工大学	杨振朝	刘三娃
13	2572	水面生态缝复机器人设计	刘海锋	天津理工大学	薛涛	李莹
14	2575	四轮独立驱动独立转向越野车设计	马会他	辽宁工程技术大学	张兴元	靳铁成
15	2577	混合驱动小型无人智能帆船结构设计	侯凯迪	安徽理工大学	李家东	郎明
16	2578	基于模型预测和卡尔曼滤波的无人车轨迹跟随	李春峰	北京理工大学	张硕	谭平
17	2579	海洋油气管道水下连接器设计	胡文财	东北石油大学	贾光政	孟祥伟
18	2582	考虑初始误差的卫星天线反射装配偏差分析	孙冠宇	南京航空航天大学	齐振超	赵长青
19	2583	复合层地质构造盾构掘进系统设计	金宝潘、臧宏鑫、王文吴	山东理工大学	魏峥	崔来胜
20	2586	石油钻机井架起升钢丝绳探伤机设计	娄立泰	安徽理工大学	姜国胜	郭吴亮
21	2587	兼顾动态避碰的移动机器人轨迹跟踪控制	王思锐	华中科技大学	谢远龙	肖卫国
22	2590	视觉引导下基于强化学习的移动机器人导航方法	程祥	华中科技大学	谢远龙	肖卫国
23	2593	墙面智能清理机器人设计与分析	薛勇	西安理工大学	李言、杨振朝	刘三娃
24	2594	基于深度学习的激光切割加工成本估算方法	侯著豪	湖北工业大学	李西兴	刘拉
25	2602	基于多形态刮板传动输送强度和寿命分析研究	王宗禹	宁夏大学	曲爱丽	孙俊测
26	2605	3D可加热面膜的设计与制备	朱部俊、李尢洋、李博巍	上海应用技术大学	禇忠	吴兴农
27	2608	基于仿生机械臂的磁流变抛光装置设计	周博文	兰州理工大学	王有良	刘晨来
28	2609	高速列车轴轴体轻量化设计与安全评估	吴翔宇	北京交通大学	陈耕	邵俊捷
29	2615	高温高含尘复合余热预热器空气预热器的开发设计	陈明应	南京工业大学	虞斌	崔建盛
30	2617	氢能源电池堆复合材料电池箱轻量化结构与工艺设计	李帆	武汉理工大学	张锦先	孟祥龙
31	2620	高品级单晶金刚石激光加工工机理及工艺初研	田博宇	上海交通大学	王新桓	禇洪建
32	2628	入库前端杯重检测模块系统	姜子锰	青岛科技大学	赵海霞	王广业
33	2634	无油三流圈涡旋压缩机结构设计与优化	张丛从	华东大学	彭诚	饶山清
34	2638	基于复合材料拉挤成型工艺的工业机器人轻量化端坯产品	顾涛	武汉理工大学	张鹏光	李世春
35	2646	减震阻尼器试验台设计与分析	陈秀、徐俑、孙文杰、刘明	江苏理工学院	陈宇、康绍鹏、刘洞磊、强红宾	谭立军、杨力
36	2647	新型碳纤维复合材料地铁转向架构架设计与分析	高俊义	北京交通大学	宴伟元	张海峰
37	2649	金属3D打印机清扬设备设计与制造	程自旭	兰州理工大学	张永贵	王腾
38	2653	管桩自动化排管机的结构设计及优化	邓森林	兰州理工大学	彭斌	杨小亮
39	2664	手持式激光一电弧复合焊接头设计	项思远	浙江工业大学	张群莉	富生大
40	2673	基于深度学习的乳腺癌超声图像自动分割与诊断	张轶	重庆大学	陈锐	杨鑫洞
41	2675	扫拖一体清洁机器人设计	向垣进	重庆大学	陈锐	杨毅
42	2676	基于喷涂层的低粘度样表面减阻性能研究	梁兆熙	重庆大学	赵杰亮、马丽然	杨岳
43	2677	姿态可调式变刚度软体末端执行器设计	吴萱雨	重庆大学	陈锐	彭鹏
44	2679	手持式无水洗车机设计	刘伟钊	重庆大学	陈锐	黄伟
45	2688	滚动轴承故障的定量表征与迁移诊断方法研究	李晨阳、陈学良	北京化工大学	胡明辉	邹立民
46	2689	空闲刷柔耦合检修机人机控制方法	刘迪昌	华中科技大学	赵欢	马进华
47	2691	基于MRE的座椅减振器设计及特性研究	余昌恒	北京化工大学	姚剑飞	刘德峰
48	2697	面向模仿学习的手臂操作轨迹数据采集与处理	李宣	北京交通大学	张秀丽	江磊
49	2698	移动仿人机器人轮臂协同运动策略与仿真	李伟	北京交通大学	张秀丽	江磊
50	2708	基于电机执行器的发动机转子系统不平衡振动智能控制方法	魏锴	北京化工大学	潘鑫	刘义
51	2713	便携式智能输液装置设计与分析	周世豪	西安理工大学	杨振朝	娄飞虎
52	2724	大型空分设备填料装配及监测系统设计	叶信福	浙江工业大学	姚存燕	毛炜
53	2736	面向空间非合作目标的刚柔混合式仿狭卫星设计	王乐撃子	长安大学	李陈勇	陈勇
54	2741	一种新的衬塑工艺研究及对塑模具设计	马泽峰	宁夏大学	宿友亮	张明明
55	2746	音圈抛光工艺自动化作业模设计	朱致林、伍韦吴	广东工业大学	吴磊、邹大鹏	侯景成
56	2748	基于机器学习的双态忘励曲梁结构优化研究	王守一	西安交通大学	王永泉	张永
57	2749	空间阵列特征自适应机机械系统开发	张莹一	大连理工大学	刘海波	刘波
58	2750	钢筋连接套智能检测生产线机械系统设计	朱存刚、张航、李源盛	河北科技大学	牛虎军	吴连军
59	2753	心轨铣削加工在机检测系统的开发	范宇涵	西安理工大学	薫永芳	贺小武
60	2754	尖轨检测台的设计与分析	汪波	西安理工大学	李淑娟	蒋建湘
61	2762	28KWh动力电池系统PACK设计	杜炎涛	安徽新华学院	乔红娇	宋春雷
62	2768	舰船表面除锈爬壁机器人设计与分析	何维秋	西安理工大学	杨振朝	曾水生
63	2770	精囊带钢张力泰取数据筒的设计	孙文杰	湖北工业大学	夏军勇	吴有生
64	2773	河床地貌数据采集水下机器人设计	应恺伟	合肥工业大学	丁志、吴仲伟、常伟杰	齐运星
65	2775	基于器视觉的辅助机械臂控制模型设计	宋佳员	河海大学	顾文斌	曾水生
66	2779	基于结合导航的自动驾驶车辆横纵向周踪控制研究	莫光海	西南大学	赵颖	王月强
67	2780	不确定环境下中严般接援机器人数字孪生系统设计及应用验	董维捷	武汉理工大学	卢红	刘曙
68	2792	中控后端盖板模具设计	龙涛	大连理工大学	王明伟	林连堆
69	2807	基于车载柔性热电器件的传感监测系统研究	杨帅、李玉姝、田松	西南大学	高鸣源	龚伟家
70	2811	条形颗粒筛装置设计与仿真研究	胡俊明	重庆科技学院	何高法	谭思
71	2815	HS5099汽轮机后气缸上半部分铸造工艺及工装设计	李辉福、王旭辉、乔帅豪	江苏大学	刘光磊、刘海霞	董春雷
72	2817	无人驾驶方程式赛车高速循迹控制策略研究	田德成	江苏科技大学	赵鑫鑫	刘甫利
73	2824	煤矿振锤一体配智能化技术研究	马忠、谢磊实、桑林海、李梦龙	安徽理工大学	王开松	田胜利
74	2826	海洋钻机排管机机力开拔装置设计	苏杰	西安石油大学	李万钟	胡英才
75	2829	多源信息融合的人形化身机器人系统	马文耀	西安交通大学	郭艳婕	刘晋东
76	2830	基于桌面机械手的双臂协作作业研究	项立鹏	南京工程学院	韩宝丽	唐海峰
77	2831	五轴铣钥加工数字学生系统研究	廖青	重庆大学	王四宝	杨德存
78	2834	地下空间轮足式自主巡检机器人控制系统设计	刘成静	安徽理工大学	杨洪涛	王建刚
79	2847	机器人航空涂胶系统感知方法	林昭晖	安徽理工大学	董会旭	黄小东
80	2847	托卡马克偏滤器系统配精度分析及方案设计	张黎明	安徽理工大学	王开松	宋云涛
81	2848	面向介观尺度流体流动及相变动力学过程的数值建模方法与模拟软件设计	吴嘉豪、吴鹏霄、吴寒、丁雪容	东南大学	孙永科	陈玮
82	2853	电喷推力器离子液发射对多孔玻璃微推阵列超快激光加工工艺	陆子杰	上海交通大学	胡永祥	朱廉武
83	2858	五自由度3D打印机结构及控制系统设计	朱博德	合肥工业大学	董方方	管文田
84	2873	基于SLAM与惯导多模态数据融合的移动机器人设计	刘祥程	合肥工业大学	董方方	管文田
85	2898	小型搬运机器人的设计与控制	田聪	无锡太湖学院	刘洁	谢冬
86	2913	某主减速器壳双T位六点定位夹具设计	陆梦博	湖北汽车工业学院	陈君宝	殷安文、黄永强
87	2913	数控转台的可靠性评估与优化设计	吴陽	重庆大学	冉琰	胡建亭
88	2916	陆空两栖仿生扑翼机器人	朱科祺	浙江大学	董会旭、毕远波	翁敬砚
89	2916	钢丝绳拆解机器人设计	李泽春	西安理工大学	杜西倩	许恩乘
90	2928	航天用大开孔高压阀壳设计与开发	卢鹏旭	北京化工大学	罗翔鹏	王传志
91	2967	局域银镀层的激光诱导电化学沉积技术研究	李擘洲	江苏大学	徐坤	刘思水

92	2969	动态场景下基于视觉识别的移动机器人定位方法研究	吴名远	大连理工大学	耿兴华	谢远龙
93	2974	圆柱形多工位家用智能分类垃圾桶设计	连彩婷	河北科技大学	闫海鹏	梁江华
94	2981	一种小型草方格固沙机的设计与制作	蔡杰川	西南大学	何辉波	罗维彬
95	2984	面向取书应用的灵巧手设计与控制	郑子翼	浙江大学	董会旭	翁敬砚
96	2990	城镇下水管道清理装置结构设计	谢强	重庆科技学院	孟杰	夏卿
97	2992	火箭发动机涡轮泵轴承/密封动力学测试装置开发	戚文锴	北京航空航天大学	王维民	王志君
98	3010	室外移动机器人自主导航方法研究	何雯海	西安理工大学	李艳	代永利
99	3022	高速重载搬运机器人设计	周源煜	东南大学	温海营	陈耀诚
100	3025	桁架机械手垂直轴防坠落装置设计	窦健	青岛理工大学	彭子龙	王树军、杨德仁
101	3035	基于双腔结构的箱体气密性检测模拟仿真与实验研究	敬文浩	重庆科技学院	周传德	陶成龙
102	3041	对置式超高压轴向柱塞泵结构设计	李天尧	燕山大学	张晋	张永杰
103	3047	基于数字孪生的掘进机截割部监测系统设计	汪玚	安徽理工大学	马天兵	张水杰
104	3048	网箱智能驱车系统设计	程文龙	中国海洋大学	田晓洁	王新宝
105	3051	振动能量回收悬架设计与动态特性分析	张梦祥	扬州大学	关栋	王水
106	3054	蔬菜茎秆切割及梳理装置设计	陈毅龙	广东海洋大学	张静	张园
107	3056	无人驾驶轮椅导航与避障研究	张琦、纪裕令、霍丽君、房子龙、邢依帆、陈泽明、周云起	山东理工大学	王建军	王光涛
108	3057	ABS/ESC HCU总成低压性能检测的结构设计与仿真研究	胡维峰	温州大学	申允德	李传武
109	3061	基于内置自加热的柔性兰姆波器件的气体流速测量研究	赵浩楠	浙江大学	谢金	朱可
110	3063	面向3D打印异形波导管复杂内腔的振动辅助磁力研磨加工技	刘心宇、叶渐森、张龙飞	南京航空航天大学	李志鹏、孙玉利、左敦稳	孙淑琴
111	3068	基于地铁架梁检修的全向移动转运平台设计与研究	王先发	北京科技大学	刘超	刘兴杰
112	3070	碳纤维复合材料秒激光制孔热损伤对静力学强度影响行为	滕藤	华中科技大学	荣佑民、黄禹	郭涟
113	3072	水下旋转结构光三维视觉测量方法	袁治	中国石油大学(华东)	李肖	张伯莹
114	3073	基于折纸原理的侧向折展移动机器人	范子睿	北京理工大学	苏丽颖	曹志强
115	3074	基于ROS系统的履带式管线巡检机器人总体设计与开发	胡伟、张学壮	西安建筑科技大学	史雅晨、王亮亮	马杰
116	3079	面向换轨作业的铁路III型扣件快速拆装系统研究	郑子越	北京交通大学	刘笃信	刘景
117	3080	介入式心室辅助装置流场对机械疲血液损伤影响研究	刘琦炜	清华大学	李水健	刘诗汉
118	3081	基于薄壁零件的铣削加工与实验分析	李禹赫	南京航空大学	左红艳	李国锋
119	3088	具有自锁功能的空间自由物体捕获装置设计与研究	李丰睿	北京交通大学	李铭明	姜水涛
120	3090	基于表面诱导的定向结构光热成型应用研究	王广基	清华大学	柴智敏	周文斌
121	3092	Cf/SiC复合材料秒激光切割仿真及实验研究	焦荣哲	大连理工大学	董志刚	徐亮
122	3093	蔬菜穴盘育苗补苗机器人的设计与仿真研究	毛丛余	温州大学	申允德	张成浩
123	3097	GMP车间巡检系统设计	郑炳权	广东工业大学	邹大鹏、吴磊	冯耿超
124	3099	搅拌摩擦焊接头抗拉强度智能预测	叶志宇	大连理工大学	卢晓红	孙世煊
125	3104	ZSL3070振动筛的三维建模及动力学仿真分析	丁腾宇	沈阳化工大学	冯霏	
126	3105	大型星载可展开平面SAR天线形面精度在轨实时调整研究	陈雨欣	西安理工大学	洪军、赵强强	陈飞飞
127	3106	压铸角码模具设计和随形冷却水路模拟分析	陆从洲	盐城工学院	陈膏、吴卫东	王涤成
128	3113	潜水艇式胃镜胶囊机器人开发	卓逸天	浙江大学	韩冬、杨华勇	吕世文
129	3114	温室大棚全自动起垄覆膜一体机设计与仿真	刘龙	温州大学	申允德	张成浩
130	3118	轴承保持架塑料注射模具设计	陈庆龙	西安工业大学	张新运	何忠武
131	3120	具有在线检测系统的自动原子制造装备	马亦超、王凌峰	浙江大学	项荣	徐顺土
132	3126	基于GPU并行计算的晶圆表面缺陷高精度、实时检测和识别	陈皓天	浙江大学	杨将新	张孝庆
133	3129	汽车后视镜马达安装的自动上下料码垛机总体设计	程瀚、陈鸿昌	江苏大学	杨志贤	许为为
134	3132	高立式芦苇沙障处栅机械的设计	王志兴	石河子大学	葛云、郑一江	李文春
135	3135	面向校园安防的移动机器人人脸识别系统设计与应用	张嘉诚	江苏理工学院	奥渊、刘文汇	芦俊
136	3137	老年人腿部和肩部按摩的减重复轮椅设计	金红迪	温州大学	申允德	钟国涛
137	3139	生产线具有异形成型面零件的运物机器人设计	孙嘉琛	长安大学	黄超雷	魏唯
138	3140	基于数字孪生的某型飞机起落架试验台设计	李智宁、王湘文	北京理工大学	李鹏飞、苏宁龙	李华
139	3142	抽油机井井口可控密封系统设计	孙少杰	东北石油大学	贾光政	李清忠
140	3144	柔性电子多场复合增材制造系统设计	任宇	合肥工业大学	田晓青、韩江	张文义
141	3148	一种高适应性排水管道清理机器人设计	陈旭瑞	北京交通大学	刘中磊	杜光乾
142	3162	面向3D打印建筑的顶升圆柱坐标机器人控制设计&面向3D打印建筑的顶升圆柱坐标机器人结构设计	王安政、刘健	武汉理工大学	尹海斌	沈仲达
143	3174	双侧曲率可调的可膜子手机构型设计和性能分析	仇铮	清华大学	刘辛军	吕春哲
144	3176	高速公路交通PC卡自动不停车收卡系统机械部分设计	李舒悦	西安工业大学	万宏强	陈海宾
145	3184	全方位走行轮腿式平衡机器人结构设计	唐立江	东北大学	李一鸣	袁工
146	3187	多地形爬行机器人创新设计研究	邱文澜	重庆大学	韩彦峰	郑孝林
147	3195	鸡爪智能识别分拣系统研制	李欣飞、吕巡双、马骥、胡洛彬	西南交通大学	鄢然	肖志豪
148	3198	航空合金仿生超疏水涂层高效可控构建及防腐机理研究	文晨	西安科技大学	李雪伍	曹百仓
149	3213	自行走深孔激光强化机器人	王雨豪	燕山大学	黄世军	王园
150	3216	高精度无线声表面波阅读器系统	曹俊辉	东南大学	周剑	赵亚魁
151	3223	航空用管端部扩口自适应装置设计	郭世超	东北林业大学	张鑫龙	张坤
152	3224	应用于螺柱焊接生产线的零件自动化装配系统设计	廖世远	重庆理工大学	殷勤	宋源源
153	3227	高温板坯"超快冷"实验装置设计	张浩	燕山大学	刘丰	周静辉
154	3233	新型铲平式排障器的设计	刘炳君	北京交通大学	张乐乐	郭建瑞
155	3235	苗下桥墩监测测机器人设计与开发	霍志苗、陈秀鹏、董鹏斌	华侨大学	夏强华	邹易清
156	3239	用于整体刀具刃口处理的拖拽式刀具钝化机设计及其应用	陈卓昊	华侨大学	言兰	李友生
157	3248	机翼强度实验加载装置设计	张学霉	燕山大学	陈子明	安会江
158	3250	移动式并联机械臂排球机器人结构设计	游子徹	东北大学	李一鸣	袁工
159	3276	小行程平面刨削集成教学系统设计	王俊伟、潘星合、孙岡、林恩扬	杭州电子科技大学	叶红仙、于保华	张尧
160	3283	基于薄壁类零件铣削加工的夹具设计与分析	冯盟双	北华航天工业学院	李伊	崔亚超
161	3293	弹簧蓄能密封圈蠕变特性及封性能研究	聂佳伟	常熟理工学院	张斌	马志刚
162	3298	新型煤矿井下密闭保压取样装置	秦杰	安徽理工大学	刘泽	刘存勇
163	3307	苹果智能包装机器人设计	欧梓源	哈尔滨工程大学	李秋红	陈猛
164	3314	飞机牵引车拖轮装置液压系统设计	张财瑜	燕山大学	张晋	王寅
165	3322	基于多源融合感知与自车轨迹预测的应急防撞系统研究	傅力嘉、吴宇鹏、戴籍乐	上海交通大学	曹其新	杨扬
166	3333	浅层取换套修井作业的新型地面卸扣装置设计与分析	杨士杰	中国石油大学(华东)	纪仁杰	刘智飞
167	3336	自激振荡喷嘴流场分析及优化设计	邓济阳	燕山大学	袁晓明	葛俊礼
168	3337	横内注塑强贴合复杂结构件的模具设计	董纪龙	哈尔滨工程大学	史冬岩	唐玉婷
169	3346	液压伺服阀阻控驱动传动系统智能控制	吴子博	燕山大学	袁晓明	葛俊礼
170	3347	可穿戴膝关节重力支撑减荷装置设计	齐信腾	燕山大学	陈子明	刘飞
171	3353	修井作业分层多驱式自动管杆排放装置的设计	孙清龙	山东石油化工学院	周扬理	张园柱
172	3355	多材料磁场辅助制造	黄好健	浙江大学	赵朋	周宏伟
173	3364	自由曲面薄板加工的多点定位柔性夹具设计	钟金洋	浙江大学	关亚彬	崔亚超
174	3371	高温重载运动机构多功能运动副摩擦学测试系统	刘松恺、黄楷熠、何志轩	上海交通大学	张执南	葛长闳
175	3372	便携式精密数字直线度测量平尺(数字尺)	曾建豪、杨帅、田松、李玉妹	华侨大学	姜峰、言兰	刘家文
176	3374	全自动草方格生成车	方熙荣	西南大学	何辉波	陶理
177	3378	巷道施工定位系统快速建-移站装置设计	李龙	西安科技大学	张旭辉	乔杰
178	3380	渔船10МИ电动绞车设计与结构优化设计	沈芸倩	浙江海洋大学	刘全良、戎瑞亚、林吉	贺波
179	3385	基于三维点云视觉感知的机械臂智能协作控制研究	梁宜轩	清华大学	胡楚雄	丁克
180	3390	自动化烟丸装填系统设计	刘彦君	重庆交通大学	胡启岛	余讯
181	3392	基于PCB技术的燃料电池电池冷板结构设计与开发	李乐天、何奔洋、邹砚文	上海交通大学	邱殿凯	邵恒
182	3394	增减材复合数控机床高刚性结构设计与分析	徐来	浙江大学	沈洪垚	王松伟
183	3404	自动进给钻高精度高稳定性导向结构设计	常万江	大连理工大学	付饶	姜振喜
184	3411	连续作业式猕猴桃采摘机器人设计	陈安雨	东北林业大学	付敏	邓宇
185	3415	仿生扑翼飞行器设计与开发	季皇威、吴菲晗、王昊月、戴晟豪	上海交通大学	郭为忠	夏凯

186	3417	一种基于站立-倾倒变形机构的履带式机器人	徐然	北京交通大学	刘超	刘兴杰
187	3418	面向脑控机械臂的脑机协同控制方法研究	王梓潼	北京理工大学	毕路拯	田坤
188	3429	新型卧式热水循环离心泵设计及数值模拟分析	姚权峰	江苏大学	杨嵩	周民
189	3434	一种基于机器人视觉的智能巡逻机器人系统设计	张俊	重庆科技学院	黎泽伦	段虎明
190	3459	基于折纸的仿章鱼软体抓手设计	罗海波	重庆大学	江沛, 李孝斌	杨鑫凯
191	3462	面向半导体生产的数字孪生车间建模与生产调度研究	孔现微	重庆大学	陈晓慧	谢进成
192	3463	阀式脉冲射流冲击器	裴霖泽	东北石油大学	任永良	刘文霄
193	3470	椅旁五轴联动义齿加工中心设计	王韩杰	合肥工业大学	田晓青, 韩江	张建军
194	3472	竖井掘进伞钻钻机冲击回转机构及液压系统设计	徐航, 李乔	重庆交通大学	何泽银, 胡启国	李再行
195	3477	移动机器人测距传感器数字孪生设计与实现	王思杰	大连理工大学	孙晶	王薇, 刘欣悦
196	3494	绳驱柔性仿生机器鱼的控制系统与结构设计	罗一波	贵州大学	尹存宏	张大斌
197	3495	基于磁流变液自锁原理的防截脚踝关节康复/助力外骨骼系统	刘文静	燕山大学	张亚辉	王志鹏
198	3504	基于机器学习的仿生六足环境感知机器人设计	金志伟	郑州大学	蒋晶	赵永让
199	3506	基于无人机航摄系统的海上风机关键部件故障智能监测方法	罗伟明	汕头大学	王奉涛	王全普
200	3512	玻璃钢罐体直径40-800 孔加工机器人设计	陈昱霖	燕山大学	李艳文	潘秋明
201	3513	航天构件加工机器人位姿视觉测量方法研究	韩磊	大连理工大学	刘巍	周颖皓
202	3519	新能源智能化双向旋转顶置式平台高空作业车设计	刘班甫, 夏陈鹏, 田晓凡, 陈宇轩	江苏大学	朱长顺	徐其军
203	3521	智能锁紧释放机构增材制造研究	杨仕达	吉林大学	吴文征, 李桂伟	曹岩
204	3530	基于数字孪生的FSW温度监测	宋承睿	大连理工大学	卢晓红	孙世煊
205	3552	某工件装箱机构和机械手系统设计	杨玄德	南昌航空大学	洪连环	宋新文

附录七　大赛决赛获奖名单

2023年中国大学生机械工程创新创意大赛"精雕杯"毕业设计大赛决赛获奖名单公布

　　2023年中国大学生机械工程创新创意大赛·"精雕杯"毕业设计大赛（下文简称大赛）是由中国机械工程学会和中国机械行业卓越工程师教育联盟共同主办的具有导向性、示范性的机械类专业毕业设计竞赛活动，为"中国大学生机械工程创新创意大赛"三大赛道之一。本届大赛为第六届，由中国机械行业卓越工程师教育联盟、中国机械工程学会主办，北京精雕科技集团有限公司冠名，重庆大学承办，重庆理工大学等单位协办。

　　大赛决赛于2023年5月27日—5月29日在重庆大学虎溪校区举行，共分为11组进行分组答辩，每组5位评委现场评审，各组得分最高的作品进入全国总决赛角逐金奖。金奖评选由55位评委根据现场答辩情况现场打分。经过激烈角逐，大赛决赛评选出一等奖11项（包括个人金奖1项，团队金奖1项，个人银奖8项，团队银奖1项）、二等奖22项（即铜奖22项）、三等奖55项（即优秀奖55项）、佳作奖112项。此外，由专家评委和大众评审共同投票，决出1项最具商业价值奖和1项最佳人气奖。现将获奖名单予以公布。获奖名单详见附件。

中国机械工程学会

中国机械行业卓越工程师教育联盟

2023年5月30日

　　附件：2023年中国大学生机械工程创新创意大赛"精雕杯"毕业设计大赛决赛获奖名单

2023 年中国大学生机械工程创新创意大赛"精雕杯"毕业设计大赛决赛获奖名单

个人金奖 1 项

序号	题目	学生	学校	指导老师	奖项
1	面向取书应用的灵巧手设计与控制	郑子翼	浙江大学	董会旭 翁敬砚	金奖

团队金奖 1 项

序号	题目	学生	学校	指导老师	奖项
1	小行程平面刨削集成教学系统设计	王俊伟、潘星合、孙同、林恩扬	杭州电子科技大学	叶红仙、于保华、张尧	金奖

银奖 9 项（含团队 1 项）

序号	题目	学生	学校	指导老师	奖项
1	电喷推力器离子液发射多孔玻璃微锥阵列超快激光加工工艺研究	陆子杰	上海交通大学	胡永祥、朱康武	银奖
2	大型星载可展开平面 SAR 天线形面精度在轨实时调整研究	陈雨欣	西安交通大学	洪军、赵强强、陈飞飞	银奖
3	兼顾动态避碰的移动机器人轨迹跟踪控制	王忠锐	华中科技大学	谢远龙、肖卫国	银奖
4	移动机器人测距传感器数字孪生设计与实现	王思杰	大连理工大学	孙晶、王薇、刘欣悦	银奖
5	考虑初始误差的卫星多层级装配偏差分析	孙冠宇	南京航空航天大学	齐振超、赵长喜	银奖
6	陆空两栖仿生抓取机器人	朱科祺	浙江大学	董会旭、毕运波、翁敬砚	银奖
7	基于 GPU 并行计算的晶圆表面缺陷高精度、实时检测和识别	陈皓天	浙江大学	杨将新、张孝庆	银奖
8	多材料磁场辅助制造	黄妤婕	浙江大学	赵朋、周宏伟	银奖

9	基于PCB技术的燃料电池在线诊断系统开发	李乐天 何奔洋 邹砚文	上海交通大学	邱殿凯、邵恒	银奖

铜奖 22项（含团队4项）

序号	题目	学生	学校	指导老师	奖项
1	面向换轨作业的铁路III型扣件快速拆装系统研究	郝子越	北京交通大学	刘笃信、刘景	铜奖
2	基于三维点云视觉感知的机械臂智能协作控制研究	梁宜轩	清华大学	胡楚雄、丁克	铜奖
3	航天构件加工机器人位姿视觉测量方法研究	韩磊	大连理工大学	刘巍、周颖皓	铜奖
4	高品级单晶金刚石激光加工机理及工艺研究	田博宇	上海交通大学	王新昶、褚洪建	铜奖
5	多源信息融合的人形化身机器人系统	马文耀	西安交通大学	郭艳婕、刘晋东	铜奖
6	基于折纸的仿章鱼软体抓手设计	罗海波	重庆大学	江沛、李孝斌、杨鑫凯	铜奖
7	视觉引导下基于深度强化学习的移动机器人导航方法	程祥	华中科技大学	谢远龙、肖卫国	铜奖
8	航天用大开孔高压阀壳设计与开发	卢鹏旭	北京化工大学	罗翔鹏、王传志	铜奖
9	双侧曲率可调的可展抓手机构构型设计和性能分析	仇铮	清华大学	刘辛军、吕春哲	铜奖
10	可穿戴膝关节重力支撑减荷装置设计	齐浩楠	燕山大学	陈子明、刘飞	铜奖
11	自动进给钻高精度高稳定性导向结构设计	常万江	大连理工大学	付饶、姜振喜	铜奖
12	基于内置自加热的柔性兰姆波器件的气体流速测量研究	赵浩楠	浙江大学	谢金、朱可	铜奖
13	新能源汽车总质量实时辨识及实车实验	陈一萌	西华大学	杨燕红、夏甫根	铜奖
14	姿态可调式变刚度软体末端执行器设计	吴萱雨	重庆大学	陈锐、彭鹏	铜奖
15	数控转台的可靠性评估与优化设计	吴琦	重庆大学	冉琰、胡建亭	铜奖
16	一种小型草方格固沙机的设计与制作	蔡杰川	西南大学	何辉波、罗雄彬	铜奖
17	绳驱柔性仿生机器鱼的控制系统与结构设计	罗一波	贵州大学	尹存宏、张大斌	铜奖

18	氢能源电池堆复合材料电池箱轻量化结构与工艺设计	李帆	武汉理工大学	张锦光、孟祥龙	铜奖
19	具有在线光检测系统的自动原子制造装备	马亦诚、王凌峰	浙江大学	项荣、徐顺士	铜奖
20	基于多源融合感知与自车轨迹预测的应急防撞系统研究	傅力嘉、吴宇鹏、戴筵丞	上海交通大学	曹其新、杨扬	铜奖
21	新能源智能化双向旋转顶置式平台高空作业车设计	刘班甫、夏陈鹏、田晓凡、陈宇轩	江苏大学	朱长顺、徐其军	铜奖
22	车载锂离子动力电池的机械物理法多级回收系统设计	郑家齐、江玮中	合肥工业大学	吴仲伟、丁志、夏金兵、张一凡	铜奖

优秀奖 55 项（含团队 11 项）

序号	题目	学生	学校	指导老师	奖项
1	多层温室系统设计	曲培健	天津理工大学	薛涛、刘楠、李国建	优秀奖
2	四轮独立驱动独立转向越障车设计	冯会铭	辽宁工程技术大学	张兴元、靳铁成	优秀奖
3	空间阵列特征自适应制孔系统开发	张堂一	大连理工大学	刘海波、吴军	优秀奖
4	介入式心室辅助装置流场对机械性血液损伤影响研究	刘琦炜	清华大学	李永健、刘诗汉	优秀奖
5	苹果智能包装机器人结构设计	欧梓源	哈尔滨工程大学	李秋红、陈猛	优秀奖
6	具有自锁功能的空间自由物体捕获装置设计与研究	李丰睿	北京交通大学	李锐明、姜水清	优秀奖
7	潜水艇式胃镜胶囊机器人开发	卓逸天	浙江大学	韩冬、杨华勇、吕世文	优秀奖
8	老年人腿部和肩部按摩的运动康复轮椅设计	金红迪	温州大学	申允德、钟国涛	优秀奖
9	增减材复合数控机床高刚性结构设计与分析	徐来	浙江大学	沈洪垚、王松伟	优秀奖
10	基于仿生机械臂的磁流变抛光装置设计	周博文	兰州理工大学	王有良、刘晨荣	优秀奖
11	管柱自动化排管机的结构设计及优化	邓森林	兰州理工大学	彭斌、杨小亮	优秀奖

12	舰船表面除锈爬壁机器人设计与分析	何德秋	西安理工大学	杨振朝、姜飞龙	优秀奖
13	五轴铣削加工数字孪生系统研发	阙茜	重庆大学	王四宝、杨德存	优秀奖
14	海洋油气管道水下连接器设计	胡文财	东北石油大学	贾光政、孟祥伟	优秀奖
15	圆柱形多工位家用智能分类垃圾桶设计	连彩婷	河北科技大学	闫海鹏、梁江华	优秀奖
16	火箭发动机涡轮泵轴承/密封动力学测试装置开发	戚文韬	北京化工大学	王维民、王志君	优秀奖
17	基于地铁底架检修的全向移动转运平台设计与研究	王先发	北京交通大学	刘超、刘兴杰	优秀奖
18	基于表面能诱导的定向组装原理与应用研究	王广基	清华大学	柴智敏、周文斌	优秀奖
19	Cf/SiC复合材料飞秒激光切割仿真及试验研究	焦荣哲	大连理工大学	董志刚、徐亮	优秀奖
20	移动式并联机械臂排球机器人结构设计	游子傲	东北大学	李一鸣、丛德宏	优秀奖
21	自激振荡喷嘴流场分析及优化设计	邓济阳	燕山大学	袁晓明、葛俊礼	优秀奖
22	连续作业式猕猴桃采摘机器人设计	陈安雨	东北林业大学	付敏、邓宇	优秀奖
23	一种基于站立-倾倒变形机构的履带式机器人	徐然	北京交通大学	刘超、刘兴杰	优秀奖
24	面向脑控机械臂的脑机协同控制方法研究	王梓潼	北京理工大学	毕路拯、田坤	优秀奖
25	玻璃钢罐体直径40~800 mm孔加工机器人设计	陈昱霖	燕山大学	李艳文、潘秋明	优秀奖
26	智能锁紧释放机构增材制造研究	杨仕达	吉林大学	吴文征、李桂伟、曹岩	优秀奖
27	手持式激光—电弧复合焊接头设计	项思远	浙江工业大学	张群莉、姚建华、吴让大	优秀奖
28	局域银镀层的激光诱导电化学沉积技术研究	李攀洲	江苏大学	徐坤、刘思水	优秀奖
29	蔬菜穴盘育苗补苗机器人的设计与仿真研究	毛丛余	温州大学	申允德、张成浩	优秀奖
30	便携式智能输液装置设计与分析	周世豪	西安理工大学	杨振朝、姜飞龙	优秀奖
31	心轨铣削加工在机检测系统的开发	范宇涵	西安理工大学	董永亨、贺小武	优秀奖
32	高立式芦苇沙障成栅机械的设计	王志兴	石河子大学	葛云、郑一江、李文春	优秀奖
33	生产线具有异形成型面零件的运输机器人设计	孙嘉琛	长安大学	黄超雷、魏维	优秀奖

34	面向半导体生产的数字孪生车间建模与生产调度研究	孔现微	重庆大学	陈晓慧、谢进成	优秀奖
35	航空发动机附件传动系统试验台陪试齿轮箱和安装台架设计	文武翔	湖南科技大学	毛征宇、彭波	优秀奖
36	五自由度 3D 打印机结构及控制系统设计	朱博能	合肥工业大学	董方方、管文田	优秀奖
37	基于 SLAM 与惯导多模态数据融合的移动机器人设计	刘祥程	合肥工业大学	董方方、管文田	优秀奖
38	桁架机械手垂直轴防坠落装置设计	窦健	青岛理工大学	彭子龙、王树军、杨德仁	优秀奖
39	碳纤维复合材料纳秒激光制孔热损伤对静力学强度影响行为	滕森	华中科技大学	荣佑民、黄禹、郭涟	优秀奖
40	柔性电子多场复合增材制造系统设计	任宇	合肥工业大学	田晓青、夏链、张文义	优秀奖
41	高精度无线无源声表面波阅读器系统	曹健辉	湖南大学	周剑、赵亚魁	优秀奖
42	浅层取换套修井作业的新型地面卸扣装置设计与分析	杨士杰	中国石油大学（华东）	纪仁杰、刘智飞	优秀奖
43	修井作业分层多驱式自动管杆排放装置的设计	孙清龙	山东石油化工学院	周扬理、张国柱	优秀奖
44	全自动草方格生成车	方景荣	华侨大学	姜峰、言兰、刘家文	优秀奖
45	滚动轴承故障的定量表征与迁移诊断方法研究	李晨阳、陈学良	北京化工大学	胡明辉、邹立民	优秀奖
46	减震阻尼器试验台设计与开发	刘明、陈秀、孙文杰、徐倩	江苏理工学院	强红宾、陈宇、康绍鹏、刘凯磊、谭云军、杨力	优秀奖
47	汽车后视镜马达安装的自动上下料码垛机总体设计	程瀚、陈鸿昌	江苏大学	杨志贤、许为为	优秀奖
48	基于车载柔性热电器件的传感监测系统研究	杨帅、李玉妹、田松	西南大学	高鸣源、龚伟家	优秀奖
49	汽车排气管数控抛光机设计	李喜民、侯伟梁	合肥工业大学	常伟杰、吴仲伟、丁志、高海泉	优秀奖
50	HS5099 汽轮机后气缸上半部分铸造工艺及工装设计	李辉韬、王旭辉、乔帅豪	江苏大学	刘海霞、刘光磊、董春雷	优秀奖
51	面向 3D 打印异形波导管复杂内腔的振动辅助磁力研磨加工技术研究	刘心宇、叶渐森、张龙飞	南京航空航天大学	李志鹏、孙玉利、左敦稳、孙淑琴	优秀奖

序号	题目	学生	学校	指导老师	奖项
52	仿生扑翼飞行器设计与开发	季皇威、吴非晗、王晨月、戴晟豪	上海交通大学	郭为忠、夏凯	优秀奖
53	水下桥墩检测机器人设计与开发	陈秀鹏、霍志苗、董鹏斌	长安大学	夏晓华、邹易清	优秀奖
54	便携式精密数字直线度测量平尺（数字平尺）	曾建豪、杨帅、田松、李玉妹	西南大学	孙玉华、高鸣源、王源	优秀奖
55	高温重载运动机构多功能运动副摩擦学测试系统	刘松恺、黄楷熠、何志轩	上海交通大学	张执南、葛长闯	优秀奖

佳作奖 118 项（含团队 13 项）

序号	题目	学生	学校	指导老师	奖项
1	用于风电叶片静载试验的侧拉装置设计	张英杰	山东理工大学	张磊安、李成良	佳作奖
2	空间刚柔耦合检修机器人机构控制方法	刘珈邑	华中科技大学	赵欢、马小飞	佳作奖
3	28KWh动力电池系统PACK设计	杜炎清	安徽新华学院	乔红娇、宋春雷	佳作奖
4	极薄带钢张力卷取机卷筒的设计	孙文杰	湖北工业大学	夏军勇、吴有生	佳作奖
5	河床地貌数据采集水下机器人设计	应佳桓	合肥工业大学	丁志、齐延男、吴仲伟、常伟杰	佳作奖
6	不确定环境下中厚板焊接机器人数字孪生系统设计及应用验证	董维捷	武汉理工大学	卢红、刘曙	佳作奖
7	地下空间轮足式自主巡检机器人控制系统设计	刘成静	安徽理工大学	杨洪涛、王建刚	佳作奖
8	椅旁五轴联动义齿加工中心设计	王韩杰	合肥工业大学	田晓青、张建军、韩江	佳作奖
9	基于机器学习的仿生六足环境感知机器人设计	金志伟	郑州大学	蒋晶、赵永让	佳作奖
10	风电叶片子部件扭转测试装置设计	王德凯	山东理工大学	张磊安、李成良	佳作奖
11	混合驱动小型无人智能帆船结构设计	侯凯迪	安徽理工大学	季家东、郎明	佳作奖

12	石油钻机井架起升钢丝绳探伤机器人设计	娄立泰	安徽理工大学	姜阔胜、郭昊亮	佳作奖
13	基于深度学习的激光切割加工成本估算方法	侯著豪	湖北工业大学	李西兴、刘拉	佳作奖
14	入库前端称重检测模块系统设计	姜子钰	青岛科技大学	赵海霞、王广业	佳作奖
15	基于复合材料拉挤成型工艺的工业机器人轻量化端拾器产品研制	颜涛	武汉理工大学	张锦光、李世春	佳作奖
16	托卡马克偏滤器系统装配精度分析及方案设计	张黎明	安徽理工大学	王开松、宋云涛	佳作奖
17	基于数字孪生的掘进机截割部监测系统研究	汪晗	安徽理工大学	马天兵、张永杰	佳作奖
18	蔬菜茎秆切割及梳理装置设计	陈毅龙	广东海洋大学	张静、张园	佳作奖
19	水下旋转结构光三维视觉测量方法	袁冶	中国石油大学（华东）	李肖、张伯莹	佳作奖
20	GMP车间巡检系统设计	郑炳权	广东工业大学	邹大鹏、吴磊、冯耿超	佳作奖
21	用于整体刀具刃口处理的拖拽式刀具钝化机设计及其应用	陈垚昊	华侨大学	言兰、李友生	佳作奖
22	新型煤矿井下密闭保压取样装置	秦杰	安徽理工大学	刘萍、刘存勇	佳作奖
23	某工件装箱机构和机械手系统设计	杨玄德	南昌航空大学	洪连环、宋新文	佳作奖
24	高温高含尘复合余热锅炉空气预热器的开发设计	陈明应	南京工业大学	虞斌、崔建波	佳作奖
25	机器人航空涂胶系统感知方法	林昭辉	浙江大学	董会旭、黄小东	佳作奖
26	ABS/ESC HCU总成低压性能检测台的结构设计与仿真研究	胡维峰	温州大学	申允德、李传武	佳作奖
27	温室大棚全自动起垄覆膜一体机设计与仿真	刘克	温州大学	申允德、张成浩	佳作奖
28	新型卧式热水循环离心泵设计及数值模拟分析	姚权峰	江苏大学	杨嵩、周民	佳作奖
29	中空型谐波减速器薄壁柔轮精车-滚齿一体化夹具设计与分析	李夺	江苏科技大学	胡秋实、张新	佳作奖
30	大型空分设备填料装配及监测系统结构设计	叶信福	浙江工业大学	姚春燕、毛炜	佳作奖
31	基于机器视觉的辅助机械臂控制模型研究	宋佳员	河海大学	顾文斌、曾水生	佳作奖

32	基于桌面机械手的双臂协作作业研究	项立鹏	南京工程学院	韩亚丽、唐海峰	佳作奖
33	小型搬运机器人的设计与控制	田聪	无锡太湖学院	刘洁、谢冬	佳作奖
34	高速重载搬运机器人设计	周源煌	东南大学	温海营、陈福建	佳作奖
35	振动能量回收悬架设计与动态特性分析	张梦祥	扬州大学	关栋、王永	佳作奖
36	压铸角码模具设计和随形冷却水路模拟分析	陆从洲	盐城工学院	陈青、吴卫东、王涤成	佳作奖
37	面向校园安防的移动机器人人脸识别系统设计与应用	张嘉诚	江苏理工学院	巢渊、刘文汇、芦俊	佳作奖
38	弹簧蓄能密封圈蠕变特性及密封性能研究	聂佳伟	常熟理工学院	张斌、马志刚	佳作奖
39	渔船10吨电动绞车多目标优化设计	沈芸倩	浙江海洋大学	刘全良、戎瑞亚、林吉、贺波	佳作奖
40	射流式风电叶片除冰装置设计	黄毅嵩	沈阳工业大学	马铁强、姚露	佳作奖
41	移动仿人机器人轮臂协同运动策略与仿真	李伟	北京交通大学	张秀丽、江磊	佳作奖
42	对顶式超高压轴向柱塞泵结构设计	李天尧	燕山大学	张晋、张寅	佳作奖
43	一种高适应性排水管道清理机器人设计	陈旭瑞	北京交通大学	刘中磊、杜光乾	佳作奖
44	全方位走行轮腿式平衡机器人结构设计	唐立江	东北大学	李一鸣、丛德宏	佳作奖
45	航空用管端部扩口自适应装置设计	郭世超	东北林业大学	张鑫龙、张坤	佳作奖
46	新型铲开式排障器的设计	刘炳君	北京交通大学	张乐乐、郭建强	佳作奖
47	模内注塑强贴合复杂结构件的模具设计	董纪龙	哈尔滨工程大学	史冬岩、唐玉婷	佳作奖
48	基于数字孪生的FSW温度监测	宋承睿	大连理工大学	卢晓红、孙世煊	佳作奖
49	水面生态修复机器人设计	刘海锋	天津理工大学	薛涛、李莹	佳作奖
50	基于模型预测和卡尔曼滤波的无人车轨迹跟随	李睿峰	北京理工大学	张硕、谭平	佳作奖
51	高速列车轴箱体轻量化设计与安全评估	吴翔宇	北京交通大学	陈耕、邵俊捷	佳作奖
52	新型碳纤维复合材料地铁转向架构架设计与分析	高俊义	北京交通大学	窦伟元、张海峰	佳作奖

53	基于凝胶涂层的粘液缓释表面减阻性能研究	梁兆熙	北京理工大学	赵杰亮、马丽然、杨岳	佳作奖
54	基于 MRE 的座椅减振器设计及特性研究	余昌恒	北京化工大学	姚剑飞、刘德峰	佳作奖
55	面向模仿学习的手臂操作轨迹数据采集与处理	李言	北京交通大学	张秀丽、江磊	佳作奖
56	基于电机执行器的发动机转子系统不平衡振动智能控制方法研究	魏锴	北京化工大学	潘鑫、刘义	佳作奖
57	中控后端盖板模具设计	龙涛	大连工业大学	王明伟、林连明	佳作奖
58	无人驾驶方程式赛车高速循迹控制策略研究	田德成	北京科技大学	赵鑫鑫、刘萌君	佳作奖
59	动态场景下基于视觉识别的移动机器人定位方法研究	吴名远	大连理工大学	耿兴华、谢远龙	佳作奖
60	基于折纸原理的侧向折展移动机器人	范子睿	北京工业大学	苏丽颖、曹志强	佳作奖
61	搅拌摩擦焊接头抗拉强度智能预测	叶志宇	大连理工大学	卢晓红、孙世煊	佳作奖
62	自行走深孔激光强化机器人	王雨豪	燕山大学	黄世军、王园	佳作奖
63	高温板坯"超快冷"实验装置设计	张浩	燕山大学	刘丰、周静辉	佳作奖
64	机翼强度实验加载装置设计	张学骞	燕山大学	陈子明、安会江	佳作奖
65	飞机牵引车抱轮装置液压系统设计	张财瑜	燕山大学	张晋、张寅	佳作奖
66	液压伺服阀控缸传动系统智能控制	吴子博	燕山大学	袁晓明、葛俊礼	佳作奖
67	阀式脉冲射流冲击器	裴霖泽	东北石油大学	任永良、刘文霄	佳作奖
68	基于磁流变液自锁原理的防崴脚踝关节康复/助力外骨骼系统设计	刘文静	燕山大学	张亚辉、王志鹏	佳作奖
69	超声振动辅助电弧增材制造熔池行为数值模拟	张山林	重庆大学	伊浩、周寒	佳作奖
70	齿轮故障诊断试验台设计及故障诊断方法研究	黄鸿昆	西安理工大学	杨振朝、刘三娃	佳作奖
71	基于深度学习的乳腺癌超声图像自动分割与诊断	张轶	重庆大学	陈锐、杨鑫凯	佳作奖
72	面向空间非合作目标的刚柔混合式俘获卫星设计	王乐慧子	长安大学	王琛、陈勇	佳作奖

73	室外移动机器人自主导航方法研究	何雯海	西安理工大学	李艳、代永利	佳作奖
74	高速公路交通 PC 卡自动不停车收卡系统机械部分设计	李舒悦	西安工业大学	万宏强、陈海宾	佳作奖
75	多地形爬行机器人创新设计研究	邱文澜	重庆大学	韩彦峰、郑孝林	佳作奖
76	一种基于机器人视觉的智能巡逻机器人系统设计	张俊	重庆科技学院	黎泽伦、段虎明	佳作奖
77	墙面智能清理机器人设计与分析	薛勇	西安理工大学	李言、杨振朝、刘三娃	佳作奖
78	基于多形态刮板传动输送强度和寿命分析研究	王宗禹	宁夏大学	曲爱丽、孙俊渊	佳作奖
79	无油三涡圈涡旋压缩机结构设计及优化	张丛丛	兰州理工大学	彭斌、饶山清	佳作奖
80	金属 3D 打印机清粉设备设计与研究	程自恒	兰州理工大学	张永贵、王腾	佳作奖
81	扫拖一体清洁机器人设计	向烜进	重庆大学	陈锐、杨毅	佳作奖
82	一种新的衬塑工艺研究及衬塑模具设计	马泽峰	宁夏大学	宿友亮、张明明	佳作奖
83	基于机器学习的双稳态屈曲梁结构设计优化研究	王守一	西安交通大学	王永泉、张永	佳作奖
84	尖轨检测台的设计与分析	汪波	西安理工大学	李淑娟、蒋建湘	佳作奖
85	基于组合导航的自动驾驶车辆横纵向跟踪控制研究	莫光海	西南大学	赵颖、王月强	佳作奖
86	条形颗粒筛装置设计与仿真分析	胡俊明	重庆科技学院	何高法、谭思	佳作奖
87	海洋钻机排管机械手夹持装置设计	苏杰	西安石油大学	李万钟、胡英才	佳作奖
88	钢丝绳拆解机器人设计	李泽睿	西安理工大学	杨新刚、许恩荣	佳作奖
89	城镇下水管道清理装置结构设计	谢强	重庆科技学院	孟杰、夏卿	佳作奖
90	基于双腔结构的箱体气密性检测模拟仿真与实验研究	敬文浩	重庆科技学院	周传德、陶成龙	佳作奖
91	轴承保持架塑料注射模具设计	李庚龙	西安工业大学	张新运、何忠武	佳作奖
92	航空合金仿生超疏水涂层高效可控构建及防腐机理研究	李晨	西安科技大学	李雪伍、曹百仓	佳作奖

93	应用于螺柱焊接生产线的零件自动化装配系统设计	廖世成	重庆理工大学	殷勤、宋源源	佳作奖
94	巷道施工定位系统快速建-移站装置设计	李龙	西安科技大学	张旭辉、乔杰	佳作奖
95	自动化炮孔装填系统设计	刘彦君	重庆交通大学	胡启国、余讯	佳作奖
96	基于薄壁零件的铣削加工与夹具设计	李禹赫	南昌航空大学	左红艳、李国锋	佳作奖
97	基于薄壁类零件铣削加工的夹具设计与分析	刘阳	北华航天工业学院	李伊、崔亚超	佳作奖
98	自由曲面薄板加工的多点定位柔性夹具设计	钟金洋	燕山大学	关亚彬、崔亚超	佳作奖
99	基于无人机航摄系统的海上风机关键部件故障智能监测方法	罗伟明	汕头大学	王奉涛、王全普	佳作奖
100	复合型地质构造盾构掘进系统设计	金宝潼、臧宏鑫、王文昊	山东理工大学	魏峥、崔来胜	佳作奖
101	煤矿掘锚一体机智能化技术研究	马忠、谢磊实、桑林海、李梦龙	安徽理工大学	王开松、田胜利	佳作奖
102	无人驾驶轮椅导航与避障研究	纪裕令、陈泽明、房子龙、霍丽君、邢依帆、张琦、周云起	山东理工大学	王建军、王光涛	佳作奖
103	音箱抛光工艺自动化作业系统设计	朱耿林、伍韦兴	广东工业大学	邹大鹏、吴磊、候景成	佳作奖
104	面向3D打印建筑的顶升圆柱坐标机器人控制设计&面向3D打印建筑的顶升圆柱坐标机器人结构设计	王安政、刘健	武汉理工大学	尹海斌、沈仲达	佳作奖
105	智能轴承嵌入式结构设计与服役状态集成感知研究	郑薛亮、姚兆琦、李梓飞、周文兵	南通大学	王恒、陈宝国	佳作奖
106	3D可加热面膜的研发与制备	朱邵俊、李龙洋、李博巍	上海应用技术大学	褚忠、吴兴农	佳作奖
107	面向介观尺度流体流动及相变动力学过程的数值建	吴意豪、吴鹏霄、	东南大学	孙东科、陈玮	佳作奖

	模方法与模拟软件研究	吴寒、丁雪容			
108	钢筋连接套智能检测生产线机械系统设计	朱存刚、张航、李源盛	河北科技大学	牛虎利、吴连军	佳作奖
109	鸡爪智能识别分拣系统研制	李欣飞、吕巡双、马骥、胡洛彬	重庆理工大学	鄢然、肖志豪	佳作奖
110	基于 ROS 系统的履带式智能巡检机器人总体设计与开发	胡伟、张学壮	西安建筑科技大学	王亮亮、史丽晨、马杰	佳作奖
111	基于数字孪生的某型飞机起落架试验台设计	李堃宁、王湘文	西安理工大学	李鹏飞、苏宇龙、李华	佳作奖
112	竖井掘进伞钻钻机冲击回转机构及液压系统设计	徐航、李乔	重庆交通大学	胡启国、何泽银、李再行	佳作奖

最具商业价值奖 1 项

序号	题目	学生	学校	指导老师	奖项
1	钢筋连接套智能检测生产线机械系统设计	朱存刚、张航、李源盛	河北科技大学	牛虎利、吴连军	最具商业价值奖

最佳人气奖 1 项

序号	题目	学生	学校	指导老师	奖项
1	陆空两栖仿生抓取机器人	朱科祺	浙江大学	董会旭、毕运波、翁敬砚	最佳人气奖